“十三五”普通高等教育规划教材

计算机控制及系统仿真

朱玉华　马智慧　付　思　李模刚　编著

机械工业出版社

本书从应用的角度出发，系统介绍了计算机控制及系统仿真的知识。全书共10章，主要分为3个部分。

第一部分是基础内容学习，包括计算机控制及仿真概述；线性连续系统的数学模型及其相互转换；状态空间描述及模型间的相互转换；线性离散系统的数学描述等内容。

第二部分以控制系统的经典控制、复杂控制、现代控制和仿真算法为重点，主要涵盖了控制系统的数学模型及线性离散系统的数学描述；PID控制算法等经典控制算法；最少拍控制算法等复杂控制算法；基于状态空间的输出反馈法等现代控制算法；数值积分法等系统仿真算法以及控制系统的数据处理技术。

第三部分以控制系统的MATLAB/Simulink仿真及MATLAB/Simulink仿真与建模在实际中的应用为重点，并通过两个具体的实例——飞机偏航阻尼器设计和飞行器控制系统设计来学习MATLAB/Simulink仿真。

本书内容丰富，融入了作者多年的教学和科研实践经验及体会，在讲述典型知识的基础上侧重实际应用，内容讲解深入浅出，相关知识层次清晰，体现出模块化处理的特点，强调了专业知识与工程实践相结合，注重专业技术与实践技能的培养。本书可作为高等院校电气工程及其自动化专业、自动化专业及测控技术与仪器专业学生学习计算机控制及系统仿真的教材，也可供从事相关领域的工程技术人员学习和参考。

图书在版编目（CIP）数据

计算机控制及系统仿真/朱玉华等编著．—北京：机械工业出版社，2018.7（2025.1重印）
“十三五”普通高等教育规划教材
ISBN 978-7-111-60418-1

Ⅰ.①计…　Ⅱ.①朱…　Ⅲ.①计算机控制-高等学校-教材　②系统仿真-高等学校-教材　Ⅳ.①TP273　②TP391.9

中国版本图书馆CIP数据核字（2018）第143861号

机械工业出版社（北京市百万庄大街22号　邮政编码100037）
策划编辑：汤　枫　　责任编辑：汤　枫
责任校对：张艳霞　　责任印制：郜　敏
中煤（北京）印务有限公司印刷
2025年1月第1版·第3次印刷
184mm×260mm·16印张·388千字
标准书号：ISBN 978-7-111-60418-1
定价：49.00元

凡购本书，如有缺页、倒页、脱页，由本社发行部调换
电话服务
服务咨询热线：(010)88379833
读者购书热线：(010)88379649
网络服务
机 工 官 网：www. cmpbook. com
机 工 官 博：weibo. com/cmp1952
教育服务网：www. cmpedu. com
金 书 网：www. golden-book. com

前　言

随着高校的发展和教学改革的不断完善，高校逐渐被划分为理论研究型和应用技术型两种教学模式，本书主要适用于应用技术型高校的电气工程及其自动化专业、自动化专业及测控技术与仪器专业的教学，针对这类学校学生的基础和实际情况，在对学生的培养中，逐步突出对学生动手、实践能力的培养，从而培养学生形成“崇尚一技之长、不唯学历凭能力”的学习氛围，即培养学生向应用技术型转型发展。本书在讲授计算机控制技术算法的同时，也通过系统仿真进行了实现，并结合了实际系统的相关示例，将复杂的理论与仿真有机地结合在一起，通过配备的相关仿真程序使学生能够上机进行操作，理论联系实际，使学生学以致用，对所学知识有更加直观和深刻的印象，便于知识点的理解和进一步掌握，也为各个高校逐步向应用技术型大学的发展增添一份力量。

本书共 10 章，可分为 3 个部分。第一部分是基础内容学习，包括计算机控制及仿真概述，主要涵盖了控制理论的基础知识以及 MATLAB/Simulink 基本功能介绍；线性连续系统的数学模型及其相互转换，主要涵盖了微分方程、传递函数、功能图、状态空间描述及模型间的相互转换；线性离散系统的数学描述，主要涵盖了差分方程、z 变换、脉冲传递函数及离散状态空间表达式等内容。

第二部分以控制系统的经典控制、复杂控制、现代控制和仿真算法为重点，主要涵盖了控制系统的数学模型及线性离散系统的数学描述；PID 控制算法等经典控制算法；最少拍控制算法等复杂控制算法；基于状态空间的输出反馈法等现代控制算法；数值积分法等系统仿真算法以及控制系统的数据处理技术等。

第三部分以控制系统的 MATLAB/Simulink 仿真及 MATLAB/Simulink 仿真与建模在实际中的应用为重点，主要涵盖了 Simulink 仿真的参数设置、利用 Simulink 系统仿真模型的仿真处理、Simulink 动态结构图模型的仿真处理，并通过两个具体的实例——飞机偏航阻尼器设计和飞行器控制系统设计来学习 MATLAB/Simulink 仿真。

本书章节安排合理，注重从基础着手，深入浅出，循序渐进，将计算机控制技术、控制算法和系统仿真有机地融合到一起。章节的安排采用分块的模块化结构处理方式，数学模型的介绍是一块，系统的算法和设计是一块，MATLAB 及 Simulink 仿真是一块。这种设计方式能使读者学习思路清晰，一目了然。

由于编者水平有限，书中不足之处在所难免，恳请读者对本书提出批评与指正，以便进一步修订与完善。

编　者

目　录

第1章 计算机控制及仿真概述

由于计算机技术、控制和信息处理技术等不断发展和相互结合，计算机控制与仿真技术的应用得到迅速的发展，为分析、研究和设计各种复杂的控制系统提供了有力的帮助。本章简要介绍自动控制和系统仿真的一般知识；了解自动控制的任务，开、闭环控制原理，控制系统的分类及对系统性能的总体要求；熟悉计算机仿真的概念及其分类方法；掌握计算机仿真技术的应用。

1.1 自动控制的基本知识

1.1.1 控制理论的发展

随着自动控制技术的广泛应用和迅猛发展，出现了许多新问题，这些问题要求从理论上加以解决。控制理论是一门技术科学，它研究按被控对象和环境的特性，通过能动地采集和运用信息，施加控制作用而使系统在变化或不确定的条件下保持或达到预定的功能。目前国内外学术界普遍认为控制理论经历了三个发展阶段：经典控制理论、现代控制理论以及大系统理论和智能控制理论，这种阶段性的发展过程是由简单到复杂、由量变到质变的辩证发展过程。并且，这三个阶段不是相互排斥的，而是相互补充、相辅相成的，各有其应用领域，各自还在不同程度地继续发展着。

1. 经典控制理论阶段

自动控制的思想发源很早，但它发展成为一门独立的学科还是在20世纪40年代。远在控制理论形成之前，就有蒸汽机的飞轮调速器、鱼雷的航向控制系统、航海罗经的稳定器、放大电路的镇定器等自动化系统和装置出现，这些都是不自觉地应用了反馈控制概念而构成的自动控制器件和系统的成功例子。但是在控制理论尚未形成的漫长岁月中，由于缺乏正确理论的指导，控制系统出现了不稳定等问题，使得系统无法正常工作。

20世纪40年代，很多科学家致力于这方面的研究，他们的工作为控制理论作为一门独立学科的诞生奠定了基础。1949年出版了自动控制原理的第一本教材《伺服机原理》，1948年，美国的威纳（N. Wiener）发表了名著《控制论》，标志着经典控制理论的形成。同年，美国埃文斯（W. R. Evans）提出了根轨迹法，进一步充实了经典控制理论。1954年，我国著名科学家钱学森的《工程控制论》一书出版，为控制理论的工程应用做出了卓越贡献。1980年，钱学森、宋健修订了《工程控制论》。

20世纪四五十年代，经典控制理论的发展与应用使全世界的科学技术水平得到了快速的提高。当时几乎在工业、农业、交通、国防等国民经济所有领域都热衷于采用自动控制技术。

经典控制理论将单输入单输出的线性定常系统作为主要的研究对象，以传递函数作为系统的基本数学描述，以频率法和根轨迹法作为分析和综合系统的主要方法。基本内容是研究系统的稳定性，在给定输入下进行系统分析和在指定指标下进行系统综合，它可以解决相当大范围的控制问题，但在其发展和应用过程中，逐步显现出它的局限性。

由于经典控制理论中控制系统的分析与设计是建立在某种近似的和试探的基础上的，控制对象一般是单输入单输出、线性定常系统；对多输入多输出系统、时变系统、非线性系统等，则无能为力。随着生产技术水平的不断提高，这种局限性越来越不适应现代控制工程所提出的新的更高要求。

2. 现代控制理论阶段

20 世纪 50 年代末 60 年代初，控制理论又进入了一个迅猛发展时期。这时由于导弹制导、数控技术、核能技术、空间技术发展的需要和电子计算机技术的成熟，控制理论发展到了一个新的阶段，产生了现代控制理论。

1956 年，苏联的庞特里亚金发表《最优过程的数学理论》，提出极大值原理；1961 年，庞特里亚金的《最优过程的数学理论》一书正式出版。1956 年，美国的贝尔曼（R. L. Bellman）发表《动态规划理论在控制过程中的应用》，1957 年，贝尔曼的《动态规划》一书正式出版。1960 年，美籍匈牙利人卡尔曼（R. E. Kalman）发表了《控制系统的一般理论》等论文，引入状态空间法分析系统，提出可控性、可观测性、最佳调节器和卡尔曼滤波等概念，从而奠定了现代控制理论的基础。此外，1892 年俄国李雅普诺夫提出的判别系统稳定性的方法也被广泛应用于现代控制理论。

现代控制理论与生产过程的高度自动化相适应，具有明显的依靠计算机进行分析和综合的特点。

现代控制理论和经典控制理论在数学模型上、应用范围上、研究方法上都有很大不同。现代控制理论是建立在状态空间上的一种分析方法，所谓状态空间法，本质上是一种时域分析方法，它不仅描述系统的外部特性，而且揭示了系统的内部状态性能。现代控制理论分析和综合系统的目标是在揭示其内在规律的基础上，实现系统在某种意义上的最优化，同时使控制系统的结构不再限于单纯的闭环形式。它的数学模型主要是状态方程，控制系统的分析与设计是精确的。控制对象可以是单输入单输出控制系统，也可以是多输入多输出控制系统，可以是线性定常控制系统，也可以是非线性时变控制系统，可以是连续控制系统，也可以是离散或数字控制系统。因此，现代控制理论的应用范围更加广泛。现代控制理论和技术的研究以计算机为主要计算及分析工具，计算机技术的发展极大地促进了现代控制理论的研究和广泛应用。由于现代控制理论的分析与设计方法的精确性，现代控制可以得到最优控制。但这些控制策略大多是建立在已知系统的基础之上的。严格来说，大部分的控制系统是一个完全未知或部分未知系统，这里包括系统本身参数未知、系统状态未知两个方面，同时被控对象还受外界干扰、环境变化等因素的影响。

3. 大系统理论和智能控制理论阶段

从 20 世纪 60 年代末开始，控制理论进入了一个多样化发展的时期。它不仅涉及系统辨识和建模、统计估计和滤波、最优控制、鲁棒控制、自适应控制、智能控制及控制系统 CAD 等理论和方法；而且，它在与社会经济、环境生态、组织管理等决策活动，与生物医学中诊断及控制，与信号处理、软计算等邻近学科相交叉中又形成了许多新的研究分支。

例如，20 世纪 70 年代以来形成的大系统理论主要是解决大型工程和社会经济系统中信息处理、可靠性控制等综合优化的设计问题。这是控制理论向广度和深度发展的结果。

所谓大系统指规模庞大、结构复杂、变量众多的信息与控制系统。它的研究对象、研究方法已超出了原有控制论的范畴，它还在运筹学、信息论、统计数学、管理科学等更广泛的范畴中与控制理论有机地结合起来。

智能控制是一种能更好地模仿人类智能的、非传统的控制方法。它突破了传统的被控对象有明确的数学描述和控制目标可以数量化的限制。它采用的理论方法则主要来自自动控制理论、人工智能、模糊集、神经网络和运筹学等学科分支。内容包括最优控制、自适应控制、鲁棒控制、神经网络控制、模糊控制、仿人控制、H∞ 控制等，其被控对象可以是已知系统也可以是未知系统，大多数的控制策略不仅能抑制外界干扰、环境变化、参数变化的影响，且能有效地消除模型化误差的影响。

大系统理论和智能控制理论，尽管目前尚处在不断发展和完善过程中，但已受到广泛的重视和关注，并开始得到一些应用。

1.1.2　自动控制的概念及其应用

1）自动控制：所谓自动控制，是指在没有人直接参与的情况下，利用自动控制装置（简称控制器）使被控对象（生产装置、机器设备或其他过程）的某些物理量（称为被控量）自动地按预定的规律运行或变化。

2）自动控制系统：指能够对被控对象的工作状态进行控制的系统。

3）自动控制系统的应用：事实上，任何技术设备、工作机械或生产过程都必须按要求运行。例如，要想使发电机正常供电，其输出的电压和频率必须保持恒定，尽量不受负荷变化的干扰；要想使数控机床加工出高精度的工件，就必须保证其工作台或刀架的进给量准确地按照程序指令的设定值变化；要使烘烤炉提供优质的产品，就必须严格地控制炉温；导弹能准确地命中目标，人造卫星能按预定轨道运行并返回地面，宇宙飞船能准确地在月球上着陆并安全返回，以及工业生产过程中，诸如温度、压力、流量、液位、频率等方面的控制，所有这一切都是以高水平的自动控制技术为前提的。

自动控制技术的应用，不仅使生产过程实现了自动化，从而提高了劳动生产率和产品质量，降低了生产成本，提高了经济效益，改善了劳动条件，而且在人类征服大自然、探索新能源、发展空间技术和创造人类社会文明等方面都具有十分重要的意义。因此，掌握自动控制技术已经成为现代的工程技术人员和科学工作者必须具备的一门技术。

1.1.3　控制的基本方式

1. 开环控制

开环控制是指组成系统的控制装置与被控对象之间只有正向控制作用，而没有反向联系，即系统的输出量对控制量没有影响。

例如，炉温自动控制系统如图 1-1 所示，电加热系统的控制目标是，通过改变自耦变压器滑动端的位置，来改变电阻炉的温度，并使其恒定不变，从而使炉温保持在希望的范围内。开环控制系统功能图如图 1-2 所示，图中输出量亦称输出信号，是被控对象的某一被控参数。输入量亦称输入信号，是用来控制系统输出量的控制信号。而控制量是控制器的输出量，同时也是被控对象的输入量。系统的输入量是通过改变控制量而实现对系统的输出量进行控制的。

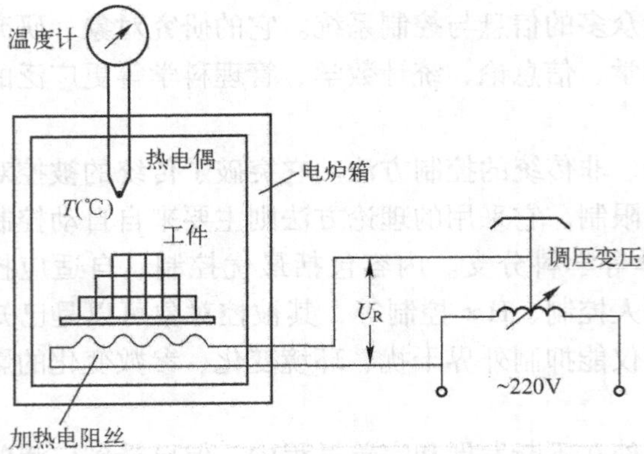

图 1-1　炉温自动控制系统示意图

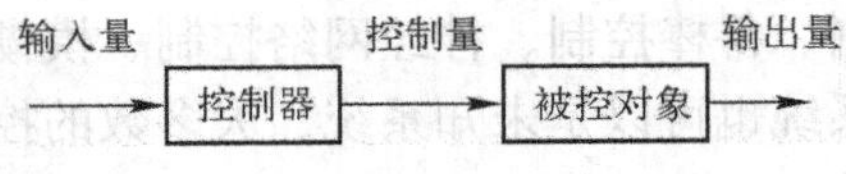

图 1-2　开环控制系统功能图

若工作条件变化大，如炉门的开闭引起炉温降低偏离希望值，炉温偏差一般无法自动修正。

特点：系统结构和控制过程简单，稳定性好，调试方便，成本低。在开环控制系统中，对于每一个输入量，就有一个与之对应的输出量。系统的控制精度完全取决于组成系统的各个元器件的精度。当系统所受到的干扰影响不大，并且控制精度要求不高时，可采用开环控制方式。

缺点：对无法预测的干扰难以控制；要求部件质量高时，难以保证。

开环系统的控制精度将取决于控制器及被控对象的参数稳定性。也就是说，欲使开环控制系统具有满足要求的控制精度，则系统各部分的参数值，在工作过程中，都必须严格保持在事先要求的量值上，这就必须对组成系统的元部件质量提出严格的要求。当出现干扰时，开环控制系统就不能完成既定的控制任务，因为开环控制系统不能辨认是起控制作用的控制信号，还是起妨碍控制作用的干扰信号，只要有外加的输入信号就会引起被控信号的变化（系统内部参数的变化同样会引起不需要的被控信号的变化），这就是说开环控制系统没有抗干扰能力。

2. 闭环控制

闭环控制是指组成系统的控制装置与被控对象之间，不仅存在着正向控制作用，而且存在着反向联系，即系统的输出量对控制量有直接影响。

反馈：将检测出来的输出量送回到系统的输入端，并与输入信号比较的过程称为反馈。

负反馈：若反馈信号与输入信号相减，则称为负反馈。

正反馈：若反馈信号与输入信号相加，则称为正反馈。

闭环控制系统的偏差信号作用于控制器上，使系统的输出量趋于要求的数值。闭环控制的实质就是利用负反馈的作用来减小系统的误差，因此闭环控制又称为反馈控制。

闭环控制系统功能图如图 1-3 所示。图中，偏差量为输入量与反馈量之差。

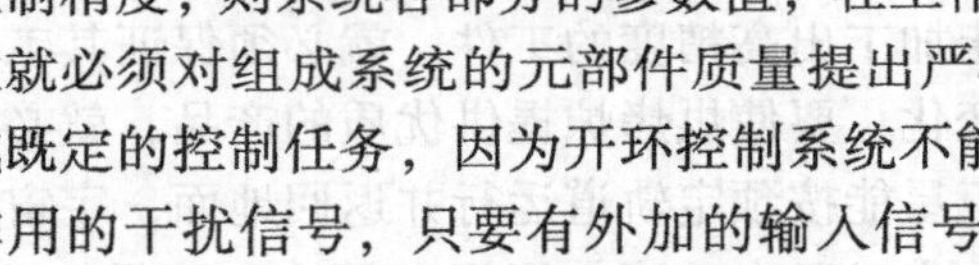

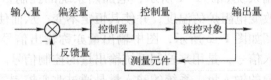

图 1-3　闭环控制系统功能图

特点：闭环系统对扰动有补偿、抵抗的能力；能用精度低的元件组成精度较高的控制系统。

从系统的稳定性来考虑，开环控制系统容易解决，因而稳定性不是十分重要的问题。但对闭环控制系统来说，稳定性始终是一个重要问题。因闭环控制系统可能引起超调，从而造成系统振荡，甚至使得系统不稳定。

开环控制系统结构简单，容易建造，成本低廉，工作稳定。一般来说，当系统控制量的变化规律能预先知道，并且对系统中可能出现的干扰有办法抑制时，采用开环控制系统是有优越性的，特别是被控量很难进行测量时更是如此。目前，用于国民经济各部门的一些自动化装置，如自动售货机、自动洗衣机、产品自动生产线及自动车床等，一般都是开环控制系统。用于加工模具的线切割机也是开环控制的很好的一个例子。只有当系统的控制量和干扰量均无法事先预知的情况下，采用闭环控制才有明显的优越性。如果要求实现复杂而准确度较高的控制任务，则可将开环控制与闭环控制适当结合起来，组成一个比较经济而性能较好的控制系统。

1.1.4 对控制系统的性能要求

要提高控制质量，就必须对自动控制系统的性能提出一定的具体要求。由于各种自动控制系统的被控对象和要完成的任务各不相同，故对性能指标的具体要求也不一样。但总的来说，都是希望实际的控制过程尽量接近于理想的控制过程。工程上把控制性能的要求归纳为稳定性、快速性和准确性三个方面，即客观上要求三个字：**稳、快、准**。

对反馈控制系统最基本的要求是工作的稳定性，同时对准确性（稳态精度）、快速性及阻尼程度也要提出要求。上述要求通常是通过系统反应特定输入信号的过渡过程，及稳态的一些特征值来表征的。过渡过程是指反馈控制系统的被控量 $c(t)$，在受到控制量或干扰量作用时，由原来的平衡状态（或叫稳态）变化到新的平衡状态时的过程。

1. 稳定性

稳定性是指系统重新恢复平衡状态的能力。任何一个能够正常运行的控制系统，必须是稳定的。由于闭环控制系统有反馈作用，故控制过程有可能出现振荡或不稳定。一般来说，控制系统要求动态过程振荡要小，过大的波动会导致运动部件超载、松动和破坏。

在单位阶跃信号作用下，控制系统的过渡过程曲线如图 1-4 所示。如果系统的过渡过程曲线 $c(t)$ 随着时间的推移而收敛（振荡收敛见图中的曲线①；单调收敛见图的曲线②），则系统叫作稳定系统；若发散（单调发散见图中的曲线④；振荡发散见图中的曲线③），此时系统便不可能达到平衡状态，这类系统叫作不稳定系统。显然，不稳定系统在实际中是不能应用的。

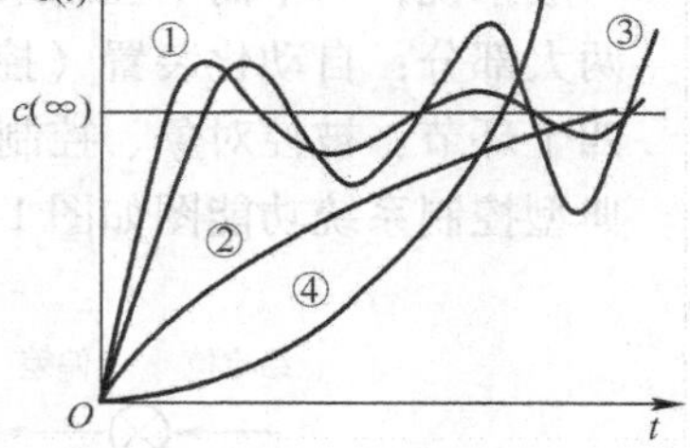

图 1-4 控制系统的过渡过程曲线

2. 快速性

快速性指动态过程进行的时间（过渡过程），如果控制系统动态过程进行得慢，则系统长久出现大偏差，影响质量，也说明系统响应迟钝。

由于系统的对象和元件通常具有一定的惯性，并受到能源功率的限制，因此，当系统输入（给定输入或扰动输入）信号改变时，在控制作用下，系统必然由原先的平衡状态经历一段时间才过渡到另一个新的平衡状态，这个过程称为过渡过程。过渡过程越短，表明系统的快速性越好。快速性是衡量系统质量高低的重要指标之一，在现代化军事设施中尤其显得重要。

3. 准确性

准确性指误差，它反映系统的稳态精度，说明了系统的准确程度。控制系统的稳态精度表征系统的稳态品质。我们把被控信号的希望值 $c(t)$ 与稳态值 $c(\infty)$ 之差叫作稳态误差。稳态误差和静差是表征系统稳态精度的重要的性能指标。

1.2 自动控制系统的组成及分类

1.2.1 控制系统的组成

在许多工业生产过程或生产设备运行中，为了维持正常的工作条件，往往需要对某些物理量（如温度、压力、流量、液位、电压、位移、转速等）进行控制，使其尽量维持在某个数值附近，或使其按一定规律变化；要满足这种需要，就应该对生产机械或设备进行及时的操作和控制，以抵消外界的扰动和影响。在自动控制领域，为了提高控制质量，一般采用反馈的措施，所以通常的自动控制系统都是指有反馈的系统。

1. 自动控制系统中常用的名词术语

被控对象：要求实现自动控制的机器、设备或生产过程。

被控量：被控对象内要求实现自动控制的物理量。

控制量（操纵变量）：作为被控量的控制信号，加给自动控制系统的输入量；或消除干扰的影响，实现控制作用的参数。

扰动信号：简称扰动或干扰，它与控制作用相反，是一种不希望的、影响系统输出的不利因素。扰动信号既可来自系统内部，又可来自系统外部，前者称为内部扰动，后者称为外部扰动。

执行机构：使被控变量达到要求的装置。

测量元件（检测装置）：用来检测被控量将其转换成与给定值相同的物理量。

控制装置：即控制器，对被控对象起控制作用的装置的总称。

2. 自动控制系统的组成

一般来说，一个简单控制系统由两大部分、四个环节组成。

两大部分：自动化装置（控制器、控制阀、测量变送器）、被控对象。

四个环节：被控对象、控制器、控制阀、测量变送器。

典型控制系统功能图如图 1-5 所示。

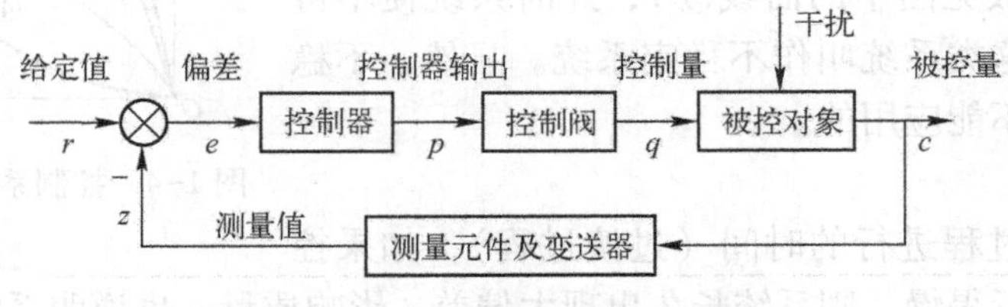

图 1-5 典型控制系统功能图

实践证明：按反馈原理组成的控制系统，往往不能完成任务。因为系统的内部存在不利控制因素。由于非线性惯性的存在会破坏系统正常工作，因此要加校正元件。反馈控制系统一般由被控对象、比较环节（包括测量元件、比较元件）、放大元件、执行元件和校正元件组成，如图 1-6 所示。

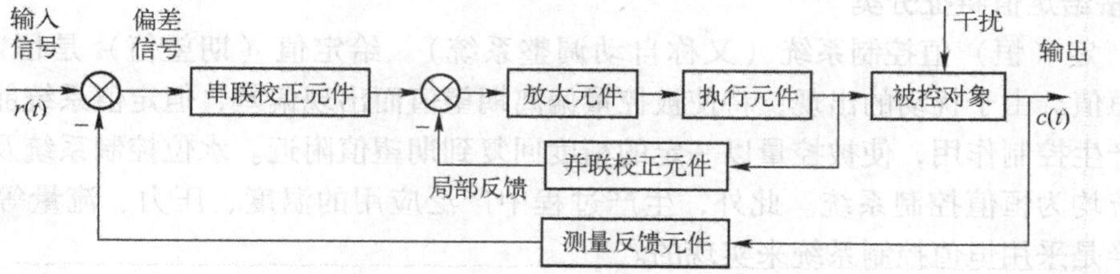

图 1-6　具有局部反馈控制系统结构图

图 1-6 所示各元件的职能如下：

测量反馈元件——用以测量被控量并将其转换成与输入量同一物理量后，再反馈到输入端以做比较。

放大元件——将微弱的信号做线性放大。

校正元件——按某种函数规律变换控制信号，并产生反映两者差值的偏差信号以利于改善系统的动态品质或静态性能。

执行元件——根据偏差信号的性质执行相应的控制作用，以便使被控量按期望值变化。

被控对象——又称控制对象或受控对象，通常是指生产过程中需要进行控制的工作机械或生产过程。出现于被控对象中需要控制的物理量称为被控量。

1.2.2　自动控制系统的分类

自动控制系统的种类繁多，应用范围很广泛，它们的结构、性能乃至控制任务也各不相同，因而分类方法很多，不同的分类原则会导致不同的分类结果。为便于学习，现仅介绍几种常见的分类方法。

1. 按描述元件的动态方程分类

线性系统的特点在于组成系统的全部元件都是线性元件，它们的输入-输出静态特性均为线性特性。这类系统的运动过程可用线性微分方程（或差分方程）来描述。

非线性系统的特点在于系统中含有一个或多个非线性元件。非线性元件的输入-输出静态特性是非线性特性。例如，饱和限幅特性、死区特性、继电特性或传动间隙等，凡含有非线性元件的系统均属非线性系统，这种系统的运动过程需用非线性微分方程（或差分方程）来描述。

2. 按信号的传递是否连续分类

连续系统：若系统各环节间的信号均为时间的连续函数，则这类系统称为连续系统。

离散系统：在信号传递过程中，只要有一处的信号是脉冲序列或数字编码时，这种系统就称为离散系统。离散系统的特点：信号在特定离散时刻 T、$2T$、$3T$、…是时间的函数，而在上述离散时刻之间，信号无意义（不传递）。离散系统的运动规律需用差分方程描述。

3. 按系统的参数是否随时间变化分类

定常系统：如果系统中的参数不随时间变化，则这类系统称为定常系统。大多数系统属于这类系统，或可以合理地近似成这类系统。

时变系统：如果系统中的参数是时间的函数，则这类系统称为时变系统。

4. 按给定值特征分类

（1）定（恒）值控制系统（又称自动调整系统） 给定值（期望值）是恒定不变的，故称为恒值。由于扰动的出现，将使被控量偏离期望值而出现偏差，但定值系统能根据偏差的性质产生控制作用，使被控量以一定的精度回复到期望值附近。水位控制系统及转速闭环控制系统均为恒值控制系统。此外，生产过程中广泛应用的温度、压力、流量等参数的控制，多半是采用恒值控制系统来实现的。

特点：控制信号是常量。

目的：补偿干扰，使系统输出保持恒值。

（2）随动系统（又称伺服系统） 给定值是随时间变化的未知函数。控制系统能使被控量以尽可能高的精度跟随给定值的变化。随动系统也能克服扰动的影响，但一般来说，扰动的影响是次要的。许多自动化武器是由随动系统装备而来的，如鱼雷的飞行，炮瞄雷达的跟踪，火炮、导弹发射架的控制等，民用工业中的船舶自动舵、数控切割机以及多种自动记录仪表等，均属随动系统之列。

特点：使被控对象跟踪给定值的变化。

目的：解决跟踪。

（3）程序控制系统 给定值是随时间变化的已知函数。加热处理炉温度控制系统中的升温、保温、降温等过程，都是按照预先设定的规律（程序）进行控制的。又如间歇反应、机械加工中的程序控制机床、加工中心均是典型的例子。

随着计算机应用技术的迅猛发展，为数众多的自动控制系统都采用数字计算机作为控制手段，当计算机引入控制系统之后，控制系统就由连续系统变成离散系统了。因此，随着数字计算机在自动控制中的广泛应用，离散系统理论得到迅速发展。

1.3 系统仿真的基本知识

从事控制系统分析和设计的技术人员常常会面临巨大且烦琐的计算工作量，如分析复杂控制系统的动态性能特点时，需要对系统的高阶微分方程进行求解；在采用根轨迹法配置系统的期望零、极点时，需要先绘制出系统的根轨迹图；在系统校正时，需要绘制系统的频率响应曲线等。如果借助计算机本身强大的计算和绘图功能，再加上系统仿真的软件平台，这些问题都可以很快、很容易地解决，从而极大地提高系统分析和设计的效率。

1.3.1 仿真的概念和仿真过程

1. 仿真的定义

所谓仿真是指利用模型对实际系统进行实验研究的过程，或者说，仿真是一种通过模型实验揭示系统原型的运动规律的方法。

这里的原型是指现实世界中某一待研究的对象，模型是指与原型的某一特征相似的另一客观对象，是对所要研究的系统在某些特定方面的抽象。通过模型来对原型系统进行研究，将具有更深刻、更集中的特点。

实际系统的模型通常分为物理模型和数学模型两种。系统仿真就是以数学模型为基础，以计算机为工具，对实际系统进行实验的一种方法。需要特别指出的是，系统仿真是用模型（即物理模型和数学模型）代替实际系统进行实验和研究，使仿真更具有实际意义。仿真所遵循的基本原则是相似原理，包括数据相似、几何相似、环境相似与性能相似等。

2. 数据相似原理

采用数据相似原理可以研究实际系统的动态性能。该原理主要表现在：

1）描述系统原型和模型的数学表达式在形式上完全相同。

2）系统中变量之间存在着一一对应的关系且成比例。

3）一个表达式的变量被另一个表达式中的相应变量置换后，表达式对应各项的系数保持相等。

【例 1-1】 试列写图 1-7 所示 *RLC* 无源网络的微分方程，其中 $u_r(t)$ 为输入变量，$u_c(t)$ 为输出变量。

解： 这是一个电学系统，根据克希荷夫定律可写出

$$LC\frac{d^2u_c(t)}{dt^2}+RC\frac{du_c(t)}{dt}+u_c(t)=u_r(t) \tag{1-1}$$

【例 1-2】 求直流电动机的微分方程。直流电动机电路如图 1-8 所示。

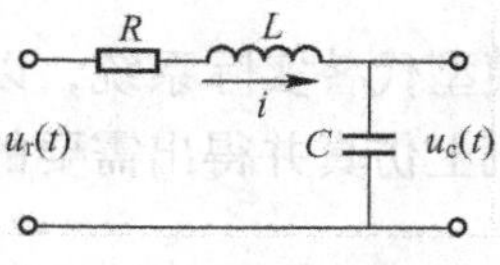

图 1-7 *RLC* 串联电路

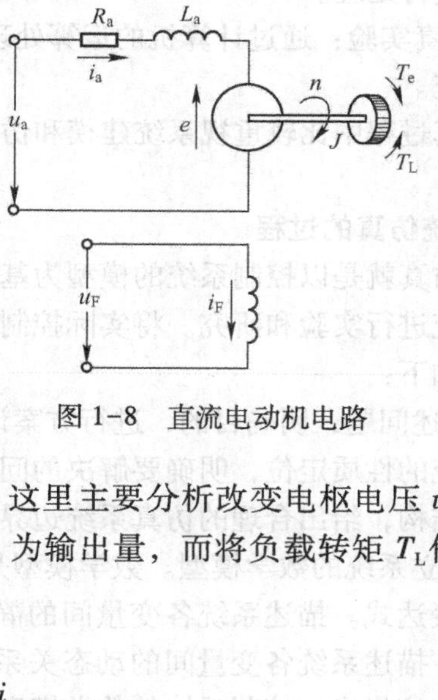

图 1-8 直流电动机电路

解： 直流电动机是直流调速系统的控制对象，这里主要分析改变电枢电压 u_a 对电动机转速 n 的影响。因此电枢电压 u_a 为输入量，转速 n 为输出量，而将负载转矩 T_L 作为电动机的外扰动量。

直流电动机各物理量间的基本关系如下：

$$u_a=i_aR_a+L_a\frac{di_a}{dt}+e$$

$$T_e=K_T\Phi i_a$$

$$T_e-T_L=J_G\frac{dn}{dt}$$

$$e=K_e\Phi n$$

$$T_mT_d\frac{d^2n}{dt^2}+T_m\frac{dn}{dt}+n=\frac{1}{K_e\Phi}u_a-\frac{R_a}{K_eK_T\Phi^2}\left(T_d\frac{dT_L}{dt}+T_L\right)$$

若不考虑电动机的负载转矩 T_L，即设 $T_L=0$，则有

$$T_m T_d \frac{d^2 n}{dt^2}+T_m \frac{dn}{dt}+n=\frac{1}{K_e \Phi}u_a \tag{1-2}$$

比较式（1-1）与式（1-2），两者在参数选择合适时，*RLC* 串联电路与直流电动机系统均为二阶控制系统，可以认为两者是一种数据相似的系统。

在实际应用中，常常采用某些元器件组合成相应电路，电路所表现出来的性能可以替代与之相似的其他物理、化学等类型的系统，从而方便了系统性能的分析讨论。

3. 系统仿真的三要素

仿真研究的对象是控制系统，而系统特性的表征主要采用与之相应的数学模型，将模型放到计算机上进行相应的处理就构成完整的系统仿真过程。因此，将实际系统、数学模型、计算机称为系统仿真的三要素，其相互关系如图 1-9 所示。

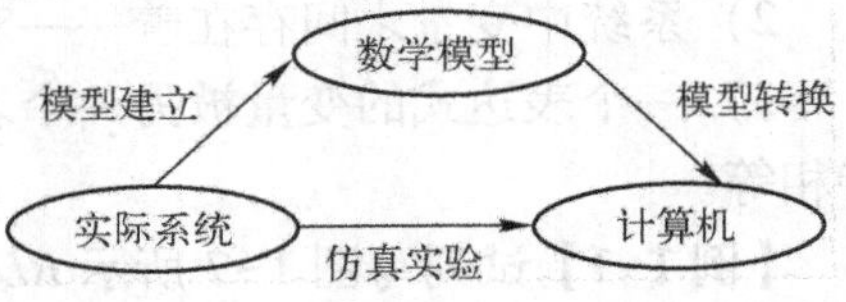

图 1-9　系统仿真三要素的对应关系

与之对应的系统仿真有以下三个步骤。

1）模型建立：将实际系统抽象为数学模型，此过程也称为系统辨识。

2）模型变换：通过一些仿真算法将系统的数学模型转换为仿真模型，以便将模型放到计算机上进行处理。

3）仿真实验：通过计算机的运算处理，把实际系统的特点、性能等表示出来，用于指导实际系统。

在仿真过程中比较重视系统建模和仿真结果的分析，这有助于对实际系统性能的讨论和改善。

4. 系统仿真的过程

系统仿真就是以控制系统的模型为基础，采用数学模型代替实际系统，以计算机为主要工具对系统进行实验和研究。将实际控制系统放到计算机上仿真并得出需要的仿真结果的步骤可归纳如下：

1）描述问题，明确目的，进行方案设计与系统定义。对一个实际系统进行仿真，首先要对该系统的性质定位，明确要解决的问题和达到的最终目的，根据仿真最终目的来确定相应的仿真结构，给出合理的仿真系统边界条件与约束条件。

2）建立系统的数学模型。数学模型是描述系统输入、输出变量以及内部各变量之间关系的数学表达式。描述系统各变量间的静态关系时（即模型中的变量不含时间关系）采用静态模型，描述系统各变量间的动态关系时（即模型中的变量包含时间因素在内）采用动态模型。应该指出，控制系统的数学模型是系统仿真的主要依据。

3）将系统的数学模型转化为仿真模型。已经建立起来的系统数学模型，如微分方程、差分方程等，还不能直接对系统进行仿真，需要根据数学模型的形式、计算机类型、采用的高级语言或其他仿真工具，将数学模型转换成能在计算机上处理的仿真模型。

4）编制仿真程序。仿真模型建立起来后，可以用高级语言仿真程序来处理非实时系统的仿真；采用汇编语言编制程序可处理快速、实时系统的仿真。当然，为了提高仿真的效率和速度，也可以直接利用专门的仿真语言和仿真软件包来处理。

5）进行仿真实验并输出结果。转换后的仿真模型以程序的形式输入计算机中，在给定

外部输入信号，设定相关初始参数和变量后，可以在计算机中对仿真系统进行各种规定的实验；通过仿真实验可以对仿真模型与仿真程序做相应的检验和修改；再按照系统要求将得到的最终仿真结果通过相应设备以数据、曲线、图形等方式输出；最后根据实验要求和仿真目的对仿真的数据进行分析、整理和总结，得到系统仿真的最终结果报告。

目前，借助功能非常强大的控制仿真软件 MATLAB 及其 Simulink 集成环境作为仿真工具来研究和分析控制系统已经比较普遍。利用 MATLAB 提供的工具箱和软件包，用户可以完成诸如系统辨识、系统建模、仿真及模糊控制等系统设计的任务，既方便又直观形象。Simulink 是 MATLAB 环境下的模拟工具，可以用来建立数学模型、分析和仿真各种动态系统的交互环境，包括连续系统和离散系统。有关 MATLAB 和 Simulink 的知识将在本书的后续章节介绍。

1.3.2 系统仿真的分类

一般情况下，系统仿真可按以下三种方法进行分类。

1. 按仿真模型的种类分类

（1）物理仿真　按照实际系统的物理性质构造系统的物理模型，并在物理模型上进行实验研究，称为物理仿真。它是应用几何相似原理，仿制一个与实际系统工作原理相同、质地相同但是体积小得多的物理模型进行实验研究的过程。

物理仿真的出发点是依据相似原理把实际系统按比例放大或缩小制成物理模型，其状态变量与原系统完全相同。这种仿真多用于土木建筑、水利工程、船舶、飞机制造等方面。

物理仿真的优点是直观、形象；缺点是构造相应系统的物理模型投资较大，周期较长，不经济。另外，一旦系统成型后，难以根据需要修改系统的结构，仿真实验环境受到一定的限制。

（2）数学仿真　按照实际系统的数学关系构造系统的数学模型，并在计算机上进行实验研究，称为数学仿真。数学仿真是应用性能相似原理，构造系统的数学模型并在计算机上进行实验研究的过程。

数学仿真的模型采用数学表达式来描述系统性能，若模型中的变量不含时间关系，称为静态模型；若模型中的变量包含时间因素在内，则称为动态模型。数学模型是系统仿真的基础，也是系统仿真中首先要解决的问题。由于计算机作为实验工具，通常也将数学仿真称为计算机仿真或数字仿真。

数学仿真具有经济、方便、使用灵活、修改模型参数容易等特点，已经得到越来越多的应用；缺点是受不同的计算机软件、硬件档次限制，在计算容量、仿真速度和精度等方面存在不同的差别。

（3）数学-物理仿真　将系统的物理模型和数学模型及部分实物有机地组合在一起进行实验研究，称为数学-物理仿真，也称为半实物仿真。

这种方法结合了物理仿真和数学仿真各自的特点，常常被用于特定的场合和环境中。如汽车发动机试验、家电产品的研制开发、雷达天线的跟踪、火炮射击瞄准系统等都可采用半实物仿真。

2. 按仿真模型与实际系统的时间关系分类

（1）实时仿真　仿真模型时钟 τ 与实际系统时钟 t 的比例关系为 $\frac{\tau}{t}=1$，即两者在时间上是同步的，可实时地反映出实际系统的运行状态。如炮弹弹头的飞行曲线仿真、火力发电站的实时控制模拟仿真等。

（2）超实时仿真　仿真模型时钟 τ 小于实际系统时钟 t，其比例关系为 $\frac{\tau}{t}<1$，即仿真模型时钟超前于实际系统时钟。如市场销售预测、人口增长预测、天气预报分析等。

（3）慢实时仿真　仿真模型时钟 τ 大于实际系统时钟 t，其比例关系为 $\frac{\tau}{t}>1$，即仿真模型时钟滞后于实际系统时钟。如原子核裂变过程的模拟仿真等。

3. 按系统随时间变化的状态分类

（1）连续系统仿真　系统的输入输出信号均为时间的连续函数，可用一组数学表达式来描述，如采用微分方程、状态方程等。在某些使用巡回检测装置在特定时刻对信号进行测量的场合，得到的信号可能是间断的脉冲或数字信号，此类系统可采用差分方程描述，由于其被控量是连续变化的，因此也将归类于连续系统。

（2）离散事件系统仿真　系统的状态变化只是在离散时刻发生，且由随机事件驱动，称为离散事件系统。如通信系统、交通控制系统、库存管理系统、飞机订票系统、单服务台排队系统等。此类系统规模庞大、结构复杂，一般很难用数学模型描述，多采用流程图或网络图表达。在分析上则采用概率及数理统计理论、随机过程理论来处理，将结构送到计算机上进行仿真。

1.4 计算机仿真的特点及其应用

计算机仿真是在研究系统性能的过程中根据相似原理利用计算机来模拟研究对象的。研究对象可以是实际的系统，也可以是设想中的系统。在没有计算机以前，仿真都是利用实物或者它的物理模型来进行研究的，即物理仿真，优点是直接、形象、可信；缺点是模型受限、易破坏、难以重用。随着计算机技术的发展，数字仿真越来越多地取代了物理仿真，现在所提到的系统仿真，主要是指有计算机参与的计算机仿真。

1.4.1 计算机仿真的特点

采用计算机进行系统仿真的主体是计算机设备，按照计算机的类型和特点可以有以下几种情况。

1. 模拟计算机仿真

模拟计算机是一种以运算放大器为部件，可以进行积分、微分、求和等运算的计算机装置，它适应于以微分方程描述的仿真系统。该类仿真的优点是采用并行运算，速度快，输出为连续量，易于与实物连接，比较接近实际的控制系统；缺点是计算精度比较低，对复杂系统仿真时线路上实现的难度较大，而且自动化程度低，要通过人工去进行排题布置。由于模拟计算机构成的系统成本高，价格昂贵，一般较少使用。

2. 数字计算机仿真

由于数字计算机硬件、软件技术的迅速发展，功能不断增强，因此采用数字计算机进行仿真得到了广泛的应用。该类仿真的突出优点是仿真计算精度高，使用方便，修改参数容易，采用程序控制，自动化程度高；缺点是数字计算机的工作是“串行”计算，仿真速度较慢，对反应快的系统进行实时仿真有一定困难。对于大型、复杂的控制系统，目前还可以采用专门的仿真计算机来处理。

3. 混合计算机仿真

由于采用模拟计算机和数字计算机进行仿真各有优缺点，为提高仿真效率，就产生了将这两种方法结合起来进行仿真的数-模混合计算机仿真。该方式将模拟计算机和数字计算机有机地结合起来，在对控制系统进行参数寻优、统计分析等反复迭代运算，以及要求与实物结合连续进行实时仿真，同时又有一些复杂的函数需要计算的场合中，有着明显的优势。如火力发电站的模拟仿真、运行操纵控制仿真等。

4. 微型计算机阵列仿真

20 世纪 70 年代以来，随着微型计算机的迅速发展，仿真语言及仿真软件包的不断完善，开始采用多台微型计算机构成全数字式仿真系统，这就是微型计算机阵列仿真。它可以进一步提高仿真的功能和自动化程度，为集散控制系统仿真打下良好的基础。

总体来讲，计算机仿真具有经济、安全、可靠、投资少、收效快、节约能源、试验周期短等显著特点。

计算机仿真是一门综合性的新学科，它既取决于计算机工具本身，包括硬件与软件的发展，又依赖于仿真算法在精度与效率方面的研究与提高，还要服从于仿真对象所处学科领域的发展需要。因此，计算机仿真是多种学科互相渗透、相互融合又与多种学科相关联的边缘科学。它为控制系统的分析、计算、研究、综合设计及自动控制的计算机辅助教学提供了快速、经济、科学及有效的手段。

1.4.2 计算机仿真技术的应用

由于计算机仿真能够为各种实验提供方便、廉价、灵活的数学模型，因此，凡是要用模型进行实验的，几乎都可以用计算机仿真来研究被仿真系统的工作特点、选择最佳参数和设计最合理的系统方案。仿真技术具有很高的科学研究价值和巨大的经济效益。由于仿真技术的特殊功效，特别是安全性和经济性，使得计算机仿真得到广泛的应用。计算机仿真技术的应用主要归纳为以下两个方面。

1. 控制系统的分析、设计与试验

仿真技术在冶金、化工、电力等工程系统中的应用非常广泛，是对控制系统进行研究、设计不可缺少的一项重要技术，体现在以下几方面。

1）论证系统设计立题方案的正确性、可行性，避免不必要的挫折及浪费，为实体设计打下良好的基础。

2）用于创建新的控制系统，研制新的控制器及仪表等。

3）对已设计好的系统进行考核，验证设计效果，分析系统的工作状态，寻求系统性能改进的途径。

4）用仿真技术对控制系统进行最优设计与最优控制，选择最佳运行参数。

5）对已有的老系统进行分析、调整、改进及发展系统的潜力。

2. 训练与教育

建立在仿真技术上的各种仿真器可用来训练操纵人员，体现在以下几个方面。

1）运行仿真器：可用于训练民航、空军的机型试飞，以及太空宇航员的飞行训练，既可节省投资，又避免了危险的发生，保证了训练人员的安全。

2）船舶操纵仿真系统：可用于船舶驾驶、潜艇驾驶等人员的训练。

3）电站、电力网、化工厂等操纵控制人员的仿真系统：可用于模拟实际系统的运行状况，设置各种可能产生的故障点，进行检查与故障排除的训练。

4）军事指挥仿真系统：可用来模拟实战环境，如地形、天气、敌我双方的兵力、武器装置等，以训练军事指挥员，实现现代战争中的陆海空协调作战的能力。

5）非工程领域的仿真应用：如用于医学领域的人体疾病成因分析，人体对药物反应的研究，新药品的研制等；又用于市场经济导向、通信网分布、交通管理、中期天气预报、生态环境的模拟仿真等。

1.5 MATLAB 相关简介

1.5.1 MATLAB 的产生与发展

MATLAB 的产生大约在 20 世纪 70 年代中期，当时 Cleve Moler 教授及其同事在美国国家科学基金的资助下研究开发了调用 LIN PACK 和 EISPACK 的 FORTRAN 子程序库。这两个程序库代表着当时矩阵计算的最高水平。到 20 世纪 70 年代后期，身为新墨西哥大学计算机科学系主任的 Cleve Moler 在给学生讲授线性代数课程时，开始用业余时间为学生编写使用方便的 LINPACK 和 EISPACK 的接口程序。Cleve Moler 给这个接口程序取名为 MATLAB，意思是“矩阵实验室（MATrix LABoratory）”。不久以后，MATLAB 受到了学生的普遍欢迎，并且 MATLAB 也成了应用数学界的一个术语。

起初的 MATLAB 是用 FORTRAN 语言编写的，并且是免费软件，因此虽然功能简单，但还是十分受欢迎。后来，在 John Little 的推动下，由 John Little、Cleve Moler 和 Steve Bangert 合作于 1984 年成立了 Mathworks 公司，把 MATLAB 推向了市场，并继续 MATLAB 的研制和开发。MATLAB 在市场上的出现，为各国科学家开发本学科相关软件提供了基础。

1993 年，MATLAB 的第一个 Windows 版本 MATLAB 3.5 问世。同年，支持 Windows 3.x 的 MATLAB 4.0 版本和 4.1 版本推出。同之前的版本比较做出了很大的改进，如推出了交互式动态系统建模、仿真和分析集成环境 Simulink，开发了可与外部直接进行数据交换的组件，开发了 Symbolic Math 符号运算工具箱，构建了 Network 等。像 Control、Neural Network、Optimization、Signal Processing、Spline、State－Space Identification、Robust Control、Mu－Analysis and Synthesis 等工具箱都得到了普遍的应用，为系统的开发、设计、实验等提供了积极的帮助。

1997 年，MATLAB 5.0 版本问世，表现出了真正的 32 位运算、功能强大、数值计算加快、图形表现有效、编程简捷直观、用户界面友好等特点。在社会上流传最为广泛的是它的升级版本 MATLAB 5.1/5.2/5.3。

2000 年下半年，Mathworks 公司推出了最新产品 MATLAB 6.x 试用版，并于 2001 年初推出了正式版。与前面版本相比，MATLAB 6.x 在计算速度上做了比较大的改进，有了明显的提高，用户界面也有了很大的改观，更加友好。MATLAB 6.x 支持控制设计过程的每一个环节，可以用于不同的领域，如汽车设计、航空航天、计算机控制和通信等。而截止到 2016 年，MATLAB 9.1 已经问世了。

使用 MATLAB 高级编程语言，只需花很短的时间就可以开发出各种应用程序，可以对控制算法、绘图、数据处理、方程求解和仿真结果进行显示，与控制相关的工具箱涵盖了许多前沿的控制设计方法，丰富的图形界面使控制系统的设计和分析更加方便。

1.5.2 MATLAB 的主要功能

MATLAB 是一种应用于科学计算领域的高级语言，它的主要功能包括数值计算和符号计算功能、绘图功能、编程功能及应用工具箱扩展。

1. 数值计算和符号计算功能

MATLAB 以矩阵作为数据操作的基本单位，这让数学计算中的矩阵计算变得更加简捷、方便和高效。MATLAB 还提供了丰富的数值计算函数，方便了程序设计。

在实际应用中，除了数值计算外还有符号计算，MATLAB 和功能强大的符号计算语言 Maple 相结合，从而使 MATLAB 同样具有了符号计算功能。

2. 绘图功能

MATLAB 提供了两个层次的绘图操作：一种是对图形句柄进行的低层绘图操作；另一种是建立在低层绘图操作之上的高层绘图操作。利用 MATLAB 绘图十分方便，既可绘制各种图形，也可对图形进行修饰和控制，具有强大的数值可视化功能。

3. MATLAB 工具箱

MATLAB 工具箱包括两大类：功能性工具箱和科学性工具箱。功能性工具箱主要用来扩充符号计算功能、可视建模仿真功能及文字处理功能。科学性工具箱主要是为各个科学研究领域而制定的，专业性比较强，一般都是由该领域内学术水平很高的专家编写的。

1.5.3 MATLAB 的基本应用

MATLAB 语言之所以被称为是一种优秀的计算机语言，具有强大的数学运算能力是它的突出优点之一。MATLAB 语言使许多大量的科学运算再也不需要复杂的计算机编程，仅需要调用 MATLAB 的一个函数就可以解决，如矩阵求逆函数 inv(A)、特征值计算函数 eig(A) 等；对于数学运算中的许多错误，不是给予拒绝、程序运行中断或死机，而是继续进行运算并给出警告提示，其中典型问题如零除问题、奇异矩阵求逆问题等，从而使得数学计算的程序编制与运行更为方便可靠。

由于 MATLAB 具有了符号运算能力，使得计算机语言由数值运算能力向解析运算能力拓宽，因而使得计算机语言逐步向智能化语言发展。解析数学的一些基本问题现在都可以应用 MATLAB 的符号运算函数来解决，其中典型问题有函数的微分、积分、微分方程求解及积分变换等。

上述 MATLAB 语言在数学运算功能上的几个特点是其他几种高级语言如 C、FORTRAN、

PASCAL 等所不具备的。尤其是对于已经熟练掌握其他高级语言的使用者来说，更加能够体会到 MATLAB 语言的独到之处与无穷的魅力。

1. 变量与常量

（1）变量　变量是任何程序设计语言的基本元素之一，MATLAB 语言当然也不例外。与常规的程序设计语言不同的是，MATLAB 语言并不要求对所使用变量进行事先声明，也不需要指定变量类型，它会自动根据所赋予变量的值或对变量所进行的操作来确定变量的类型。在赋值过程中，如果变量已存在，MATLAB 语言将使用新值代替旧值，并以新的变量类型代替旧的变量类型。

变量代表一个或若干个内存单元，为了对变量所对应的存储单元进行访问，需要给变量命名。在 MATLAB 语言中变量的命名遵守如下规则：

1）变量名区分大小写。

2）变量名长度不超过 63 个字符，第 63 个字符之后的字符将被忽略。

3）变量名以字母开头，变量名中可包含字母、数字、下画线，但不能使用标点。与其他的程序设计语言相同，MATLAB 语言中也存在变量作用域的问题。在未加特殊说明的情况下，MATLAB 语言将所识别的一切变量视为局部变量，即仅在其调用的 M 文件内有效。若要定义全局变量，应对变量进行声明，即在该变量前加关键字 global。一般来说，全局变量常用大写的英文字符表示，尽管这不是 MATLAB 语言所必需的。

（2）常量　MATLAB 有一些预定义的变量，这些特殊的变量称为常量。表 1-1 给出了 MATLAB 语言中经常使用的一些常量及其说明。

表 1-1　MATLAB 的特殊变量与常量

变 量 名	功 能 说 明
ABS（或 abs）	默认变量名，以应答最近一次操作运算结果
i 或 j	虚数单位，定义为 $\sqrt{-1}$
pi	圆周率
eps	浮点数的相对误差
realmax	最大的正实数
realmin	最小的正实数
INF（或 inf）	无穷大
NaN（或 nan）	不定值（即 0/0）
nargin	函数实际输入参数个数
nargout	函数实际输出参数个数

（3）变量的赋值　MATLAB 的赋值语句有两种使用格式：

- 变量=表达式
- 表达式

第一种语句方式是将右边表达式的值赋给左边的变量：第二种语句方式是将表达式的值赋给 MATLAB 的预定义变量 ans。

通常，运算结果会在命令窗口显示出来，如果在语句的结尾加分号，则 MATLAB 仅仅执行赋值操作，不再显示运算结果。

2. MATLAB 矩阵

MATLAB 作为一个高性能的科学计算平台，主要面向高级科学计算。MATLAB 的基本计算单元是矩阵与向量，向量为矩阵的特例。一般而言，二维矩阵为由行、列元素构成的矩阵表示：对于 m 行、n 列的矩阵，其大小为 $m \times n$。MATLAB 的大量计算都集中在矩阵运算上，而且运算的最大特点是不需对矩阵的维数和类型进行说明，MATLAB 会根据用户所输入的内容自动进行配置。

（1）MATLAB 矩阵的建立　MATLAB 矩阵的建立方法常见的有以下两种：

- 直接输入法。在 MATLAB 中，矩阵的输入是很直观的，矩阵的元素用[ ]括起来，相邻元素之间用逗号或空格分隔，而采用分号来换行。
- 利用 M 文件建立矩阵。对于比较大且复杂的矩阵，可以专门为其建立一个 M 文件。

（2）矩阵元素的赋值　MATLAB 中允许用户对矩阵的单个或多个元素进行赋值和操作。如矩阵 $\boldsymbol{A}$ 如下所示，将 $\boldsymbol{A}$ 矩阵的第 3 行第 2 列元素赋值为 50，则可以通过下面的语句完成：

给矩阵 $\boldsymbol{A}$ 赋值 $\boldsymbol{A}=\begin{bmatrix}1 & 2 & 3\\4 & 5 & 6\\7 & 8 & 9\end{bmatrix}$。

在命令窗口输入：

```
A ( 3 , 2 ) = 50
```

显示结果为：

```
A=
1  2   3
4  5   6
7  50  9
```

在 MATLAB 中，A(:,j)表示 $\boldsymbol{A}$ 矩阵的第 j 列全部元素，A(i,:)表示 $\boldsymbol{A}$ 矩阵的第 i 列全部元素。

（3）矩阵的基本运算　MATLAB 中的矩阵运算只要符合矩阵维数的要求即可。表 1-2、表 1-3 分别列出了 MATLAB 常用的算术运算符和关系运算（包括逻辑运算）符。

表 1-2　MATLAB 算术运算符

操作符	功能说明	操作符	功能说明
+	加	\	矩阵左除
−	减	.\	数组左除
.	矩阵乘	/	矩阵右除
*	数组乘	/.	数组右除
^	矩阵乘方	'	矩阵转置
.^	数组乘方	'	数组转置

表 1-3　MATLAB 关系运算符

操　作　符	功 能 说 明	操　作　符	功 能 说 明
= =	等于	<=	小于或等于
~=	不等于	&	逻辑与
>	大于	|	逻辑或
<	小于	~	逻辑非
>=	大于或等于		

1.6　Simulink 简介

1.6.1　Simulink 概述

Simulink 是一种以 MATLAB 为基础的实现动态系统建模、仿真与分析的软件包，也是 Mathworks 公司开发的 MATLAB 里的工具箱之一，其主要功能是实现动态系统的建模、仿真与分析。在系统的开发设计中，可预先对目标系统进行仿真实验，按照性能指标的要求对系统做适当的修正或按照仿真的最佳效果来调试及整定系统的参数，减少系统设计过程中反复修改的时间，实现高效率地开发系统的目的。

Mathworks 公司从 20 世纪 90 年代开始推出 Simulink，当时它放在 MATLAB 4.0 版的核心执行文件中。在 MATLAB 4.2 及以后的版本中，Simulink 是以 MATLAB 里的工具包形式单独出现的，需要单独安装。此后，与 MATLAB 5.0 版匹配的 Simulink 升级为 2.0 版；与 MATLAB 5.3 版匹配的 Simulink 升级为 3.0 版；而在 MATLAB 6.1 版中，Simulink 升级为 4.1 版；而 MATLAB 6.5 版本中，Simulink 升级为 5.0 版本。目前 MATLAB 已经升级为 9.1 版本了，Simulink 也有了更进一步的升级。

由于 Simulink 可以采用鼠标拖放的方法来建立系统模型，其图形交互界面良好；通过 Simulink 提供的各功能模块可以迅速地创建系统的模型，不需要书写代码；Simulink 还支持 Stateflow 用来仿真事件驱动过程；因此在实际工程中的系统建模、分析和仿真等方面得到了广泛的应用。

一般来说，Simulink 的主要功能有以下几个方面。

1. 动态系统模型的快速建立

Simulink 提供了大量的功能模块以方便用户快速地建立动态系统模型，建模时只需使用鼠标拖动相关库中的标准模块并将它们连接起来即可。此外，还可以将各模块组成子系统来建立多级模型。Simulink 对模块及其连接的数目没有限制。

2. 良好的交互式仿真环境

Simulink 框图提供了交互性很强的系统仿真环境，可以通过下拉菜单方式执行仿真处理，也可以采用命令行的形式进行批处理。仿真结果可以在运行的同时通过示波器或图形窗口显示。

3. 扩充和定制功能

Simulink 的开放式结构允许用户扩展仿真环境的功能，例如：

● 可以用 MATLAB、FORTRAN 和 C 代码生成自定义模块库，并拥有自己的图标和界面。
● 可以将用户原有的采用 FORTRAN 或 C 语言编写的代码连接到仿真环境中来。

4. 与 MATLAB 和工具箱的集成

由于 Simulink 可以直接利用 MATLAB 的数学、图形和编程功能，用户可以直接在 Simulink 下完成诸如数据分析、过程自动化、优化参数等工作。工具箱提供的高级设计和分析能力可以通过 Simulink 的屏蔽手段在仿真过程中执行。

5. 专用模型库（Blocksets）

Simulink 提供了许多专用的模型库，例如，DSP Blockset 可以用于 DSP 算法的开发；Fixed-Point Blockset 扩展了 Simulink 的功能，可用于建立和模拟数字控制系统和数字滤波器的功能。

总体来看，Simulink 具有基于矩阵的数值计算、高级编程语言、图形与可视化、丰富的工具箱、可扩展的高级语言接口、开放的体系结构等特点。由于 Simulink 具有强大的功能与友好的用户界面，因此，它已经被广泛地应用到通信与卫星、航空航天、生物、船舶、汽车及金融等领域中，同时 Simulink 在生态系统、社会和经济等领域也都有所应用。随着科学技术的飞速发展，Simulink 的应用领域也将会更加广泛。

1.6.2 Simulink 的启动及界面

1. Simulink 的启动

启动 Simulink 有如下两种方法：

1）在 MATLAB 的命令窗口中键入 Simulink 命令，然后按 Enter 键，就可以打开 Simulink 的库浏览器进入 Simulink，如图 1-10 所示。

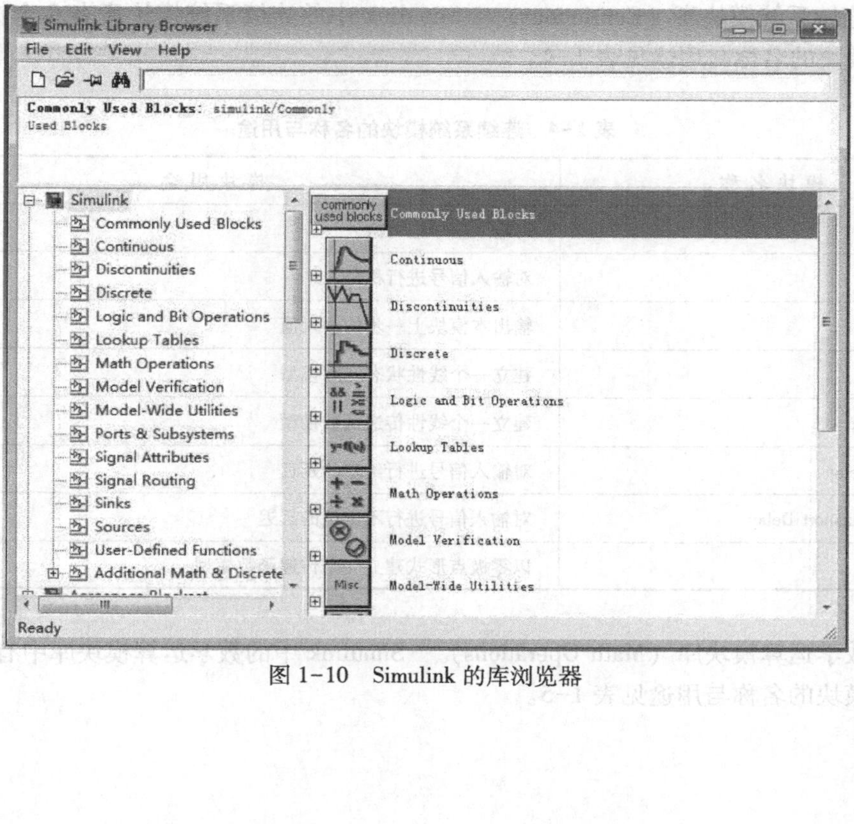

图 1-10　Simulink 的库浏览器

2）在 MATLAB 的工具栏中，单击 Simulink 按钮，也可以打开 Simulink 的库浏览器窗口。

2. Simulink 的界面

Simulink 的界面如图 1-10 所示。

界面上方是标题栏和菜单栏，菜单栏下面是常用按钮及待查关键字填写栏，在关键字填写栏输入要查找的关键字并按 Enter 键，就可以查到相应功能模块。常用按钮的下面是对所选模块对象的文字说明。

Simulink 界面的下方分为两部分：左边部分显示的是全部模块库，从中可以选择需要的模块库；右边部分显示选中的模块库中所有的模块。

1.6.3 Simulink 的模块库

Simulink 提供了 16 个基本模块库：Commonly Used Blocks（常用模块库）、Continuous（连续系统模块库）、Discontinuities（非连续模块库）、Discrete（离散系统模块库）、Logic and Bit Operations（逻辑与位操作模块库）、Lookup Tables（查询表模块库）、Math Operations（数学运算模块库）、Model Verification（模型检测模块库）、Model-Wide Utilities（模型扩充工具箱模块库）、Ports & Subsystems（端口和子系统模块库）、Signal Attributes（信号属性模块库）、Signal Routing（信号路线模块库）、Sinks（接收器模块库）、Sources（输入源模块库）、User-Defined Functions（用户自定义函数模块库）、Additional Math & Discrete（附加模块库）。

下面介绍在控制系统仿真中经常用到的几个模块库。

（1）连续系统模块库（Continuous）　Simulink 中的连续系统模块库有 8 个标准的基本模块，各模块的名称与用途见表 1-4。

表 1-4　连续系统模块的名称与用途

模块名称	模块用途
Derivative	对输入信号进行微分
Integrator	对输入信号进行积分
Memory	输出本模块上一步的输入值
State-Space	建立一个线性状态空间模型
Transfer Fcn	建立一个线性传递函数模型
Transport Delay	对输入信号进行给定的延迟
Variable Transport Delay	对输入信号进行不定量的延迟
Zero Pole	以零极点形式建立一个传递函数模型

（2）数学运算模块库（Math Operations）　Simulink 中的数学运算模块库中有 21 个基本模块，各模块的名称与用途见表 1-5。

表 1-5　数学运算模块的名称与用途

模块名称	模块用途	模块名称	模块用途
Abs	求绝对值或求模（对复数）	Matrix Gain	对输入信号乘上一个矩阵增益
Algebraic Constraint	强制输入信号为零	Min Max	求极大与极小值
Bitwise Logical Operator	位运算逻辑操作符	Product	对输入信号求积或商
Combinatorial	建立逻辑真值表	Real-Imag to Complex	由实部与虚部求复数
Complex to Magnitude-Angle	求复数的幅值与相角	Relational Operator	比较操作符
Complex to Real-Imag	求复数的实部与虚部	Rounding Function	取整函数
Dot Product	求点积（内积）	Sign	取输入的正负符号
Gain	对输入信号乘上一个常数增益	Slider Gain	以滑动形式改变增益
Logical Operator	逻辑操作符	Sum	对输入信号求代数和
Magnitude-Angle to Complex	由幅值与相角求复数	Trigonometric Function	三角函数
Math Function	数学运算函数		

（3）离散系统模块库（Discrete）　Simulink 的离散系统模块库中有 8 个标准基本模块，各模块的名称与用途见表 1-6。

表 1-6　离散系统模块的名称与用途

模块名称	模块用途	模块名称	模块用途
Discrete Transfer Fcn	建立一个离散传递函数	Discrete Time Integrator	对一个信号进行离散时间积分
Discrete Zero-Pole	建立一个零极点形式离散传递函数	First-Order Hold	建立一阶采样保持器
Discrete Filter	建立离散（IIR 和 FIR）滤波器	Unit Delay	对采样信号保持，延迟一个采样周期
Discrete State-Space	建立一个离散状态空间模型	Zero-Order Hold	建立零阶保持器

（4）输入源模块库（Sources）　Simulink 的输入源模块库中有 17 个基本模块，各模块的名称与用途见表 1-7。

表 1-7　输入源模块的名称与用途

模块名称	模块用途	模块名称	模块用途
Band-Limited White Noise	带限白噪声	Pulse Generator	固定时间间隔的脉冲发生器
Chirp Signal	产生一个频率不断变化的正弦波信号	Ramp	线性增加或减小的信号（斜坡信号）
Clock	显示当前仿真时间	Random Number	正态分布的随机数
Constant	生成一个常值	Repeating Sequence	产生规律重复的线性信号（如锯齿形）
Digital Clock	在规定的采样间隔显示当前仿真时间	Signal Generator	产生各种不同的波形
From Workspace	从当前工作空间定义的矩阵中读数据	SineWave	产生一个正弦波
From File	从文件中读数据	Step	产生一个阶跃函数
Ground	接地端	Uniform-Random Number	正态分布的随机数
In1	系统输入端口		

（5）接收器模块库（Sinks） Simulink 的输出模块库中有 9 个基本模块，各模块的名称与用途见表 1-8。

表 1-8 接收器模块的名称与用途

模块名称	模块用途	模块名称	模块用途
Display	实时数字显示	Terminator	连接未连信号的输出端
Floating Scope	显示一条或多条线上的信号	To File	把数据输出到文件中
Out1	系统输出端口	To Workspace	把数据输出到工作空间上定义的两个矩阵中
Scope	在仿真过程中显示信号在类似示波器的窗口内	XY Graph Scope	在 MATLAB 图形窗口显示信号的 X-Y 二维图形
Stop Simulation	当输入不为零时停止仿真		

1.7 Simulink 基本操作

Simulink 完全采用标准模块功能图的复制方法来构造动态系统的结构图模型。系统结构图模型的创建过程就是从 Simulink 模块库中选择所需要的标准功能模块，复制到模型窗口 untitled 里，再用 Simulink 的特殊连线方法把多个标准模块连接成描述控制系统实际结构的结构图模型的过程。在 Simulink 环境中绘制模型结构图并不复杂，仅依赖于鼠标操作即可。

1.7.1 模型窗口

Simulink 用来绘制系统结构图模型的空白设计区称为模型窗口，即 untitled 窗口或称无标题空白窗口，如图 1-11 所示。

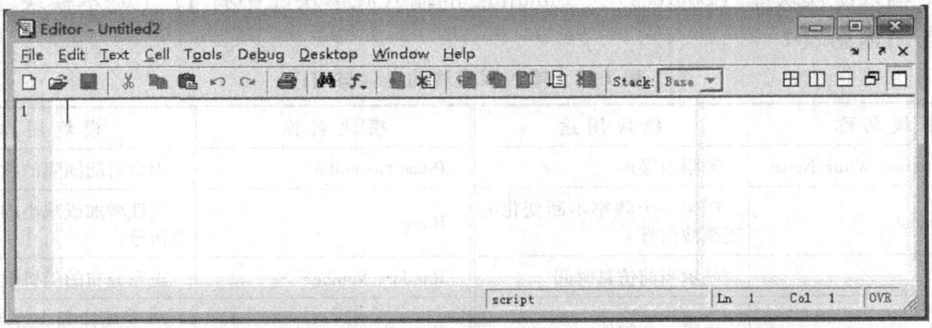

图 1-11 untitled 模型窗口

模型窗口中有 7 个主菜单项，每个主菜单项都有下拉菜单，每一个菜单项都是一条命令，只要用鼠标选中，即可执行菜单项命令规定的操作。

菜单项的下面是工具栏，这些工具栏为使用者提供了常用菜单项的快捷按钮。工具栏的下面空白处就是模型编辑窗口，使用者可以在此处编辑系统的仿真模型。

打开“untitled”的模型窗口通常有以下四种方法：

1）直接从 MATLAB 命令窗中选取 File 菜单中 New 菜单项的 Model 命令，MATLAB 就会打开一个新的 untitled 模型窗口。

2）在 MATLAB 命令窗口下输入 Simulink 命令，打开 Simulink 模块库浏览器窗口，然后再单击□按钮创建一个新的 untitled 模型窗口。

3）在 MATLAB 命令窗口下单击 NewSimulinkModel 按钮，再单击□按钮创建一个新的 untitled 模型窗口。

4）如果功能图模型已经存在，那么在 MATLAB 命令窗口下直接输入模型文件名，就会直接打开该模型功能图的模型窗口。用户可以直接对它进行编辑、修改和仿真；还可以在已打开的模型窗口中单击□按钮创建一个新的 untitled 模型窗口。

1.7.2 模块的操作处理

Simulink 中每个模块库的功能模块都可以直接用鼠标拖放到设计区域中，再用线将其连接后执行，此外，还可以对模块进行移动、复制、转向、改变大小、模块命名、颜色设定等处理。至于每个功能模块的功能设定，则会因不同的执行功能而有所不同。

1. 模块的选中

在 MATLAB 中，模块的选中方法有两种：

1）单击待选模块，模块四个角处出现小黑块，表示已经选中。

2）如果选择一组模块，可以按住鼠标左键拉出一个矩形虚线框，将所有待选模块框在其中，然后松开左键，则矩形里所有的模块，每个模块四个角处都出现小黑块，表示所有模块同时被选中。当要选中多个模块时，也可以按住 Shift 键，单击，逐个选取。

2. 模块的复制

模块的复制包括从模块库中将标准模块复制到 untitled 模型窗口和在 untitled 模型窗口里复制模块两种情况。

从模块库中复制标准模块的操作方法：在模块库中将鼠标箭头尖指向待选模块，并单击，待选模块四个角处出现小黑块，表示已经选中，按住鼠标左键不放将所选模块拖放到 untitled 模型窗口里的目标位置，放开鼠标左键，在 untitled 模型窗口里某个位置上就有一个与所选模块完全相同的模块图标，即已完成模块从库中的复制。对于同一标准模块或者不同的模块均可以多次重复这样的复制操作。

在 untitled 模型窗口里复制模块有如下三种方法：

1）首先选中待复制模块，运行 Edit 中的 Copy 命令，然后将光标移到将粘贴的地方，单击，看到选定的模块恢复原状，在选定的位置上再运行 Edit 中的 Paste 命令即可。新复制的模块和原装模块的名称也会自动编号以资区别。

2）先按下 Ctrl 键不放，然后将鼠标移到模块对象上，注意看鼠标指针，如果多了一个小小的“十”（十字图形符号），表示可以复制了。用鼠标拖放到目的位置后，松开鼠标左键，便完成复制工作。

3）用鼠标指向待复制模块对象，按住鼠标右键不放，用鼠标拖放到目的地，松开鼠标右键，即可复制一个功能模块。

3. 模块的移动

将光标置于待移动模块图标上，按住鼠标左键不放，将模块图标拖放到目的地，放开鼠标左键，即可完成模块移动。需要注意的是，移动模块时与其相连的连线也随之移动。

4. 模块的删除和粘贴

对选中的模块进行删除和粘贴可以采用如下的操作：

1）按 Delete 键，把选定模块删除。

2）选择 Edit 中的 Cut 命令后，便将选定模块移到 Windows 的剪贴板上，再用 Paste 命令重新粘贴。

5. 改变模块对象的大小

用鼠标选择模块对象图标，再将鼠标移到模块对象四周的控制小块处，鼠标指针将会变成“\”或“_”形状，此时按住鼠标左键不放，拖动鼠标，待对象图标大小符合要求时即放开鼠标左键，这样就可改变模块对象图标的大小。

6. 改变模块对象的方向

一个标准功能模块就是一个控制环节。在绘制控制系统模型功能图即连接模块时，要特别注意模块的输入口、输出口与各模块间的信号流向。Simulink 中模块总是由输入端口接收信号，从输出端口发送信号。输入端口位于模块左侧，输出端口位于模块右侧。但是在绘制反馈通道时则会有相反的要求，即输入端口不在模块左侧，那么输出端口就不在模块右侧，这时可以通过改变模块对象的方向来实现。

选择 Format 中的 Flip Block 或者直接按〈Ctrl+I〉键，可将功能模块旋转 180°；如果选择 Format 中的 Rotate Block 或者直接按〈Ctrl+R〉键，即可将功能模块顺时针旋转 90°。

7. 模块的命名

用鼠标在需要更改的名称上单击一下，然后直接更改名称即可。名称在功能模块上的位置也可以改变，选择 Format 中的 Flip Name 命令，可以使模块名称在模块的上方、下方切换；若要隐藏模块名称，可用 Format 中的 Hide Name 命令来实现。

8. 模块的颜色设定

模块的前景和背景颜色也可以改变，选择 Format 中的 Foreground Color 命令可以改变模块的前景颜色；选择 Format 中的 Background Color 命令可以改变模块的背景颜色。

1.7.3 模块的连接

构成一个控制系统的所有环节模块复制到 untitled 模型窗口后，这些模块图标在没有用信号线将其连接之前并不代表任何系统模型，必须用信号线将各个模块图标连接成能够描述一个控制系统的系统模型。下面通过介绍信号线的使用和操作来说明模块的连接。

1. 信号线的使用

信号线具有连接功能模块的作用。用鼠标箭头在 untitled 模型窗口里拖动，可以在模块的输入与输出之间直接连信号线。前面已经介绍过，为了连接两个模块，按住鼠标的左键，单击输入或输出端口，看到光标变为十字形以后，拖动十字图形符号到另外一个端口，鼠标指针将变为双十字形状，然后放开鼠标左键。于是一根最简单的信号线即将两模块连接起来，连线的箭头方向表示信号的流向。

对信号线操作时，如同对模块操作一样也必须先单击选中该线，被选中的信号线两端出现两个小黑块，然后就可以对该信号线进行操作了，如改变粗细、设置标签，也可以把信号线折弯、分支，甚至将该信号线删除等。

2. 向量信号线与线型设定

对于向量信号线，在 untitled 模型窗口里，选中 Format 中的 Wide Nonscalar Lines 命令，线的粗细会根据在线上传输的数据是数值（Scalar）还是向量（Vector）而改变。如果是数值则用细线；如果是向量则用粗线。

3. 信号线设置标签

只要在信号线上双击，即可在该信号线的下部拉出一个矩形框，在矩形框内的光标处即可输入该信号线的说明标签，既可输入西文字符，也可以输入汉字字符。标签的信息内容如果很多，还可以按 Enter 键换行输入。如果标签信息有错或者不妥，也可以重新选中再编辑修改。

4. 信号线折弯

对选中的信号线，按住 Shift 键，再用鼠标左键在要折弯的地方单击一下，在此处就会出现一个小圆圈，表示折点，利用折点就可以改变信号直线的形状。

对选中的信号线，将鼠标指到线段端点的小黑块上，直到箭头指针变为“O”，按住鼠标左键拖动线段，即可将线段以直角的方式折弯。如果不想以直角的方式折弯，则可以在线段的任一位置，按住 Shift 键与鼠标左键，将线段以任意角度折弯。

5. 信号线分支

对选中的信号线，按住 Ctrl 键，并在要建立分支的地方按住鼠标左键拉出即可。另外一种方法是将鼠标指到要引出分支的信号线段上，如果按住鼠标右键拖动鼠标，还可拉出分支线段。

6. 信号线的平行移动

将鼠标指到要平行移动的信号线段上，按住鼠标左键不放，鼠标指针变为十字箭头形状，水平或者垂直方向拖动鼠标移到目的位置，放开鼠标左键，信号线的平行移动即完成。

7. 信号线与模块分离

将鼠标指针放在想要分离的模块上，按住 Shift 键不放，再用鼠标把模块拖放到别处，即可以把模块与连接线分离。

8. 信号线的删除

对选中信号线的删除操作非常简单，按 Delete 键即可把选中的信号线删除。

1.7.4 系统模型图的创建

上面对模块及连线的操作进行了介绍，掌握了这些基本技能就可很方便地创建仿真系统的模型。通常，创建仿真系统模型的具体步骤如下：

1）激活 Simulink。

2）选择所需要的模块。

3）用连线连接各模块。

4）双击各模块，完成对模块参数的设置和修改。

下面以一个简单的例子来说明控制系统模型的创建方法。

【例 1-3】 建立如图 1-12 所示控制系统的模型图。

解：1）进入 Simulink 后打开一个空白的模型窗口。

2）打开 Simulink 的 Sources 模块库，选择模块库中的 Step 模块，使用鼠标左键将其拖放到模型窗口，松开鼠标，在模型窗口出现一个 Step 模块。双击这个模块可以设置它的跳跃时间、初值和终值，如图 1-13 所示。

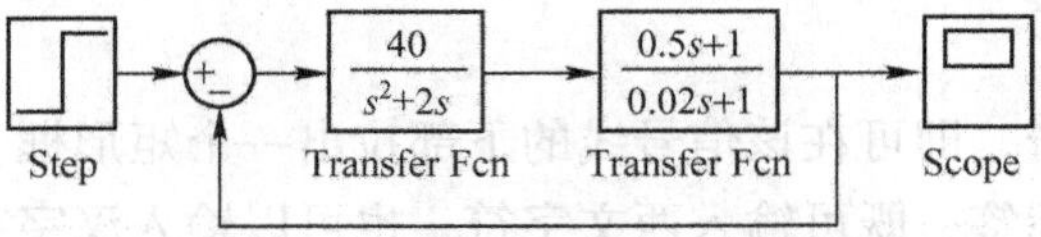

图 1-12　例 1-3 中的控制系统模型图

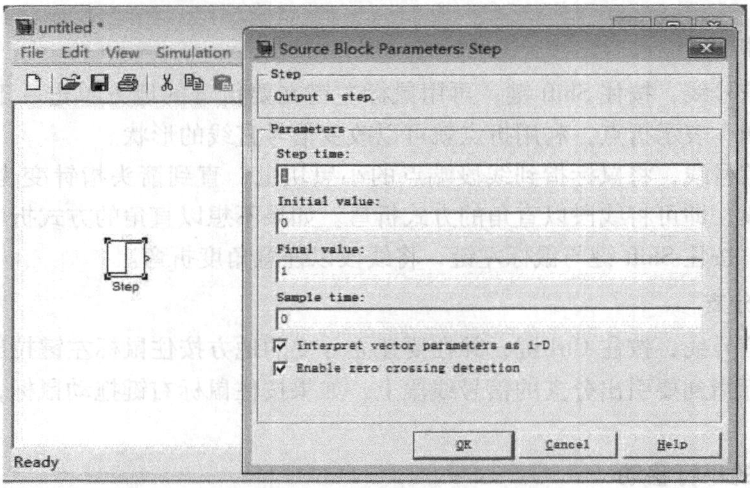

图 1-13　添加并编辑 Step 模块

3）打开 Simulink 的 Continues 模块库，选择模块库中的 Transfer Fcn 模块，使用鼠标左键将其拖放到模型窗口，双击这个模块设置传递函数的表达式，如图 1-14 所示。

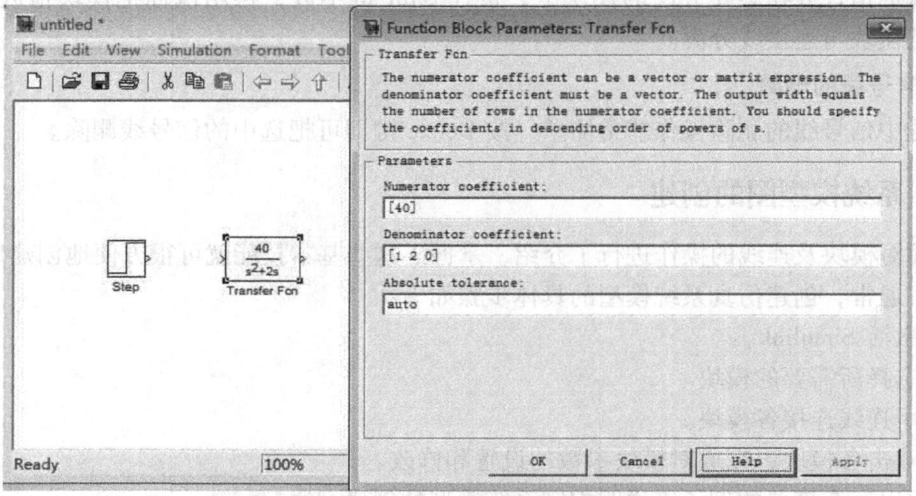

图 1-14　添加并编辑 Transfer Fcn 模块

在参数 Numerator 文本框中输入分子的系数[40]，在参数 Denominator 文本框中输入分母的系数[1　2　0]，单击【OK】按钮即可。

4）用类似的方法添加第 2 个传递函数模块并进行编辑。

5）打开 Simulink 的 Math 模块库，选择模块库中的 Sum 模块，按住鼠标左键将其拖放到模型窗口，双击这个模块设置模块的形状和输入端的符号，如图 1-15 所示。

6）打开 Simulink 的 Sinks 模块库，选择模块库中的 Scope 模块，使用鼠标左键将其拖放到模型窗口。

7）按要求将所有模块用连线连起来，如图 1-12 所示的模型图就建成了。

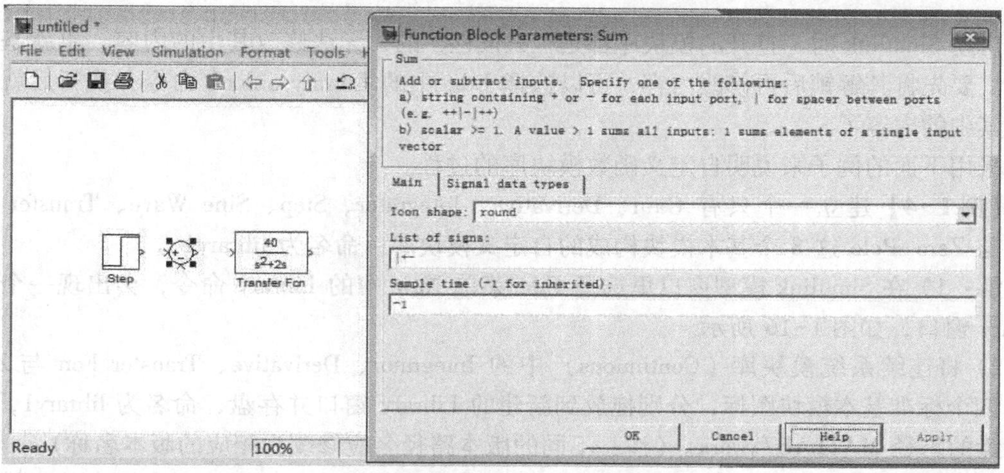

图 1-15　添加并编辑 Sum 模块

1.7.5　自定义模块库和子系统

Simulink 提供了自定义模块库与自定义子系统的功能，这两项功能都有实际意义与实用价值。本节介绍自定义模块库与自定义子系统的概念、方法与步骤。

通常使用 Simulink，会发现每次创建一个新的系统模型时，许多常用的模型要不断地重新建立，这样非常不方便；或者觉得 Simulink 提供的 16 类基本模块库太多，有些模块对于解决一个特定的问题时根本用不到。基于这些原因，Simulink 提供了自定义模块库的功能。根据解决问题的不同需要，自定义模块库既可由 16 类基本模块库中的几类构成，也可以由 16 类基本模块库里多个标准功能模块构成。控制系统建立的模型形式各种各样，功能千差万别。经常需要将模块库里的多个模块组合起来，构成一个新的功能模块。对于大型复杂的系统模型，这些措施可以减少功能模块的个数，从而简化图形，使控制系统仿真模型的层次结构更加清晰直观。

创建大型复杂的控制系统结构图模型最佳的形式是模块化，因为这样的模型结构清晰，上下层次分明，相互关系明确。为实现模块化的要求，Simulink 提供了定义子系统的功能，可把能够实现某些功能的相关模块组合在一起，构成子系统。

1. Simulink 窗口下自定义模块库

在 Simulink 模型窗口里，选择 File 菜单中 New 下面的 Library 命令，会出现一个新的 Library 窗口，名为 Library：untitled1，如图 1-16 所示。

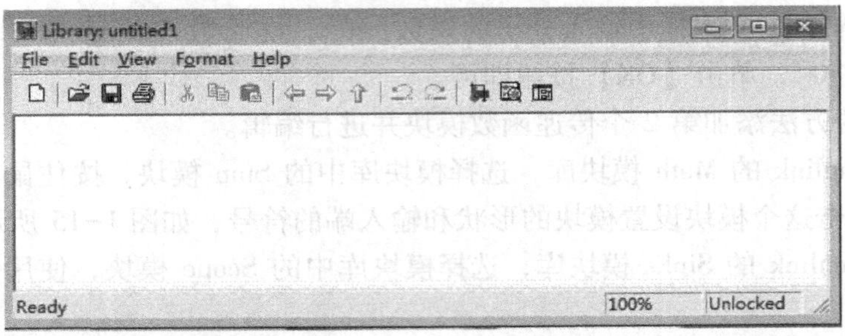

图 1-16　Library：untitled1 窗口

启动 Simulink 时，打开的模块库都是“只读性”的，无法修改其中的内容，也就是被锁住的。要先将其解锁后再修改内容，可以选择 Edit 中的 Library unlock 命令，执行后就可以修改其中的内容了。

采用下面的例子来说明自定义函数模块库的过程。

【例 1-4】 建立一个只有 Gain、Derivative、Integrator、Step、Sine Wave、Transfer Fcn、Sum 与 Zero-Pole 这 8 个基本模块构成的自定义模块库，命名为 library1。

解： 1）在 Simulink 模型窗口里选择 File 菜单 New 中的 Library 命令，会出现一个新的 Library 窗口，如图 1-16 所示。

2）将连续系统模块库（Continuous）中的 Integrator、Derivative、Transfer Fcn 与 Zero-Pole 四个标准基本模块图标，分别拖放到新建的 Library 窗口并存盘，命名为 library1，要注意存盘的路径 MATLAB7\work。（注：不同的版本路径名应修改为相应的版本名称）。

3）重复以上操作，将数学运算模块库（Math）中的 Gain 与 Sum 两个标准基本模块图标，也分别拖放到 Library：library1 里，并存盘。

4）再次重复以上操作，将输入源系统模块库（Sources）中的 Step 与 Sine Wave 两个标准基本模块图标，分别拖放到 Library：library1 里，并存盘。

最后，自定义模块库 library1 的结果如图 1-17 所示。该模块库是“只读性”的，执行 Edit 中的 Library unlock 命令，即可修改其中的内容。

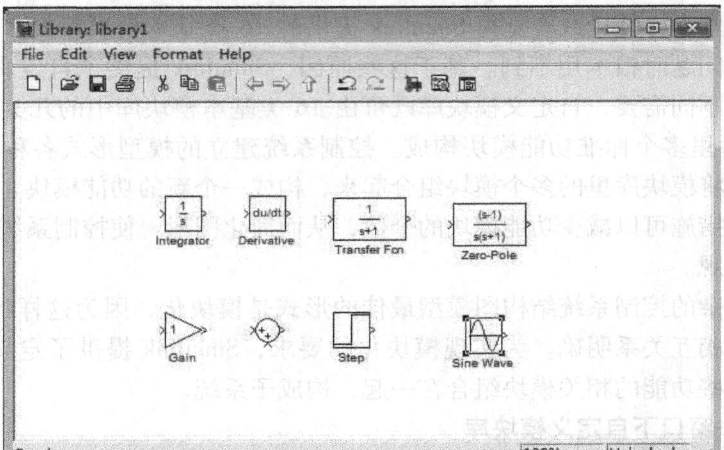

图 1-17　自定义的模块库 library1

2. Simulink 窗口下自定义子系统

在 Simulink 窗口下自定义子系统可以采用两种方法：采用 Simulink 库浏览器 Subsystem 模块库中的 Subsystem 标准功能模块；在模型窗口中执行 Edit 中的 Create Subsystem 命令。

下面以例 1-5 为例对以上两种方法进行分析。

【例 1-5】将图 1-12 中的两个传递函数建成一个子系统。

解： 1）采用 Simulink 的 Subsystem 功能模块自定义子系统。

① 在 Simulink 库浏览器的 Subsystem 模块库中把标准功能模块 Subsystem 复制到模型窗口，并用该模块代替原来的两个传递函数模块及中间的连线，如图 1-18 所示。

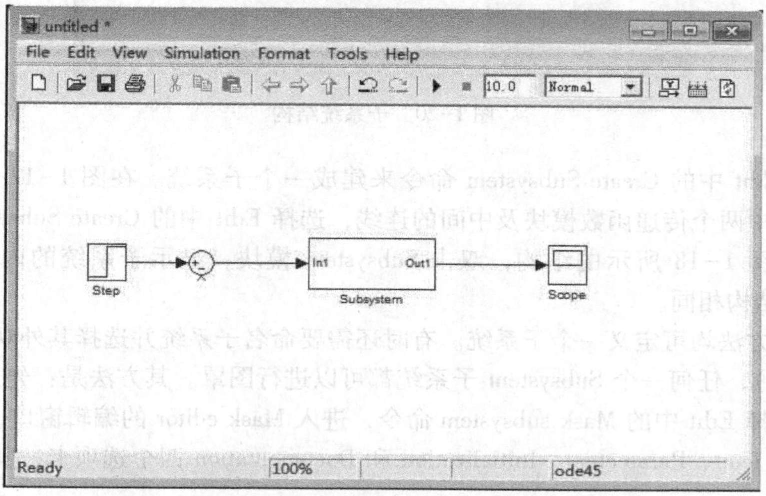

图 1-18 在模型窗口添加 Subsystem 模块

② 双击该模块，会出现一个空白模型设计区域 untitled/Subsystem*，如图 1-19 所示。

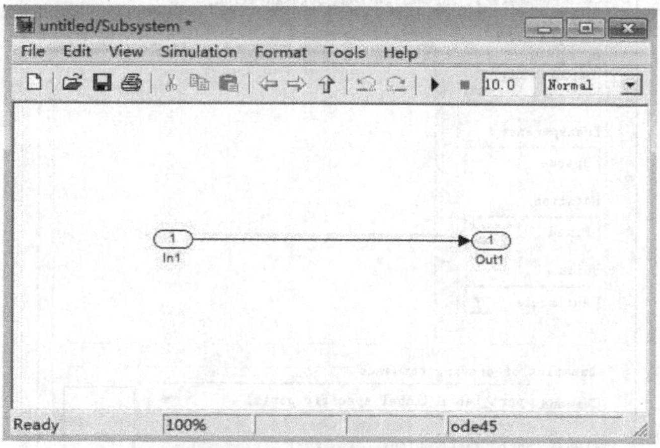

图 1-19 子系统编辑窗口

③ 删除 In1 到 Out1 的连线，在设计区域添加两个传递函数，并用连线将模块连接起来，方法同上。此时子系统结构如图 1-20 所示。

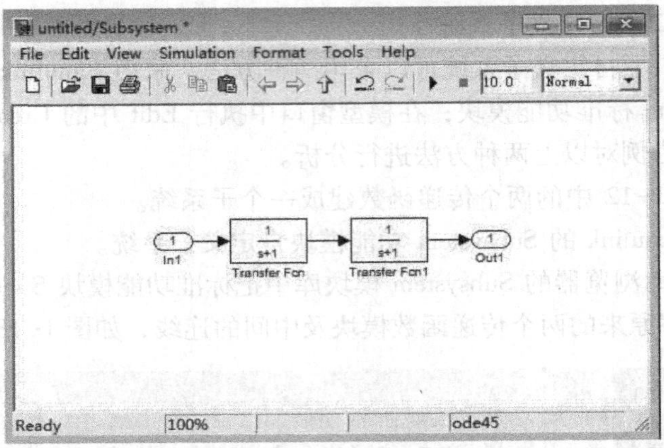

图 1-20　子系统结构

2）利用 Edit 中的 Create Subsystem 命令来建成一个子系统。在图 1-12 所示的模型窗口，用鼠标选中两个传递函数模块及中间的连线，选择 Edit 中的 Create Subsystem 命令，则模型会变成如图 1-18 所示的结构，双击 Subsystem 模块，显示子系统的内部结构图，与图 1-20 所示结构相同。

上述两种方法均可定义一个子系统。有时还需要命名子系统并选择其外观，这类技巧称为图罩（Mask），任何一个 Subsystem 子系统都可以进行图罩。其方法是：先选择 Subsystem 子系统，再选择 Edit 中的 Mask subsystem 命令，进入 Mask editor 的编辑窗口，如图 1-21 所示，该窗口有 Icon、Parameters、Initialization 和 Documentation 四个选项卡，其主要功能分别如下：

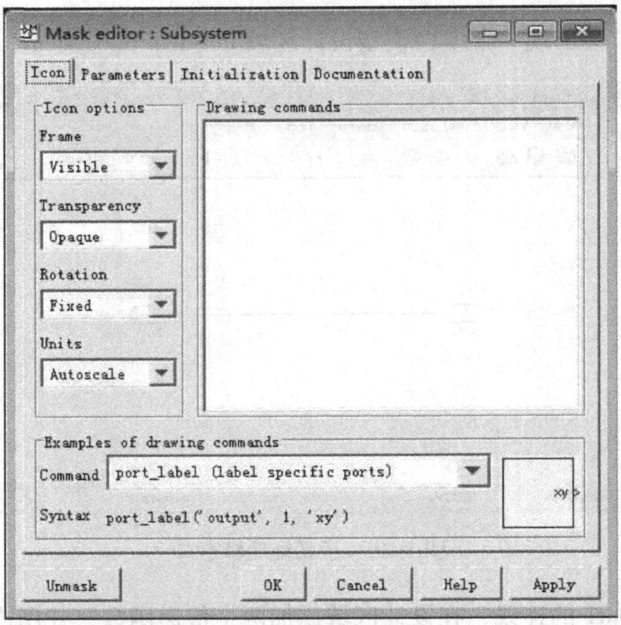

图 1-21　Mask 编辑窗口

Icon：定义功能模块的外观。

Initialization：设定输入数据窗口。

Documentation：设计该功能模块的文字说明。

Parameters：相关参数设置。

【例 1-6】 建立如图 1-22 所示双闭环调速系统的 Simulink 动态结构图。

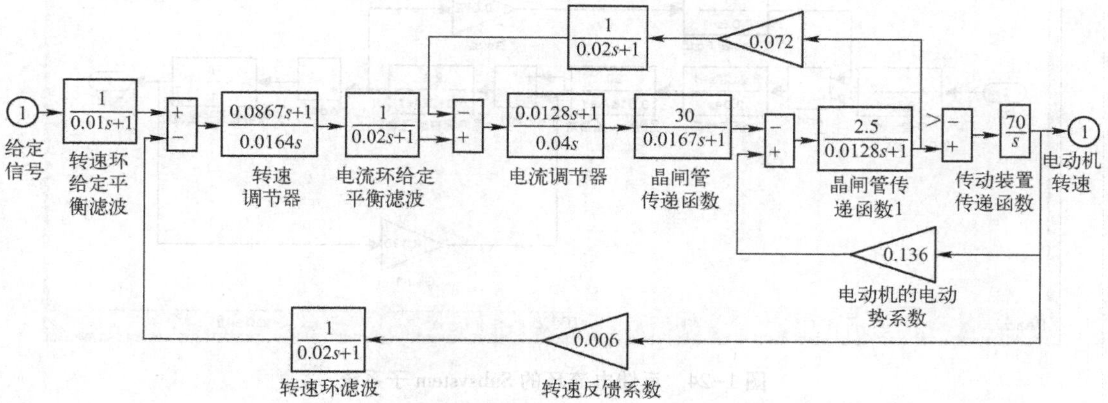

图 1-22　双闭环调速系统的 Simulink 动态结构图

解：图 1-22 所示的直流电动机双闭环调速系统，内环为电流负反馈，外环为转速负反馈。系统的输入量为转速给定电压信号，输出量为电动机转速。该系统中有电流调节器与转速调节器，以这两个调节器构成电流负反馈与转速负反馈的闭环控制。

Simulink 动态结构图就是指在结构图中采用 Simulink 提供的 In1 和 Out1 模块，由给定命令来确定进行何种仿真。

双闭环调速系统结构比较复杂，为简化其模型结构图，使模型结构图层次更加清晰，可将系统中的电流环部分定义为一个子系统，其操作步骤如下：

在 Simulink 模型编辑窗口，建立如图 1-23 所示的系统结构图。

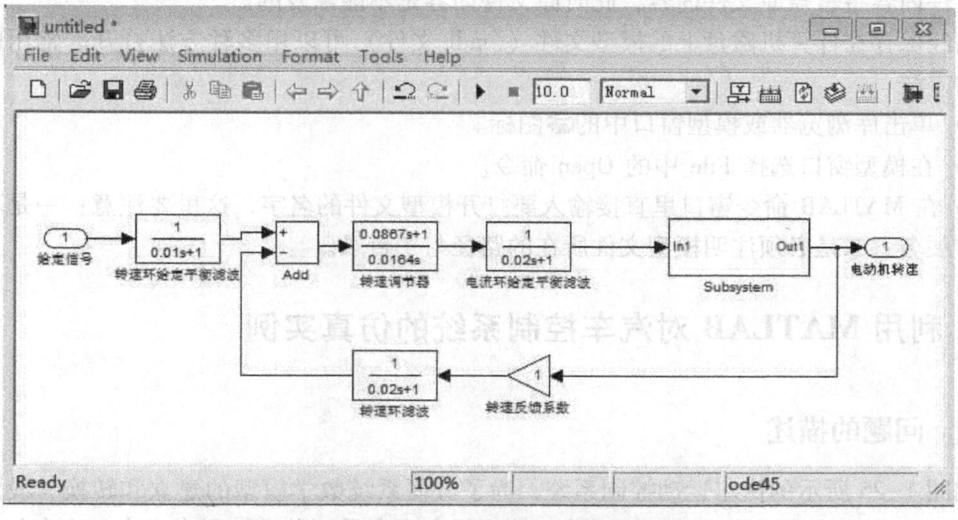

图 1-23　带 Subsystem 子系统的双环调速系统

双击 Subsystem 模块，编辑反馈电流环 Subsystem 子系统，如图 1-24 所示。

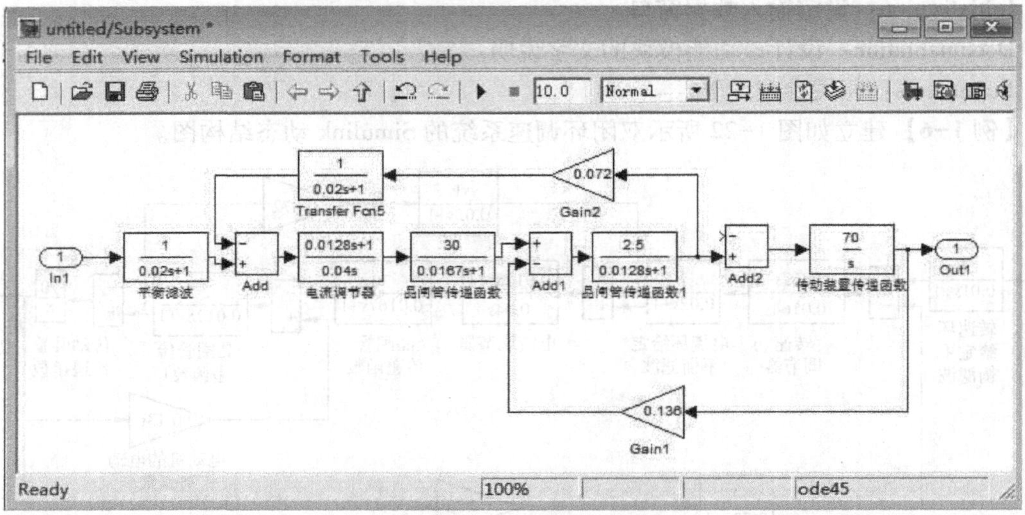

图 1-24　反馈电流环的 Subsystem 子系统

3. 模型文件的保存与打开

编辑好一个模型后，可以在 untitled 模型窗口中选择 File 中的 Save 命令将模型以指定文件名存盘。模型以 ASCII 码形式存储，按 MATLAB 规定动态结构图模型的文件扩展名为 . mdl。

动态结构图模型文件名可以省略扩展名，系统会自动添加上去。文件包含了该模型的所有信息，既有这个数学模型的内涵，又有其外部功能图的可见形式。

也可以在 untitled 模型窗口中选择 File 中的 Save As 命令，将模型文件在设定的路径与设定的子目录下（如 MATLAB7l\work），以一个新命名的文件名存盘。

需要指出的是，如果某个 . mdl 文件已经存在，再次以该文件名保存内容不同的文件时，新的文件内容将覆盖原文件内容，此时原文件内容是不能恢复的。

已经保存在计算机磁盘上的模型文件（. mdl 文件）可以用多种方法打开。常用的有以下三种方法：

1）单击库浏览器或模型窗口中的📂图标。

2）在模型窗口选择 File 中的 Open 命令。

3）在 MATLAB 命令窗口里直接输入要打开模型文件的名字，这里要注意：一是不要带文件扩展名；二是必须注明模型文件所在的路径与子目录。

1.8　利用 MATLAB 对汽车控制系统的仿真实例

1.8.1　问题的描述

如图 1-25 所示的汽车运动控制系统，为了方便系统数学模型的建立和转换，设定该系统中汽车车轮的转动惯量可以忽略不计，并且假定汽车受到的摩擦阻力大小与汽车的运动速度成正比，摩擦阻力的方向与汽车运动的方向相反，这样，可将图 1-25 所示的汽车运动控制系统简化为一个简单的质量阻尼系统。

根据牛顿运动定律，质量阻尼系统的动态数学模型可表示为

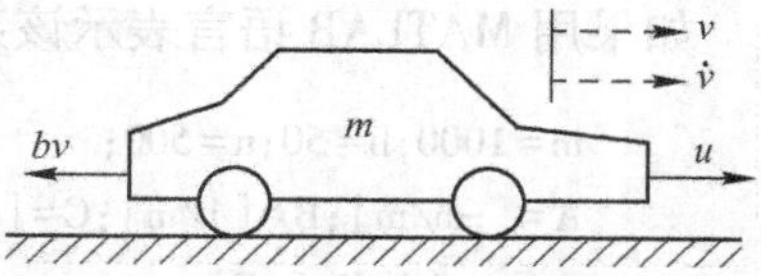

图 1-25　汽车运动示意图

$$\begin{cases} m\dot{v}+bv=u \\ y=v \end{cases} \tag{1-3}$$

式中　u——汽车的驱动力（系统的输入量）；

m——汽车质量；

b——摩擦阻力与运动速度之间的比例系数；

v——汽车的速度（系统的输出量）；

$\dot{v}$——汽车的加速度。

为了分析方便，对系统的参数进行设定：令汽车质量 $m=1000\,\mathrm{kg}$，比例系数 $b=50\,\mathrm{N\cdot s/m}$，汽车的驱动力 $u=500\,\mathrm{N}$。

根据控制系统的设计要求，当汽车的驱动力为 500 N 时，汽车将在 5 s 内达到 10 m/s 的最大速度。由于该系统为简单的运动控制系统，因此将系统设计成 10% 的最大超调量和 2% 的稳态误差。这样，该汽车运动控制系统的性能指标可以设定为

上升时间：　$t_r<5\,\mathrm{s}$

最大超调量：　$\sigma\%<10\%$

稳态误差：　$e_{ssp}<2\%$

1.8.2　系统的模型表示

为了得到控制系统的传递函数，对式（1-3）进行拉普拉斯变换。假定系统的初始条件为零，则该系统的拉普拉斯变换式为

$$\begin{cases} msV(s)+bV(s)=U(s) \\ Y(s)=V(s) \end{cases} \tag{1-4}$$

用 $Y(s)$代替 $V(s)$，可以得到

$$msY(s)+bY(s)=U(s) \tag{1-5}$$

则该系统的传递函数为

$$\frac{Y(s)}{U(s)}=\frac{1}{ms+b} \tag{1-6}$$

如果用 MATLAB 语言表示该系统的传递函数模型，可编写相应的程序代码如下：

```
m=1000;b=50;u=500;
num=[1];den=[m b];
sys=tf(num,den);
```

同时，也可将方程式（1-3）写成如下的状态方程形式：

$$\begin{cases} \dot{v}=-\dfrac{b}{m}v+\dfrac{1}{m}u \\ y=v \end{cases} \tag{1-7}$$

如果用 MATLAB 语言表示该系统的状态空间模型，可编写相应的程序代码如下：

```
m=1000;b=50;u=500;
A=[-b/m];B=[1/m];C=[1];D=0;
sys=ss(A,B,C,D);
```

当然，也可以使用 MATLAB 中的模型转换函数 tf2ss( )，直接将传递函数模型转换成标准的状态空间模型。

1.8.3 利用 MATLAB 对汽车控制系统的设计

在建立了汽车运动控制系统的模型之后，就可以采用 MATLAB 和 Simulink 对控制系统进行仿真设计。首先先来学习一下利用 MATLAB 对汽车控制系统的设计。

1. 求系统的开环阶跃响应

在设计控制器之前，首先要观察一下该系统的开环阶跃响应。这里采用求系统阶跃响应的函数 step( )，在 MATLAB 命令窗口输入前面所描述的 MATLAB 程序代码，可得出该系统的模型，接着输入下面的指令：

```
step(u*sys)
```

则可得到该系统的开环阶跃响应曲线，如图 1-26 所示。

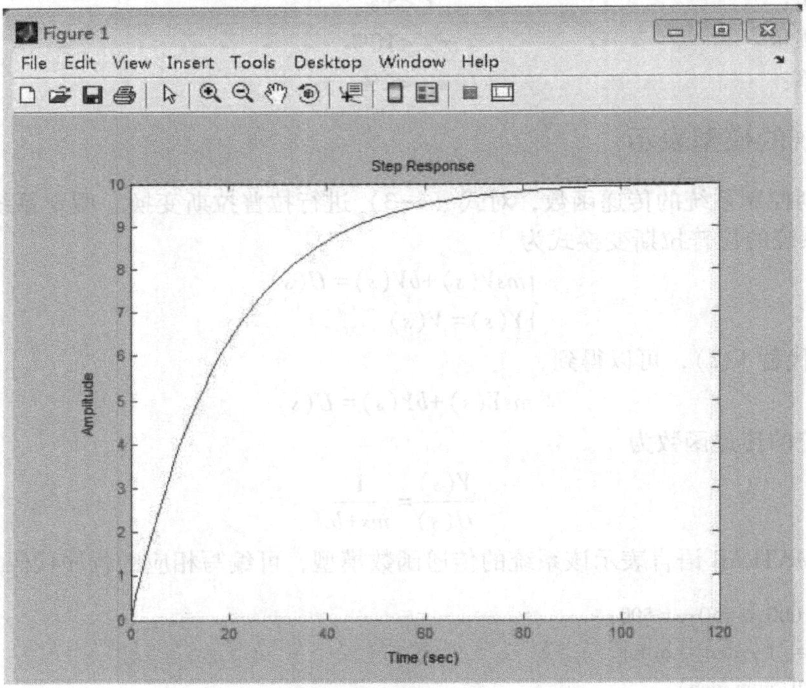

图 1-26 系统的开环阶跃响应曲线

从图 1-26 中可以看出，该系统不能满足设计性能指标的要求，需要加上合适的控制器。下面以最简单的 PID 控制器来进行处理。

2. PID 控制器的设计

PID 是 Proportional（比例）、Integral（积分）、Differential（微分）三者的缩写。在过程控制中按误差信号的比例、积分和微分进行控制的调节器简称为 PID 控制器，这是技术最成熟、应用最为广泛的一种控制器。

PID 控制器的传递函数为

$$K_P+\frac{K_I}{s}+K_Ds=\frac{K_Ds^2+K_Ps+K_I}{s} \tag{1-8}$$

式中　K_P、K_I、K_D——比例系数、积分系数和微分系数。

在 PID 控制中，三种控制所起的作用是不同的，可归纳如下。

- 比例控制：控制一旦产生，控制器立即就有控制作用，使被控量朝着较小误差的方向变化，控制作用的强弱取决于比例系数的大小。加大比例系数，控制作用增强，但比例系数过大时会导致系统动态性能变坏，甚至会使系统不稳定。
- 积分控制：对误差进行记忆并积分，有利于消除系统静差。但积分作用具有滞后特性，积分作用太强会使系统动态性能变坏，导致系统不稳定。
- 微分控制：能对误差进行微分，对误差的变化趋势敏感。增大微分控制作用可加快系统响应，使超调量减小，增加系统的稳定性。但它对干扰同样敏感，会使系统抑制干扰的能力减弱。

下面分别讨论采用比例（P）、比例积分（PI）和比例积分微分（PID）这三种控制方法的原理和设计过程。

（1）比例（P）控制器的设计　先来分析一下，如果单纯采用比例控制器的设计能否使该系统满足控制要求。

增加比例控制器之后闭环系统的传递函数为

$$\frac{Y(s)}{U(s)}=\frac{K_P}{ms+(B+K_P)} \tag{1-9}$$

由于比例控制器可以改变系统的上升时间，现在假定 $K_P=100$，观察一下系统的阶跃响应。在 MATLAB 命令窗口输入下列指令：

```
kp=100;m=1000;b=50;u=500;
num=[kp];den=[m b+kp];
t=0:0.1:20;step(u*num,den,t);
```

可得到图 1-27 所示的系统阶跃响应。

从图 1-27 中可以看到，系统的稳态值太高，远远超出了设计要求，而且系统的稳态误差和上升时间也不能满足设计要求。

为此，减小汽车的驱动力为 10N，重新进行仿真，可得到图 1-28 所示的仿真结果。

从图 1-28 中可以看到，所设计的比例控制器仍不能满足系统的稳态误差和上升时间的设计要求。可以通过提高控制器的比例系数来改善系统的输出。

例如，将比例系数 K_P 从 100 提高到 10000 重新计算该系统的阶跃响应，结果如图 1-29 所示。这时的系统稳态误差接近为零，并且系统上升时间也降到 0.5 s 以下。这样做虽然满足了系统的性能要求，但实际上该控制过程在现实中是难以实现的，因为一个实际的汽车控

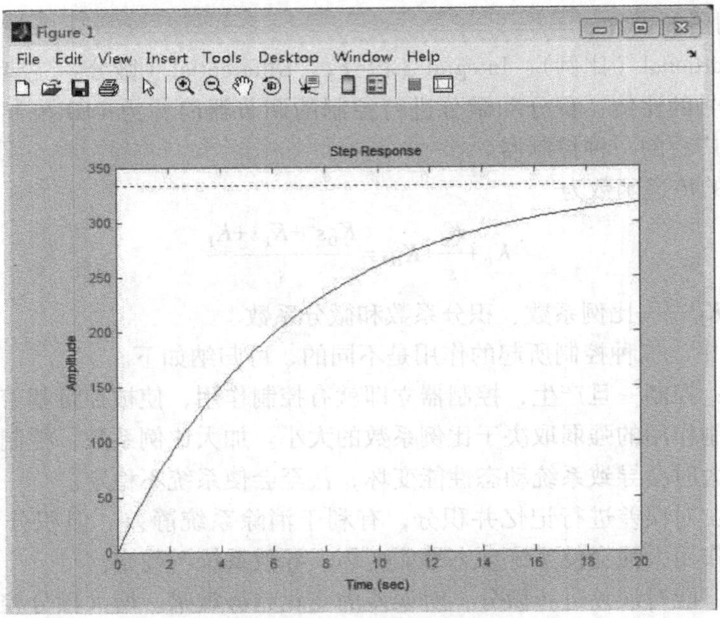

图 1-27　比例控制器作用下的汽车阶跃响应（$u=500$）

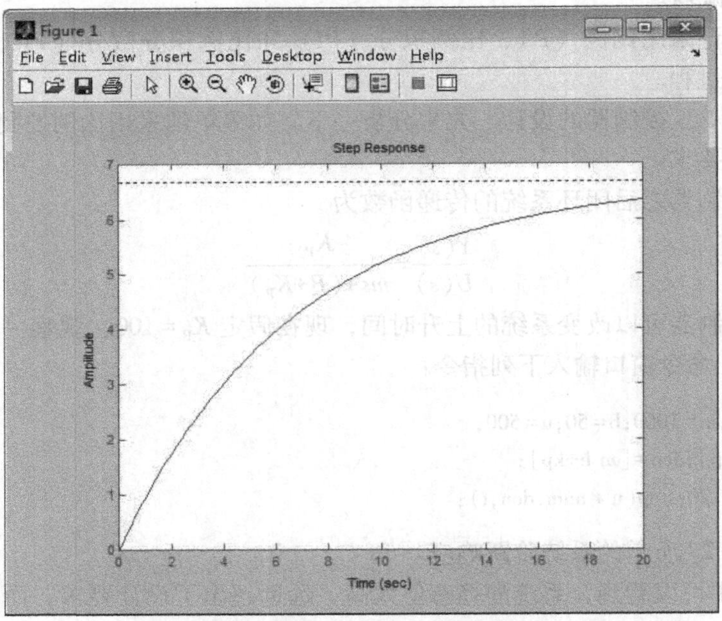

图 1-28　比例控制器作用下的汽车阶跃响应（$u=10$）

制系统不可能在 0.5 s 这样短的时间内将速度从 0 加速到 100 m/s。

为了解决上述存在的问题，可以采用比例积分（PI）控制器来对系统进行调节。

（2）比例积分（PI）控制器的设计　采用比例积分控制的系统闭环传递函数可表示为

$$\frac{Y(s)}{U(s)}=\frac{K_{\mathrm{P}}s+K_{\mathrm{I}}}{ms+(b+K_{\mathrm{P}})s+K_{\mathrm{I}}} \tag{1-10}$$

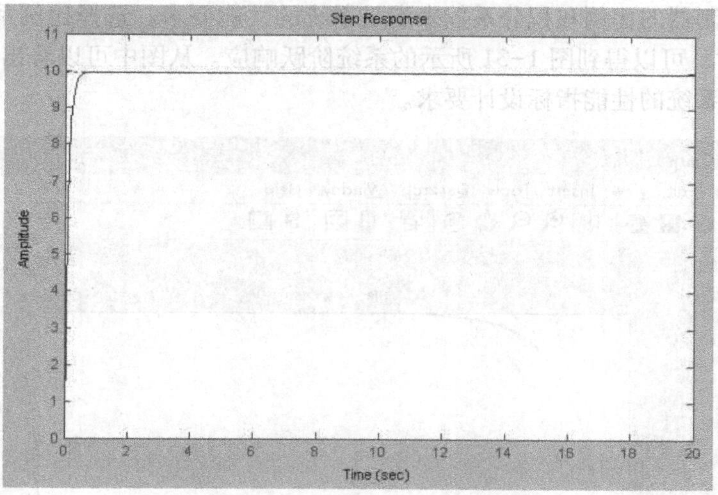

图 1-29　$K_P = 10000$ 时控制系统的阶跃响应

因为在控制器中增加积分环节的目的是减小系统的稳态误差，因此假设比例系数 $K_P = 600$，积分系数 $K_I = 1$，编写相应的 MATLAB 程序代码如下：

```
kp=600;ki=1;m=1000;b=50;u=10;
num=[kp ki];den=[m   b+kp   ki];
t=0:0.1:20;
step(u*num,den,t);
```

运行上述程序后可以得到图 1-30 所示的系统阶跃响应。

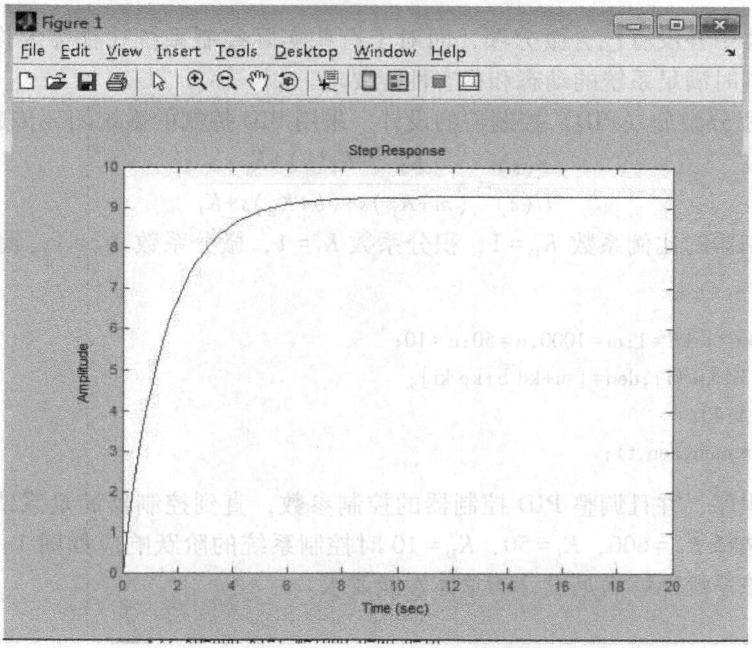

图 1-30　$K_P = 600$，$K_I = 1$ 时控制系统的阶跃响应

可以调节控制器的比例和积分系数来满足系统的性能要求。选择比例系数 $K_P=800$，积分系数 $K_I=40$ 时，可以得到图 1-31 所示的系统阶跃响应。从图中可以看出，此时的控制系统已经能够满足系统的性能指标设计要求。

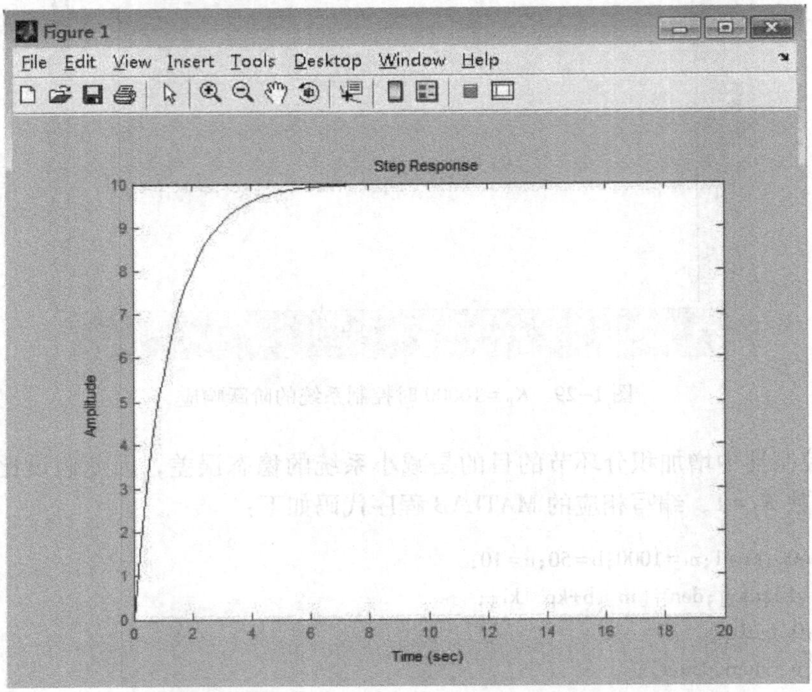

图 1-31　$K_P=800$，$K_I=40$ 时控制系统的阶跃响应

上述控制器中并没有包含微分项，而对于有些实际控制系统往往需要设计完整的 PID 控制器，以便同时满足系统的动态和稳态性能要求。

（3）比例积分微分（PID）控制器的设计　采用 PID 控制的系统闭环传递函数为

$$\frac{Y(s)}{U(s)}=\frac{K_D s^2+K_P(s)+K_I}{(m+K_D)s+(b+K_P)s+K_I} \tag{1-11}$$

假设该控制器的比例系数 $K_P=1$，积分系数 $K_I=1$，微分系数 $K_D=1$，编写 MATLAB 程序代码如下：

```
kp=1;ki=1;kd=1;m=1000;b=50;u=10;
num=[kd kp ki];den=[m+kd b+kp ki];
t=0:0.1:40;
step(u*num,den,t);
```

运行上述程序，并且调整 PID 控制器的控制参数，直到控制器满足系统设计的性能指标要求为止。选择 $K_P=600$，$K_I=50$，$K_D=10$ 时控制系统的阶跃响应如图 1-32 所示。从图中可以看出，该系统能够满足设计的总体性能要求。

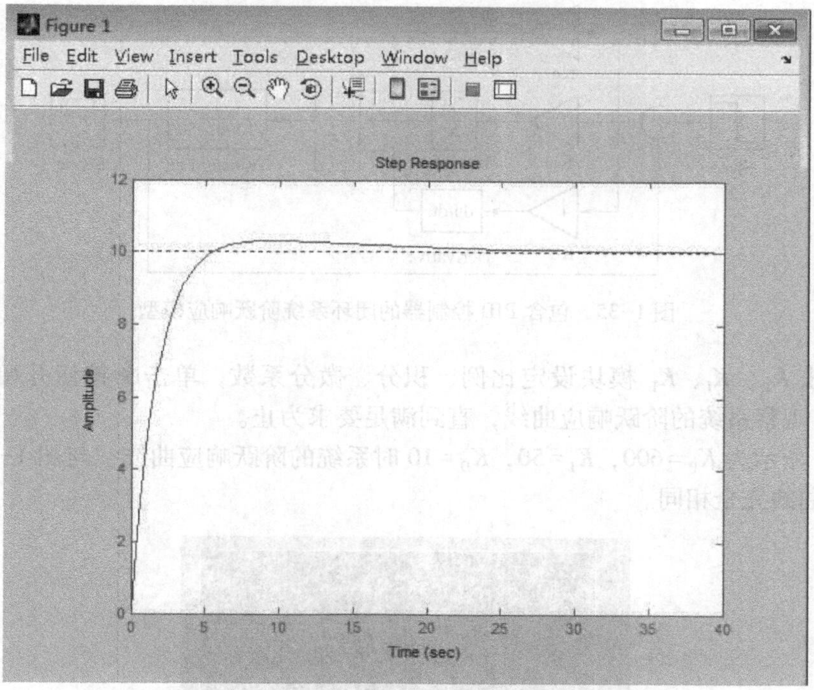

图 1-32　$K_P=600$，$K_I=50$，$K_D=10$ 时控制系统的阶跃响应

1.8.4　利用 Simulink 对汽车控制系统的设计

图 1-25 所示的汽车运动控制系统也可以利用 Simulink 进行仿真设计，下面简述其仿真设计过程。

1. 求系统的开环阶跃响应

利用 Simulink 建立系统阶跃响应模型，如图 1-33 所示。双击 Step 模块，设置模块属性：跳变时间为 0；初始值为 0；终止值为 10；采样时间为 0。单击▶按钮开始仿真，双击 Scope 模块，可以看到如图 1-34 所示的系统阶跃响应曲线，该阶跃响应曲线与图 1-26 所示的系统阶跃响应曲线完全相同。

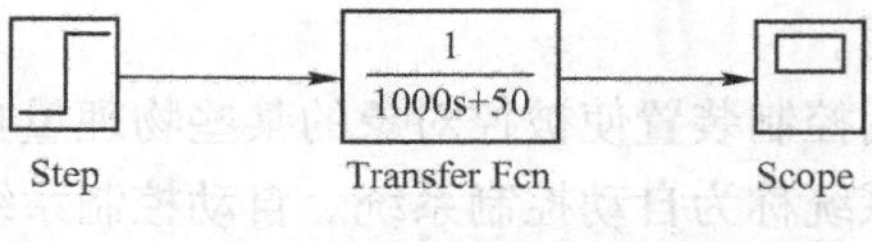

图 1-33　开环控制系统的阶跃响应模型

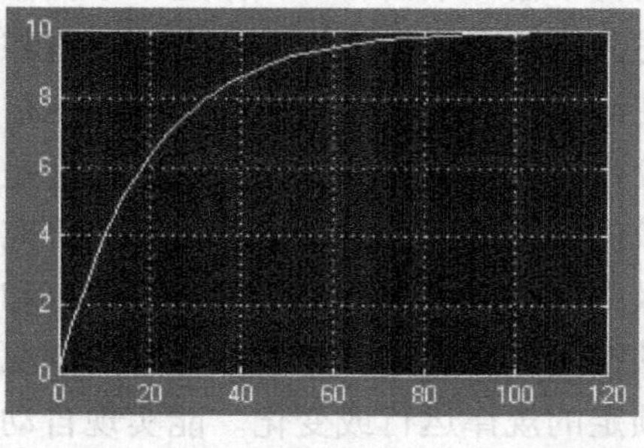

图 1-34　Simulink 仿真的开环控制系统阶跃响应

2. PID 控制器的设计

在 Simulink 的模型窗口建立一个包含 PID 控制器的闭环系统阶跃响应模型，如图 1-35 所示。

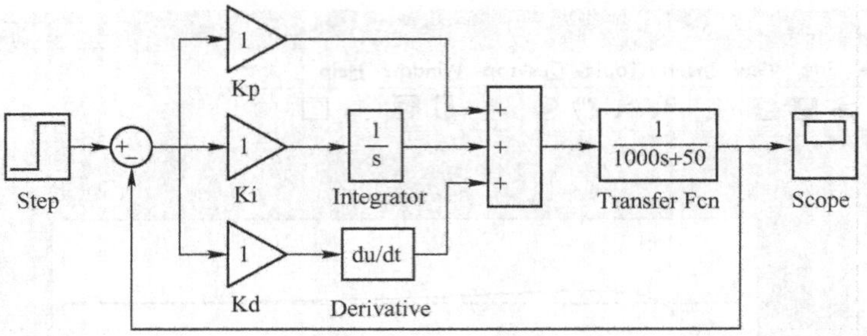

图 1-35　包含 PID 控制器的闭环系统阶跃响应模型

分别双击 K_P、K_I、K_D 模块设定比例、积分、微分系数，单击▶按钮开始仿真，双击 Scope 模块，观察系统的阶跃响应曲线，直到满足要求为止。

图 1-36 所示为 $K_P=600$，$K_I=50$，$K_D=10$ 时系统的阶跃响应曲线，与图 1-32 所示的系统阶跃响应曲线完全相同。

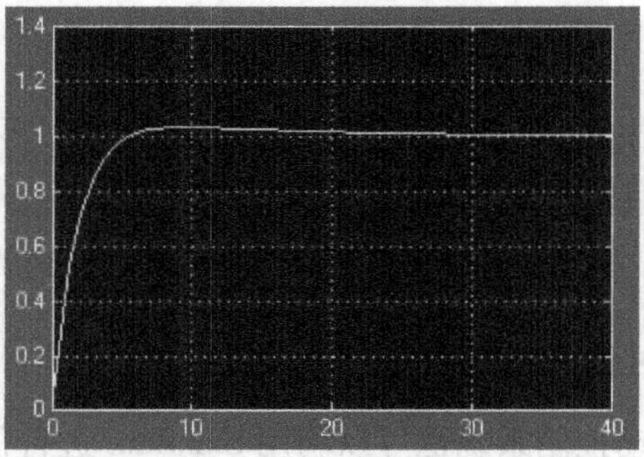

图 1-36　Simulink 仿真的汽车运动 PID 控制系统阶跃响应

本章小结

自动控制理论包括经典控制理论、现代控制理论以及大系统理论和智能控制理论，经典控制理论将单输入单输出的线性定常系统作为主要的研究对象，以传递函数作为系统的基本数学描述，以频率法和根轨迹法作为分析和综合系统的主要方法。基本内容是研究系统的稳定性，在给定输入下进行系统的分析和在指定指标下进行系统的综合；现代控制理论采用状态空间分析方法，分析和综合系统的目标是在揭示其内在规律的基础上，实现系统在某种意义上的最优化。现代控制理论和技术的研究是以计算机为主要计算及分析工具，计算机技术的发展极大地促进了现代控制理论的研究和广泛应用。

自动控制就是在没有人直接参与的情况下，利用控制装置使被控对象的某些物理量自动地按照预定的规律运行或变化。能实现自动控制的系统称为自动控制系统。自动控制系统涉及的范围很广，凡是没有人直接参与的控制系统都称为自动控制系统。它可以是一个物理系统，也可以是一个经济系统或社会系统。开环控制和闭环控制是自动控制的两种基本方式。它们的本质区别在于开环控制系统的输出量对控制量无影响，而闭环控制系统的输出量对控制量产生影响。由于闭环控制系统（反馈控制系统）的控制精度比开环控制系统高得多，因此闭环控制系统得到了广泛的应用。控制系统按照不同的分类标准可分成不同的类型，如按给定值的不同分成定值控制系统、随动控制系统、程序控制系统等。稳定性、快速性和准确性是对自动控制系统的基本要求。

为了经济、安全、可靠地模拟系统的各种性能和运动规律，采用系统仿真的方法是简单有效的。系统仿真依据数据相似原理，将实际系统、数学模型和计算机三者有机地组合在一起，通过模型建立、模型转换、仿真实验、结果分析等过程达到预期的目的。系统仿真是以系统数学模型为基础，以计算机为工具，对实际系统进行实验研究的一种方法。由于数字计算机硬件、软件技术的迅速发展，功能不断增强，因此采用数字计算机进行仿真得到了广泛的应用。其突出优点是仿真计算精度高，使用方便，修改参数容易，采用程序控制，自动化程度高；缺点是由于数字计算机的工作是“串行”计算，仿真速度慢，对反应较快的系统进行实时仿真有一定困难。对于大型、复杂的控制系统可以采用专门的仿真计算机来处理。

MATLAB 是一种高性能、交互式的科学计算工具，其主要功能包括数值和符号计算、绘图、编程功能以及应用工具箱扩展，具有非常友好的图形界面，用户可以通过对 MATLAB 内函数的简单调用，便可迅速地绘制出具有专业水平的图形。MATLAB 的特点体现在强大的符号运算功能、控制算法选择容易、编程语言简单易学、扩充能力和可开发性强、工作效率高。

Simulink 是挂靠在 MATLAB 下的一个交互式动态系统建模、仿真和分析软件包，具有强大的交互式、图形化仿真环境，提供了丰富的模块库，可以快速地建立动态系统模型，用来分析和仿真连续系统、离散系统和混合系统等。

Simulink 的主界面包括标题栏和菜单栏，有常用按钮及待查关键字填写栏，界面下方分为两部分，左边显示的是全部模块库，从中可以选择需要的模块库；右边部分显示选中的模块库中所有的模块。

Simulink 提供了 Continuous、Discrete、Function & Table、Math、Nonlinear、Signals & System、Sinks、Sources 和 Subsystem 等 16 个标准模块库。

Simulink 中每个模块库的功能模块都可以直接用鼠标拖放到设计区域中，再用线将其连接后执行，此外，还可以对模块进行移动、复制、转向、改变大小、模块命名、颜色设定等处理。通过激活 Simulink、选择所需要的模块、用连线连接各模块、双击各模块、完成对模块的参数设置和修改即可创建仿真系统的模型。

Simulink 还有专用程序包，可迅速地对系统进行建模、仿真与分析，还可对系统模型进行代码生成。Simulink 的开放式结构允许用户扩展仿真环境，如生成自定义模块库等。由于 Simulink 可直接利用 MATLAB 的诸多资源与功能，因而用户可在 Simulink 下完成诸如数据分析、过程自动化、参数优化等工作。

利用 MATLAB 和 Simulink 对汽车运动控制系统的仿真设计是很方便的，通过仿真处理和实验，按照得出的仿真结果进行参数的调整，最后即可得出一组满足设计要求的系统控制参数。

MATLAB 与 Simulink 的功能是非常丰富的，其应用范围也很广泛，读者可参考与之有关的文献。

习题

1-1 什么是自动控制？什么是自动控制系统？

1-2 自动控制系统通常由哪些环节组成？用系统的功能图来表示控制系统的组成，说明各环节在控制过程中的功能。

1-3 图 1-37 为一反应器温度控制系统示意图。A、B 两种物料进入反应器进行反应，通过改变进入夹套的冷却水流量来控制反应器内的温度不变。TC 代表温度控制器。试画出该温度控制系统的功能图，指出系统中的被控对象、被控变量、操纵变量及可能的干扰是什么，并说明为保持反应器温度为期望值，系统是如何工作的。

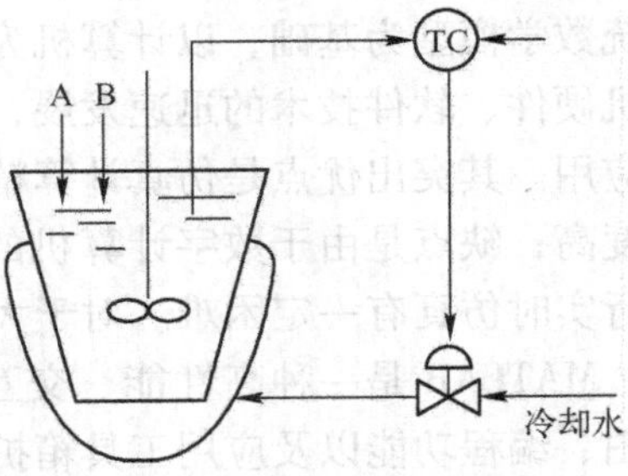

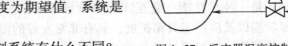

图 1-37 反应器温度控制系统

1-4 定值控制系统和随动控制系统有什么不同？

1-5 什么是开环控制？什么是闭环控制？试比较开环控制系统和闭环控制系统的优缺点。

1-6 图 1-38 是仓库大门自动开闭控制系统原理示意图。试说明系统自动控制大门开闭的工作原理，并画出系统功能图。

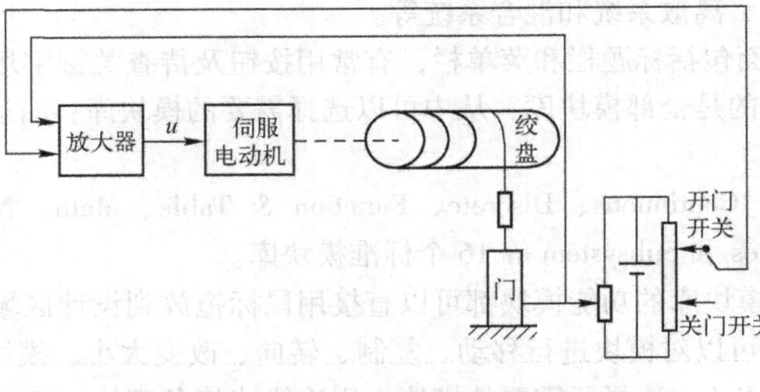

图 1-38 仓库大门自动开闭控制系统

1-7 衡量一个自动控制系统的性能指标通常有哪些？它们是怎样定义的？对自动控制系统最基本的要求是什么？

1-8 什么是系统仿真的三要素？举例说明系统仿真的基本过程。

1-9 试比较数字计算机和模拟计算机仿真的各自特点和应用场合。

1-10 已知矩阵 $\boldsymbol{A}=\begin{bmatrix}1 & 3 & 5\\2 & 4 & 6\end{bmatrix}$，用 MATLAB 建立该矩阵，并对其进行转置后输出。

1-11 利用 Simulink 建立图 1-39 所示的控制系统模型图，在输入端给定单位阶跃函数（Step），在输出端利用示波器（Scope）仿真。

1-12 利用 Simulink 创建图 1-40 所示的控制系统模型图。

1-13 利用 Simulink 创建图 1-41 所示的控制系统模型图。

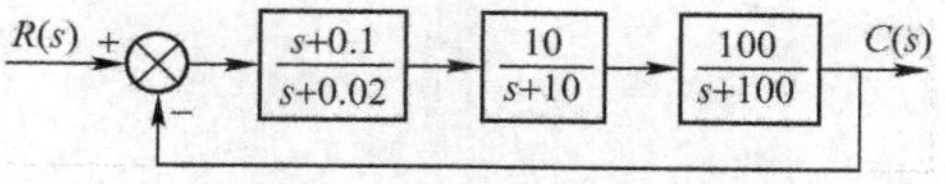

图 1-39　习题 1-11 控制系统模型图

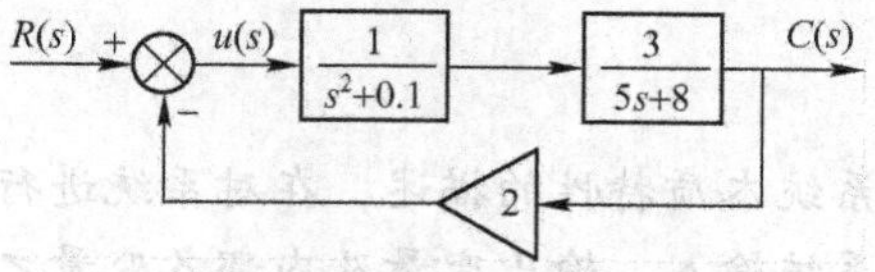

图 1-40　习题 1-12 控制系统模型图

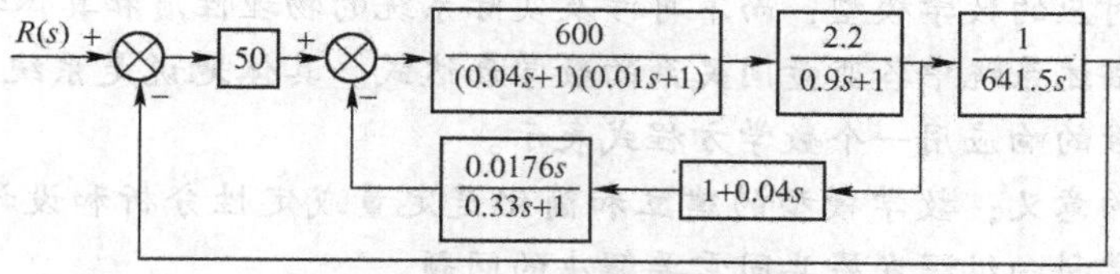

图 1-41　习题 1-13 控制系统模型图

第 2 章　线性连续系统的数学模型及其相互转换

数学模型是对实际控制系统本质特性的描述，在对系统进行分析设计时，首先要建立该系统的数学模型，借以描述系统输入、输出变量及内部各变量之间的动态关系，常用的有微分方程、传递函数、动态结构图、状态空间表达式等。数学模型建立以后，研究系统主要指的就是研究系统所对应的数学模型，而不再涉及实际系统的物理性质和具体特点。

数学模型是指描述系统中各变量间关系的数学表达式。具体地说是系统（对象、环节）输出参数对输入参数的响应用一个数学方程式表示。

建立数学模型的意义：数学模型的建立和简化是定量或定性分析和设计控制系统的基础，也是目前许多学科向纵深发展共同需要解决的问题。

建立数学模型的方法：建立系统的数学模型一般采用解析法或实验法（又称辨识）。所谓解析法（又称理论建模）就是根据系统或元件各变量之间所遵循的物理、化学等各种科学规律，用数学形式表示和推导变量间的关系，从而建立数学模型。

实验法是人为地给系统施加某种测试信号，记录其输出响应，并用适当的数学模型去逼近，这种方法又称为系统辨识。近些年来，系统辨识已发展成一门独立的学科分支。本章主要采用解析法建立系统的数学模型。

2.1　微分方程

2.1.1　微分方程的建立

控制系统中的输出量和输入量通常都是时间的函数。很多常见的元件或系统的输出量和输入量之间的关系都可以用一个微分方程表示，方程中含有输出量、输入量及它们各自的导数或积分。这种微分方程又称为动态方程或运动方程。微分方程的阶数一般是指方程中最高导数项的阶数，又称为系统的阶数。

对于单输入单输出线性定常参数系统，采用下列微分方程来描述：

$$\begin{aligned} & a_n \frac{\mathrm{d}^n c(t)}{\mathrm{d}t^n}+a_{n-1}\frac{\mathrm{d}^{n-1} c(t)}{\mathrm{d}t^{n-1}}+\cdots+a_1 \frac{\mathrm{d}c(t)}{\mathrm{d}t}+a_0 c(t) \\ = & b_m \frac{\mathrm{d}^m r(t)}{\mathrm{d}^m t}+b_{m-1}\frac{\mathrm{d}^{m-1} r(t)}{\mathrm{d}^{m-1} t}+\cdots+b_1 \frac{\mathrm{d}r(t)}{\mathrm{d}t}+b_0 r(t) \quad (n \geqslant m) \end{aligned} \tag{2-1}$$

式中　$r(t)$——系统输入量；

$c(t)$——系统输出量。

用解析法列写微分方程的一般步骤如下：

1）根据要求，确定输入量和输出量。

2）列写原始方程式。根据系统中元件的具体情况，按照它们所遵循的科学规律，围绕输入量、输出量及有关量，构成微分方程组。对于复杂的系统，不能直接写出输出量和输入量之间的关系式时，可以增设中间变量。

3）消去中间变量，整理出只含有输入量和输出量及其导数的方程。

4）标准化，一般将输出量及其导数放在方程式左边，将输入量及其导数放在方程式右边，各导数项按阶次由高到低的顺序排列。

列写微分方程的关键是元件或系统所涉及学科领域的有关规律而不是数学本身。但求解微分方程需要同样的数学工具。

下面通过几个例子，说明如何列写系统或元件的微分方程式。这里所举的例子都属于简单系统，实际系统往往是很复杂的。

【例 2-1】 试列写图 2-1 所示 *RC* 无源网络的微分方程，其中 $u_i(t)$ 为输入变量，$u_o(t)$ 为输出变量。

解： $u_i(t)$ 为输入变量，$u_o(t)$ 为输出变量，根据 KVL 得

$$u_i(t)=i(t)R+u_o(t)$$

$$i(t)=C\frac{du_o(t)}{dt}$$

消去上两式中的中间变量 $i(t)$，得

$$u_i(t)=RC\frac{du_o(t)}{dt}+u_o(t)$$

整理得

$$RC\frac{du_o(t)}{dt}+u_o(t)=u_i(t)$$

【例 2-2】 试列写图 2-2 所示 *RLC* 无源网络的微分方程，其中 $u_r(t)$ 为输入变量，$u_c(t)$ 为输出变量。

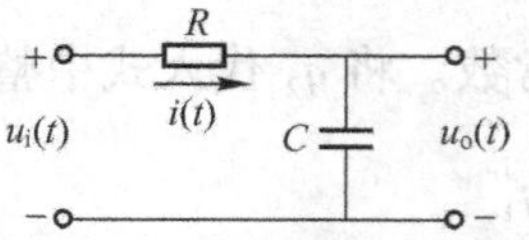

图 2-1 *RC* 无源网络

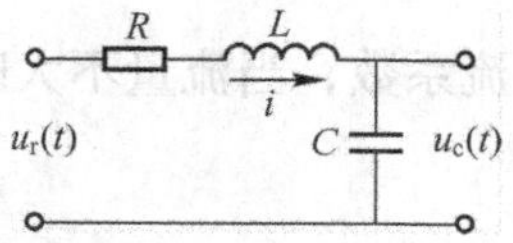

图 2-2 *RLC* 无源网络

解： 这是一个电学系统，根据克希荷夫定律可写出

$$u_r(t)=Ri(t)+L\frac{di(t)}{dt}+u_c(t)$$

$$i(t)=C\frac{du_c(t)}{dt}$$

消去上两式的中间变量 $i(t)$，整理可得

$$LC\frac{d^2u_c(t)}{dt^2}+RC\frac{du_c(t)}{dt}+u_c(t)=u_r(t)$$

假定 R、L、C 都是常数，则上式即为二阶线性常系数微分方程。

2.1.2 非线性系统微分方程的线性化

前面讨论的元件和系统，假设都是线性的，因而，描述它们的数学模型也都是线性微分

方程。事实上，任何一个元件或系统总是存在一定程度的非线性。例如，弹簧的刚度与其形变有关，并不一定是常数；电阻 R、电感 L、电容 C 等参数值与周围环境（温度、湿度、压力等）及流经它们的电流有关，也不一定是常数；电动机本身的摩擦、死区等非线性因素会使其运动方程复杂化而成为非线性方程；等等。严格地说，实际系统的数学模型一般都是非线性的，而非线性微分方程没有通用的求解方法。因此，在研究系统时总是力图将非线性问题在合理、可能的条件下简化为线性问题处理。如果做某些近似或缩小一些研究问题的范围，可以将大部分非线性方程在一定的工作范围内近似用线性方程来代替，这样就可以用线性理论来分析和设计系统。虽然这种方法是近似的，但它便于分析计算，在一定的工作范围内能反映系统的特性，在工程实践中具有实际意义。

【例 2-3】 图 2-3 是一个液体贮槽的示意图。液体经容器上部的阀 1 流入贮槽，并经底部的阀 2 流出，其流量分别为 q_1 和 q_2。试列写以 q_1 为输入量，液位 h 为输出量的微分方程。

解： 若某一时刻阀 1 的开度突然增大，输入量流量增加，必将导致输出量液位 h 上升，从而使流出量 q_2 也相应增加。我们可对贮槽列出物料平衡方程，得出输出量液位 h 与输入量 q_1 之间的关系为

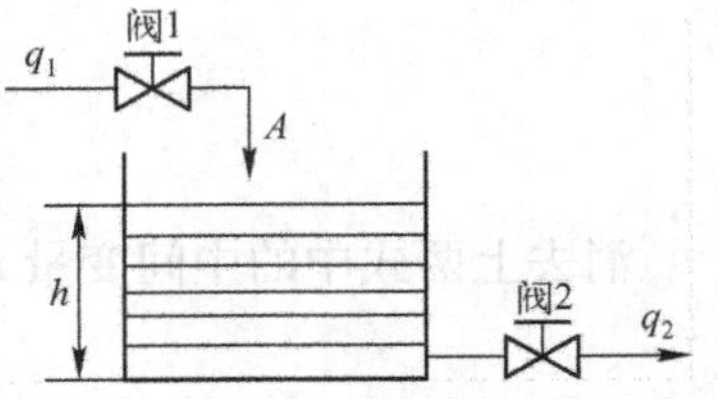

图 2-3　液体贮槽

$$\frac{\mathrm{d}V}{\mathrm{d}t}=q_1-q_2$$

式中，$\frac{\mathrm{d}V}{\mathrm{d}t}$表示单位时间内贮槽中液体的变化量，若贮槽的横截面 A 不变，则有$\frac{\mathrm{d}V}{\mathrm{d}t}=A\frac{\mathrm{d}h}{\mathrm{d}t}$。

液体输入量 q_1 在阀前压力恒定的情况下，仅与阀的开度有关；而流出量 q_2 除了与阀的流通面积有关外，还与液位 h 有关，根据流体力学可知

$$q_2=\alpha f\sqrt{h}$$

式中，α 是阀的节流系数，当流量不大时可近似为常数。将 q_2 代入式中整理得

$$A\frac{\mathrm{d}h}{\mathrm{d}t}+\alpha f\sqrt{h}=q_1$$

上式就是用来描述液位过程动态特性的数学表达式，它是一个一阶常系数非线性微分方程。$q_2=\alpha f\sqrt{h}$表达的是液体流出量与液位和阀的流通面积之间的非线性关系，下面对其进行线性化处理：

设平衡工作点为（q_{20},f_0,h_0），在平衡工作点的某个邻域内展开为泰勒级数，并忽略二次及高次项，则有

$$q_2=\alpha f\sqrt{h}=q_{20}+\left.\frac{\partial q_{20}}{\partial h}\right|_{\substack{h=h_0\\f=f_0}}(h-h_0)+\left.\frac{\partial q_{20}}{\partial f}\right|_{\substack{f=f_0\\h=h_0}}(f-f_0)=q_{20}+\frac{1}{2}\alpha f\sqrt{\frac{1}{h_0}}\Delta h+\alpha\sqrt{h_0}\Delta f$$

式中，$\frac{1}{2}\alpha f\sqrt{\frac{1}{h_0}}\Delta h$ 表示由于液位变化引起的流出量的变化，记为$\frac{1}{R}\Delta h$（R 称为阻力系数），$\alpha\sqrt{h_0}\Delta f$ 表示由于阀开度变化即控制作用而引起的流出量的变化，记为 $k\Delta f$。

将线性化的式子代入得　　$A\frac{\mathrm{d}h}{\mathrm{d}t}+q_{20}+kf+\frac{1}{R}\Delta h=q_{10}+\Delta q_1$

写成增量形式并整理得 $A\frac{\mathrm{d}\Delta h}{\mathrm{d}t}+\frac{1}{R}\Delta h=\Delta q_1-k\Delta f$

这就是液位系统以增量形式表示的近似线性化数学模型。

2.2 传递函数

2.2.1 拉普拉斯变换

1. 定义

$$F(s)=L[f(t)]=\int_0^{\infty}f(t)\mathrm{e}^{-st}\mathrm{d}t$$

其中，原来的实变量函数 $f(t)$——原函数，t 为时间变量；

变换后的复变量函数 $F(s)$——象函数，s 为复变量，$s=\sigma+\mathrm{j}\omega$；

$f(t)$ 和 $F(s)$ 之间具有一一对应的关系。

表 2-1 给出一些典型函数的拉普拉斯变换。

表 2-1 常见典型函数的拉普拉斯变换

序号	函数名称	原函数 $f(t)$	象函数 $F(s)$
1	单位阶跃函数	$f(t)=1(t)=\begin{cases}1 & t\geqslant0\\0 & t<0\end{cases}$	$F(s)=\frac{1}{s}$
2	单位斜坡函数	$f(t)=\begin{cases}t & t\geqslant0\\0 & t<0\end{cases}$	$F(s)=\frac{1}{s^2}$
3	单位加速度函数	$f(t)=\begin{cases}\frac{1}{2}t^2 & t\geqslant0\\0 & t<0\end{cases}$	$F(s)=\frac{1}{s^3}$
4	指数函数	$f(t)=\mathrm{e}^{-at}$	$F(s)=\frac{1}{s+a}$
5	单位脉冲函数	$f(t)=\delta(t)=\begin{cases}\infty & t=0\\0 & t\neq0\end{cases}$	$F(s)=1$
6	正弦函数	$f(t)=\sin\omega t$	$F(s)=\frac{\omega}{s^2+\omega^2}$
7	余弦函数	$f(t)=\cos\omega t$	$F(s)=\frac{s}{s^2+\omega^2}$

2. 拉普拉斯变换基本定理

（1）线性定理　两个函数代数和的拉普拉斯变换等于两个函数拉普拉斯变换的代数和。

$$L[af_1(t)\pm bf_2(t)]=aF_1(s)\pm bF_2(s)$$

其中，a、b 为常数。

（2）微分定理　设 $F(s)=L[f(t)]$

$$L\left[\frac{\mathrm{d}f(t)}{\mathrm{d}t}\right]=sF(s)-f(0)$$

$$L\left[\frac{\mathrm{d}^2f(t)}{\mathrm{d}t^2}\right]=s^2F(s)-sf(0)-f'(0)$$

$$L\left[\frac{\mathrm{d}^nf(t)}{\mathrm{d}t^n}\right]=s^nF(s)-s^{n-1}f(0)-s^{n-2}f'(0)-\cdots-f^{(n-1)}(0)$$

在零初始条件下 $L[f'(t)]=sF(s)$，$L[f^n(t)]=s^nF(s)$

(3) 积分定理

在零初始条件下 $$L\left[\int f(t)\,\mathrm{d}t\right]=\frac{F(s)}{s}$$

$$L\left[\int\underset{n个}{\cdots}\int f(t)\,\mathrm{d}t^n\right]=\frac{F(s)}{s^n}$$

(4) 终值定理

$$\lim_{t\to\infty}f(t)=\lim_{s\to 0}sF(s)$$

(5) 初值定理

$$\lim_{t\to 0}f(t)=\lim_{s\to\infty}sF(s)$$

(6) 延迟定理

$$L[f(t-\tau)]=\mathrm{e}^{-\tau s}F(s)$$

(7) 位移定理

$$L[f(t)\mathrm{e}^{-at}]=F(s+a)$$

2.2.2 系统的传递函数

1. 定义

在线性（或线性化）的定常系统中，初始条件为零时，系统（对象或环节）输出的拉普拉斯变换与输入拉普拉斯变换之比，称为系统（对象或环节）的传递函数，表达式为

$$传递函数=\left.\frac{输出量的拉普拉斯变换}{输入量的拉普拉斯变换}\right|_{(初始条件为0)}\quad 即\ G(s)=\frac{C(s)}{R(s)} \tag{2-2}$$

2. 传递函数的求取方法

设系统的输入量为 $r(t)$，输出量为 $c(t)$，则系统微分方程的一般形式为

$$\begin{aligned}&a_n\frac{\mathrm{d}^nc(t)}{\mathrm{d}t^n}+a_{n-1}\frac{\mathrm{d}^{n-1}c(t)}{\mathrm{d}t^{n-1}}+\cdots+a_1\frac{\mathrm{d}c(t)}{\mathrm{d}t}+a_0c(t)\\&=b_m\frac{\mathrm{d}^mr(t)}{\mathrm{d}^mt}+b_{m-1}\frac{\mathrm{d}^{m-1}r(t)}{\mathrm{d}^{m-1}t}+\cdots+b_1\frac{\mathrm{d}r(t)}{\mathrm{d}t}+b_0r(t)\quad(n\geqslant m)\end{aligned} \tag{2-3}$$

当初始条件为零时，对方程两边取拉普拉斯变换，有

$$\begin{aligned}&a_ns^nC(s)+a_{n-1}s^{n-1}C(s)+\cdots+a_1sC(s)+a_0C(s)\\&=b_ms^mR(s)+b_{m-1}s^{m-1}R(s)+\cdots+b_1sR(s)+b_0R(s)\quad(n\geqslant m)\end{aligned}$$

根据传递函数的定义，得传递函数的一般表达式为

$$G(s)=\frac{C(s)}{R(s)}=\frac{b_ms^m+b_{m-1}s^{m-1}+\cdots+b_1s+b_0}{a_ns^n+a_{n-1}s^{n-1}+\cdots+a_1s+a_0}\quad(n\geqslant m) \tag{2-4}$$

将式（2-4）改写成所谓“典型环节”的形式，即

$$G(s)=\frac{M(s)}{N(s)}=\frac{K\prod\limits_{k=1}^{m_1}(\tau_ks+1)\prod\limits_{l=1}^{m_2}(\tau_l^2s^2+2\xi_l\tau_ls+1)}{s^v\prod\limits_{i=1}^{n_1}(T_i^2s^2+1)\prod\limits_{j=1}^{n_2}(T_j^2s^2+2\xi_jT_js+1)} \tag{2-5}$$

还可以表示成如下零极点形式，即

$$G(s)=\frac{M(s)}{N(s)}=\frac{K^{*}(s-z_1)(s-z_2)\cdots(s-z_m)}{(s-p_1)(s-p_2)\cdots(s-p_n)} \tag{2-6}$$

式中 $z_1,z_2,\cdots,z_m$——传递函数分子多项式 $M(s)$ 等于零的根，称为传递函数的零点；

$p_1,p_2,\cdots,p_n$——传递函数分母多项式 $N(s)$ 等于零的根，称为传递函数的极点。

先建立微分方程，然后在零初始条件下，对微分方程进行拉普拉斯变换，即可根据传递函数的定义求得传递函数。

【例 2-4】 已知图 2-1 所示电路的微分方程为 $RC\frac{\mathrm{d}u_o(t)}{\mathrm{d}t}+u_o(t)=u_i(t)$，求此电路的传递函数。

解： 在零初始条件下，对微分方程进行拉普拉斯变换，有

$$RCsU_o(s)+U_o(s)=U_i(s)$$

根据传递函数的定义，有

$$G(s)=\frac{U_o(s)}{U_i(s)}=\frac{1}{RCs+1}$$

由例 2-4 可见，求系统传递函数的一种方法，就是利用它的微分方程式并取拉普拉斯变换。

3. 关于传递函数的几点说明

1）传递函数是复变量 s 的有理分式，它具有复变函数的所有性质。因为实际物理系统总是存在惯性，并且能源功率有限，所以实际系统传递函数的分母阶次 n 总是大于或等于分子阶次 m，即 $n\geqslant m$。

2）传递函数只取决于系统的结构参数，与输入信号（外作用）的大小、形式无关。

3）传递函数和微分方程存在一一对应关系，对于一个确定的系统，微分方程是唯一的，所以其传递函数也是唯一的。

4）传递函数是一种数学模型，它不代表系统或元件的物理结构，不同的系统或环节可能有相同的传递函数。物理性质和学科类别截然不同的系统可能具有完全相同的传递函数。

5）传递函数的分母是它所对应系统的微分方程的特征方程式。而特征方程的根反映系统动态过程的性质，所以由系统传递函数可以研究系统的动态特性。

4. 典型环节及其传递函数

实际的系统往往是很复杂的。为了分析方便起见，一般把一个复杂的控制系统分成一个个小部分，称为环节。从动态方程、传递函数和运动特性的角度看，不宜再分的最小环节称为基本环节。控制系统虽然是各种各样的，但是常见的典型基本环节并不多。下面介绍常见的典型基本环节。

（1）比例环节　它的微分方程为

$$c(t)=Kr(t)$$

其传递函数为

$$G(s)=K$$

式中 K——放大系数，为常数。

比例环节又称为放大环节，它的传递函数是一个常数，即它的输出量与输入量成比例。

几乎每一个控制系统中都有比例环节。由电子线路组成的放大器是最常见的比例环节。机械系统中的齿轮减速器，以输入轴和输出轴的角位移（或角速度）作为输入量和输出量，也是一个比例环节。伺服系统中使用的绝大部分测量元件，如电位器、旋转变压器、感应同步器、光电码盘、光栅、直流测速发电机等，都可以看成是比例环节。

（2）积分环节　输出量与输入量对时间的积分成正比的环节称为积分环节。

积分环节的微分方程为

$$c(t)=\frac{1}{T}\int r(t)\,\mathrm{d}t \tag{2-7}$$

其传递函数为

$$G(s)=\frac{1}{Ts} \tag{2-8}$$

（3）微分环节　输出量与输入量的变化速度成正比的环节称为微分环节。

理想微分环节的微分方程为

$$c(t)=\tau\frac{\mathrm{d}r(t)}{\mathrm{d}t} \tag{2-9}$$

其传递函数为

$$G(s)=\tau s \tag{2-10}$$

（4）一阶惯性环节　一阶惯性环节也称一阶滞后环节。由于其中总含有惯性元件（储能元件），所以当输入量突然变化时，输出量不能跟着突变。

一阶惯性环节的微分方程为

$$T\frac{\mathrm{d}c(t)}{\mathrm{d}t}+c(t)=r(t) \tag{2-11}$$

其传递函数为

$$G(s)=\frac{1}{Ts+1} \tag{2-12}$$

（5）一阶超前环节　一阶超前环节又叫作比例微分环节。

比例微分环节的微分方程为

$$c(t)=\tau\frac{\mathrm{d}r(t)}{\mathrm{d}t}+r(t) \tag{2-13}$$

其传递函数为

$$G(s)=\tau s+1 \tag{2-14}$$

（6）二阶振荡环节（$0<\zeta<1$）　二阶振荡环节的微分方程为

$$\frac{\mathrm{d}^2c(t)}{\mathrm{d}t^2}+2\xi\omega_{\mathrm{n}}\frac{\mathrm{d}c(t)}{\mathrm{d}t}+\omega_{\mathrm{n}}^2c(t)=\omega_{\mathrm{n}}^2r(t) \tag{2-15}$$

其传递函数为

$$G(s)=\frac{1}{T^2s^2+2\xi Ts+1}=\frac{\omega_{\mathrm{n}}^2}{s^2+2\xi\omega_{\mathrm{n}}s+\omega_{\mathrm{n}}^2} \tag{2-16}$$

（7）纯滞后环节　纯滞后环节的微分方程为

$$c(t)=r(t-\tau) \tag{2-17}$$

其传递函数为

$$G(s)=e^{-\tau s} \tag{2-18}$$

纯滞后环节又叫作延迟环节。

2.2.3 自动控制系统的传递函数

图 2-4 所示是模拟实际系统的典型控制系统结构图。下面应用叠加原理可分别求出几种传递函数。

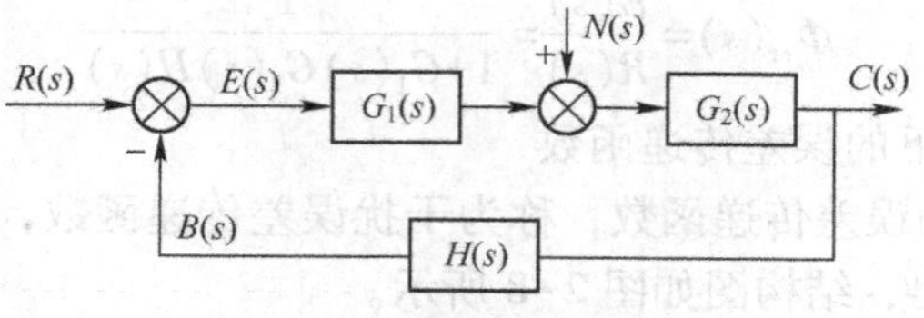

图 2-4 典型控制系统的结构图

1. 系统的开环传递函数

在反馈控制系统中，定义前向通道的传递函数与反馈通道的传递函数之积为开环传递函数。图 2-4 所示系统的开环传递函数等于 $G_1(s)G_2(s)H(s)$，即 $G(s)H(s)$。显然，结构图中，将反馈信号 $B(s)$ 在相加点前断开后，反馈信号与偏差信号之比 $B(s)/E(s)$，就是该系统的开环传递函数。

2. 给定值 $r(t)$ 作用下的闭环传递函数

令 $n(t)=0$，这时图 2-4 可简化成图 2-5。输出 $C(s)$ 对输入 $R(s)$ 之间的传递函数，称为输入作用下的闭环传递函数，简称闭环传递函数，用 $\Phi(s)$ 表示。

$$\Phi(s)=\frac{C(s)}{R(s)}=\frac{G_1(s)G_2(s)}{1+G_1(s)G_2(s)H(s)}$$

3. 干扰 $n(t)$ 作用下的闭环传递函数

同样,令 $r(t)=0$，结构图 2-4 可简化为图 2-6。

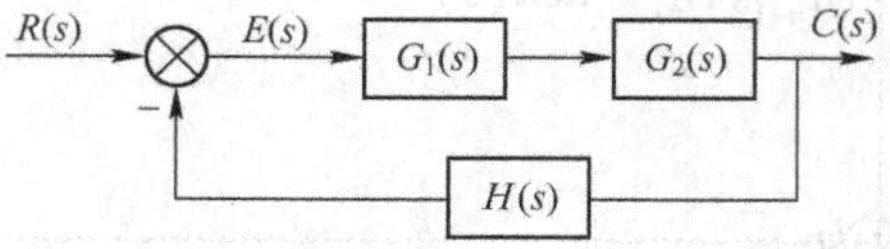

图 2-5 控制系统的结构图（一）

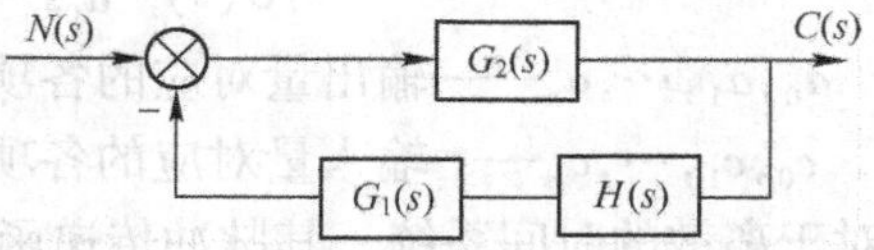

图 2-6 控制系统的结构图（二）

以 $N(s)$ 作为输入，$C(s)$ 为在扰动作用下的输出，它们之间的传递函数用 $\Phi_n(s)$ 表示，称为扰动作用下的闭环传递函数，简称干扰传递函数。

$$\Phi_n(s)=\frac{C(s)}{N(s)}=\frac{G_2(s)}{1+G_1(s)G_2(s)H(s)}$$

4. 系统的总输出

根据线性系统的叠加原理，系统在同时受 $r(t)$ 和 $n(t)$ 作用下，系统总输出 $C(s)$ 应等于它们各自单独作用时输出之和。故有

$$C(s)=C_R(s)+C_N(s)=\frac{G_1(s)G_2(s)}{1+G_1(s)G_2(s)H(s)}R(s)+\frac{G_2(s)}{1+G_1(s)G_2(s)H(s)}N(s)$$

5. 系统的闭环误差传递函数

(1) 给定值 $r(t)$ 作用下的误差传递函数

将结构图简化为图 2-7。列写出输入 $R(s)$ 与输出 $E(s)$ 之间的传递函数，称为控制作用下的误差传递函数，用 $\Phi_{er}(s)=\frac{E(s)}{R(s)}$ 表示，即

$$\Phi_{er}(s)=\frac{E(s)}{R(s)}=\frac{1}{1+G_1(s)G_2(s)H(s)}$$

(2) 干扰 $n(t)$ 作用下的误差传递函数

同理，干扰作用下的误差传递函数，称为干扰误差传递函数，用 $\Phi_{en}(s)$ 表示。以 $N(s)$ 作为输入，$E(s)$ 作为输出，结构图如图 2-8 所示。

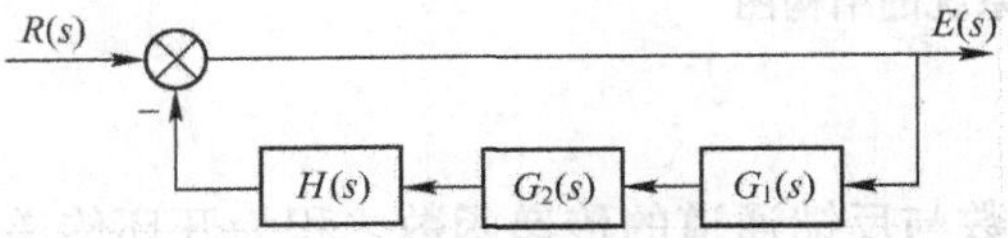

图 2-7　控制系统的结构图（三）

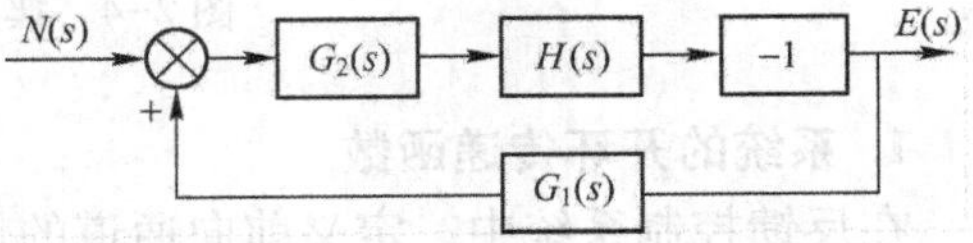

图 2-8　控制系统的结构图（四）

$$\Phi_{en}(s)=\frac{E(s)}{N(s)}=\frac{-G_2(s)H(s)}{1+G_1(s)G_2(s)H(s)}$$

2.2.4 MATLAB 语言中的传递函数表示

1. 系统的传递函数模型表示

传递函数模型通常表示线性定常时不变系统（LTI），它可以是连续的时间系统，也可以是离散的时间系统。

对于连续的时间系统，其传递函数可表示为

$$G(s)=\frac{Y(s)}{U(s)}=\frac{c_0s^m+c_1s^{m-1}+\cdots+c_{m-1}s+c_m}{a_0s^n+a_1s^{n-1}+\cdots+a_{n-1}s+a_n}=\frac{num(s)}{den(s)} \tag{2-19}$$

式中　$a_0,a_1,\cdots,a_n$——输出量对应的各项系数；

$c_0,c_1,\cdots,c_m$——输入量对应的各项系数。

对于离散的时间系统，其脉冲传递函数可表示为

$$G(z)=\frac{Y(z)}{U(z)}=\frac{c_0z^m+c_1z^{m-1}+\cdots+c_{m-1}z+c_m}{a_0z^n+a_1z^{n-1}+\cdots+a_{n-1}z+a_n}=\frac{num(z)}{den(z)} \tag{2-20}$$

不论是连续的还是离散的时间系统，其传递函数的分子/分母多项式均按 s 或 z 的降幂来排列。在 MATLAB 中，可直接采用分子/分母多项式系数构成的两个向量 **num** 与 **den** 来表示系统，即

$$\begin{cases}\boldsymbol{num}=[c_0,c_1,\cdots,c_m]\\ \boldsymbol{den}=[a_1,a_2,\cdots,a_n]\end{cases}$$

可用函数命令 tf( )来建立控制系统的传递函数模型，其调用格式和功能分别如下：

1）sys=tf(num,den)：该函数返回的变量 sys 为连续系统的传递函数模型，函数输入参量 ***num*** 与 ***den*** 分别为连续系统的分子与分母多项式系数向量。

2）sys=tf(num,den,Ts)：该函数返回的变量 sys 为离散系统的传递函数模型，函数输入参量 ***num*** 与 ***den*** 分别为离散系统的分子、分母多项式系数向量。T_s 为采样周期，当 $T_s=-1$ 或者 $T_s=[\,]$ 时，则系统的采样周期未定义。

3）sys=tf(M)：该函数定义一个增益为 M 的静态连续系统。

4）tfsys=tf(sys)：该函数将任意的 LTI 对象转换成传递函数模型，默认使用 tzero( ) 函数将状态空间模型转换成传递函数模型，使用 poly( ) 函数将零极点增益模型转换成传递函数模型。

2. 零极点增益模型

当连续系统的传递函数表达式采用系统增益、系统零点与系统极点表示时，称为系统零极点增益模型。系统零极点增益模型是传递函数模型的一种特殊形式。

连续系统的零极点增益模型通常表示为

$$G(s)=k\frac{(s-z_1)(s-z_2)\cdots(s-z_m)}{(s-p_1)(s-p_2)\cdots(s-p_n)} \tag{2-21}$$

离散系统的传递函数也可用零极点增益模型来表示，即

$$G(z)=k\frac{(z-z_1)(z-z_2)\cdots(z-z_m)}{(z-p_1)(z-p_2)\cdots(z-p_n)} \tag{2-22}$$

式中 k——系统增益；

$z_1,z_2,\cdots,z_m$——系统零点；

$p_1,p_2,\cdots,p_n$——系统极点。

在 MATLAB 里，连续与离散系统都可直接用向量 $\boldsymbol{z}$、$\boldsymbol{p}$、$\boldsymbol{k}$ 构成的矢量组 $[\boldsymbol{z},\boldsymbol{p},\boldsymbol{k}]$ 来表示系统，即

$$\begin{cases}\boldsymbol{z}=[z_1,z_2,\cdots,z_m]\\ \boldsymbol{p}=[p_1,p_2,\cdots,p_n]\\ \boldsymbol{k}=[k]\end{cases} \tag{2-23}$$

可用函数命令 zpk( ) 来建立控制系统的零极点增益模型，其调用格式和功能分别如下：

1）sys=zpk(z,p,k)：该函数返回的变量 sys 为连续系统的零极点增益模型。$\boldsymbol{z}$、$\boldsymbol{p}$、$\boldsymbol{k}$ 分别为系统的零点、极点和系统增益向量。

2）sys=zpk(z,p,k,Ts)：该函数返回的变量 sys 为离散系统的零极点增益模型，T_s 为采样周期。

3）sys=zpk(M)：该函数定义一个增益为 M 的静态零极点增益系统。

4）tfsys=zpk(sys)：该函数将任意的 LTI 对象转换成零极点增益模型。

2.3 系统的功能图

功能图是将系统各环节用带信号线的方块来表示的直观图形。它是描述系统各组成元件信号传递关系的数学图形，是描述复杂系统的一种简便方法。功能图又称框图或动态结构图。

2.3.1 功能图的组成和绘制

1. 功能图的组成

功能图的组成有四大要素，如图 2-9 所示。

1）方块：代表组成系统的各个环节，也称传递方框或传递环节。方块表示接收输入信号，经其内的传递函数转换成其他信号后输出，如图 2-9a 所示。

2）信号线：用箭头表示信号的传递方向。

3）相加点（比较点）：表示对两个或两个以上的信号进行代数运算，输入信号处应标明极性，如图 2-9b 所示。

4）分支点（引出点）：表示把一个信号分几路取出，通过分支点的信号，都代表一个信号，即它们都是相等的，如图 2-9c 所示。

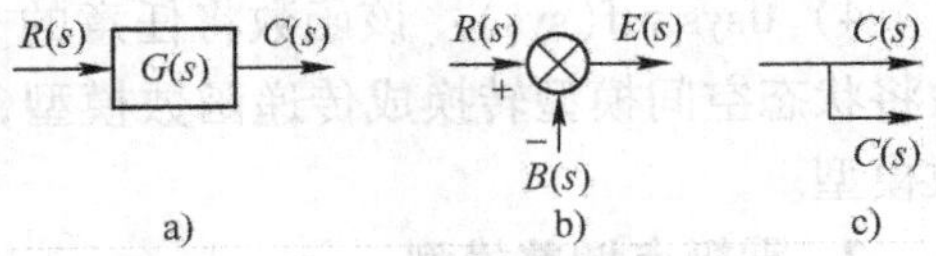

图 2-9　功能图组成符号

2. 功能图的绘制

功能图的绘制步骤如下：

1）建立控制系统各元、部件的微分方程。

2）对各元、部件的微分方程进行拉普拉斯变换，并做出各元、部件的功能图。

3）按系统中各信号的传递顺序，依次将各元件功能图连接起来，便得到系统的功能图。

【例 2-5】 以图 2-1 所示 *RC* 网络为例，绘制该网络的功能图。

解： *RC* 网络的微分方程组为

$$\begin{cases} u_i(t)=i(t)R+u_o(t) \\ i(t)=C\dfrac{du_o(t)}{dt} \end{cases}$$

对上面两式进行拉普拉斯变换，得

$$U_i(s)=RI(s)+U_o(s)$$

$$I(s)=CsU_o(s)$$

整理得

$$\frac{1}{R}[U_i(s)-U_o(s)]=I(s)$$

$$U_o(s)=\frac{1}{Cs}I(s)$$

分别画出它们的功能图如图 2-10 所示。

将图 2-10a、b 按信号传递方向结合起来，网络的输入量置于图示的左端，输出量置于最右端，并将同一变量的信号连在一起，如图 2-11 所示，即得 *RC* 网络功能图。

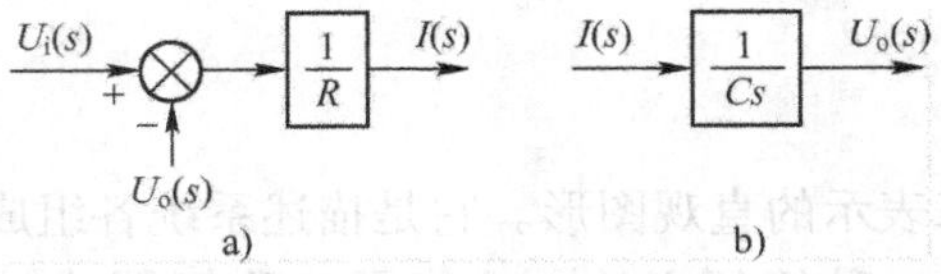

图 2-10　*RC* 各环节功能图

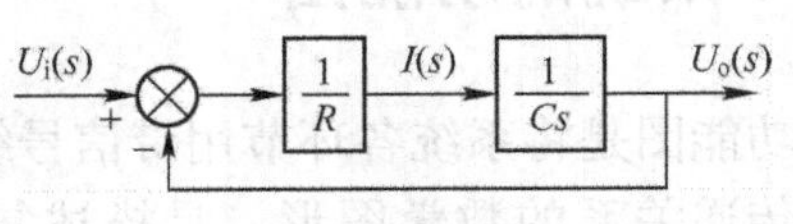

图 2-11　*RC* 网络功能图

2.3.2 功能图的等效变换

建立系统功能图的目的，一是可以直观形象地表明控制信号在系统内部的动态传递关系，以便从总体上把握系统的特点，而另一个重要目的是便于求解复杂系统的传递函数。所以有必要研究怎样把复杂的系统功能图变换成等效而简单的形式。

对于较复杂（有交叉反馈回路）的连接形式，可以通过等效变换，将功能图逐步化为三种基本连接关系，而后再利用其相对应的传递函数，求得整个系统的传递函数。

1. 串联结构的等效变换

如果几个函数方块首尾相连，前一个方块的输出是后一个方块的输入，称这种结构为环节串联。

两个环节串联，它们的传递函数分别为 $G_1(s)$ 和 $G_2(s)$，其等效传递函数等于这两个传递函数的乘积。

串联环节总的传递函数为

$$G(s)=G_1(s)G_2(s)$$

上述结论可以推广到任意个传递函数的串联，如图 2-12 所示，即串联后总传递函数等于各个串联传递函数的乘积。

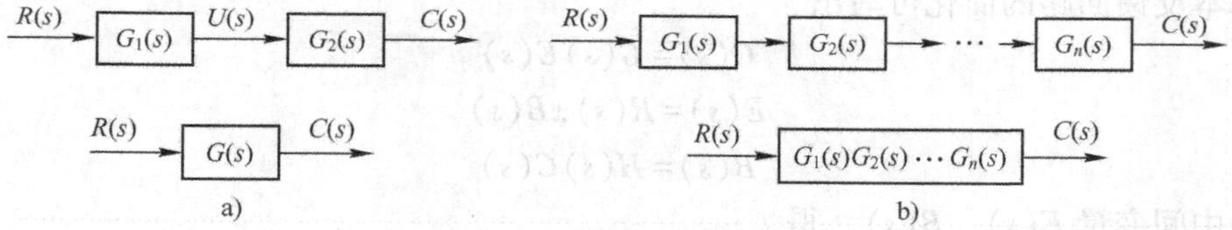

图 2-12 串联环节功能图

2. 并联结构的等效变换

两个或多个环节具有同一个输入量，而以各自环节输出量的代数和作为总的输出量，这种结构称为并联。

两个环节并联，它们的传递函数分别为 $G_1(s)$ 和 $G_2(s)$，其等效传递函数等于这两个传递函数的代数和。

并联环节总的传递函数为

$$G(s)=G_1(s)\pm G_2(s)$$

上述结论可以推广到任意个传递函数的并联，如图 2-13 所示，即并联后总传递函数等于各个并联传递函数的代数和。

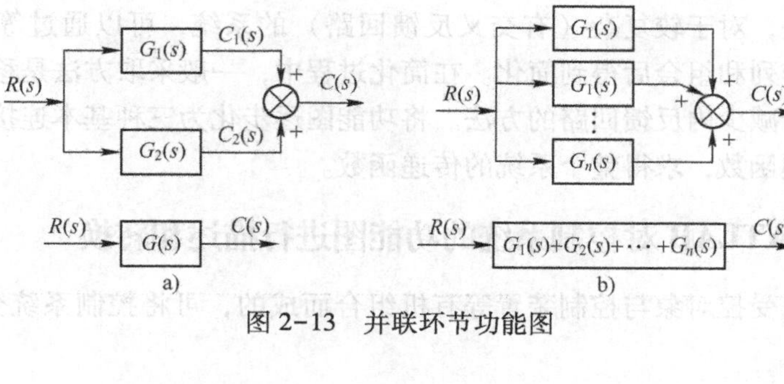

图 2-13 并联环节功能图

3. 反馈连接的等效变换

反馈回路：将输出信号取回来和输入信号相比较，按比较结果再作用在方块上而形成一个闭合回路。反馈有正、负反馈。

具有正、负反馈闭环系统的功能图如图 2-14 所示。

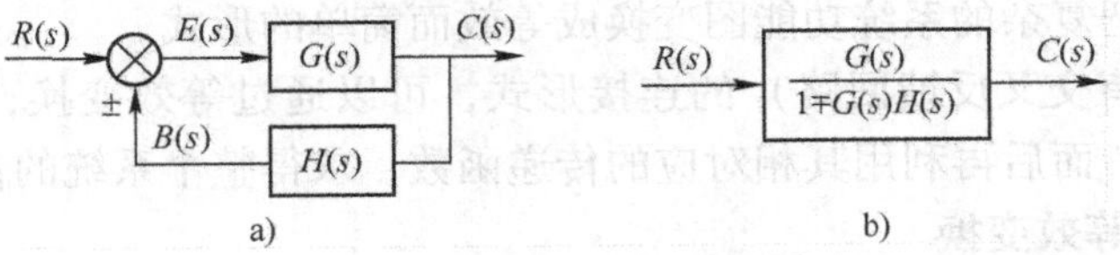

图 2-14　反馈环节功能图

图中 $R(s)$ 和 $C(s)$ 分别为该环节的输入量和输出量，$B(s)$ 称为反馈信号，$E(s)$ 称为偏差信号。由偏差信号 $E(s)$ 至输出信号 $C(s)$，这条通道的传递函数 $G(s)$ 称为前向通道传递函数。由输出信号 $C(s)$ 至反馈信号 $B(s)$，这条通道的传递函数 $H(s)$ 称为反馈通道传递函数。一般输入信号 $R(s)$ 在相加点前取“+”号。此时，若反馈信号 $B(s)$ 在相加点前取“+”，称为正反馈；取“-”，称为负反馈。负反馈是自动控制系统中常见的基本结构形式。

由基本反馈回路的简化可写出

$$C(s)=G(s)E(s)$$
$$E(s)=R(s)\pm B(s)$$
$$B(s)=H(s)C(s)$$

消去中间变量 $E(s)$、$B(s)$，得

$$C(s)=\frac{G(s)}{1\mp G(s)H(s)}R(s)$$

式中分母上的“加”号，对应于负反馈连接；“减”号对应于正反馈连接。

$$\Phi(s)=\frac{C(s)}{R(s)}=\frac{G(s)}{1\mp G(s)H(s)} \tag{2-24}$$

则称 $\Phi(s)$ 为闭环传递函数，称前向通道与反馈通道传递函数之积 $G(s)H(s)$ 为该环节的开环传递函数，它等于把反馈通道在输入端的相加点之前断开后，所形成的开环结构的传递函数。

若反馈通道的传递函数 $H(s)=1$，则此时系统称为单位反馈系统，此闭环传递函数为

$$\Phi(s)=\frac{G(s)}{1\mp G(s)}$$

需要说明的是，对于较复杂（有交叉反馈回路）的系统，可以通过等效变换，将复杂功能图经过重新排列和组合后得到简化。在简化过程中，一般采取方法是移动分支点和相加点，交换相加点，减少内反馈回路的方法。将功能图逐步化为三种基本连接关系，而后再利用其相对应的传递函数，求得整个系统的传递函数。

2.3.3　利用 MATLAB 对控制系统的功能图进行描述和转换

控制系统是由受控对象与控制装置等有机组合而成的，可将控制系统分解为多个环节，

每个环节又是由多个元件构成的。环节在 MATLAB 里又称为模块。自动控制的对象可以是一个元件、一个环节，也可以是一个模块、一个装置，甚至是一个系统，这需要根据实际讨论问题的情况来确定。为了方便分析系统性能，常常需要将各环节功能图模型进行等效变换。下面介绍在 MATLAB 中的环节功能图模型化简方法。

1. 环节串联连接的化简

多个环节串联的连接形式是控制系统最基本的组成结构形式之一，如图 2-15 所示。控制系统的环节串联及其化简就是模块功能图模型的串联及其化简。可以用 MATLAB 的函数命令 series( ) 将串联模块进行等效变换。

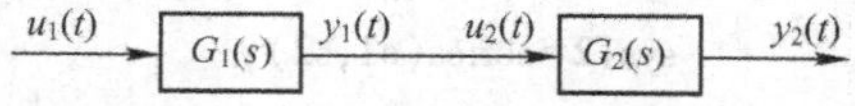

图 2-15　串联连接结构图

series( ) 函数命令可以将两个环节的串联连接进行等效化简。它既适用于连续时间系统，也适用于离散时间系统。

如果已知两个环节的传递函数分别为

$$G_1(s)=\frac{num1(s)}{den1(s)},\quad G_2(s)=\frac{num2(s)}{den2(s)}$$

则两个环节串联连接的等效传递函数为

$$G(s)=\frac{num(s)}{den(s)}=G_1(s)G_2(s)=\frac{num1(s)num2(s)}{den1(s)den2(s)}$$

使用 series( ) 函数命令不必做多项式的乘除运算即可实现两个环节传递函数的串联连接。如果令 sys1=tf(num1,den1)，sys2=tf(num2,den2)，其命令格式为

```
sys= series (sys1, sys2)
```

如果已知两个环节的状态空间模型矩阵组分别为(a1,b1,c1,d1)与(a2,b2,c2,d2)，则求两个环节串联连接等效系统状态空间模型[a,b,c,d]矩阵组的命令格式为

```
[a,b,c,d]= series(a1,b1,c1,d1,a2,b2,c2,d2)
```

需要特别指出，series( ) 函数命令还可以将多个环节按两两串联的形式多次递归调用加以连接，进行等效化简。

目前 sys=series(sys1,sys2) 命令已经可以用命令 sys=sys1 * sys2 * … * sys*n* 所取代，这样不仅省掉了 series( ) 字符，且可以实现多个环节的串联等效传递函数的求取。

值得注意的是，sys=sys1 * sys2 * … * sys*n* 命令只适合于求解多个传递函数模块串联时的等效传递函数，不能用于求解状态空间模型模块串联时的等效系统状态空间模型。

【例 2-6】 已知双闭环调速系统电流环内的前向通道的三个模块传递函数分别为

$$G_1(s)=\frac{0.0128s+1}{0.04s},\quad G_2(s)=\frac{30}{0.00167s+1}$$

$$G_3(s)=\frac{2.5}{0.0128s+1}$$

试求串联连接的等效传递函数及其等效状态空间模型。

解： 1) 根据 MATLAB 程序设计的基本方法和函数命令 series( )，可以编写出 MATLAB 程序如下：

```
n1=[0.0128 1];d1=[0.04 0];sys1=tf(n1,d1);
n2=[30];d2=[0.00167 1];sys2=tf(n2,d2);
n3=[2.5];d3=[0.0128 1];sys3=tf(n3,d3);
    sys=sys1 * sys2 * sys3
    s1=ss(sys1);s2=ss(sys2);s3=ss(sys3);
    sys12=series(s1,s2);
    sys123=series(sys12,s3)
```

2）在 MATLAB 命令窗口输入程序名，程序运行后得到如下电流环内前向通道的等效传递函数及等效状态空间模型：

```
Transfer function:
              0.96 s + 75
---------------------------------------------------
8.55e-007 s^3 + 0.0005788 s^2 + 0.04 s
   a =
              x1        x2        x3
   x1     -78.13      2246         0
   x2          0    -598.8       800
   x3          0         0         0
   b =
             u1
    x1        0
    x2    40.96
    x3        4
   c =
              x1        x2        x3
     y1    12.21         0         0
   d =
             u1
     y1       0
Continuous-time model.
```

2. 环节并联连接的化简

环节并联是指多个环节的输入信号相同，所有环节输出的代数和为其总输出。两个环节的并联等效如图 2-16所示。

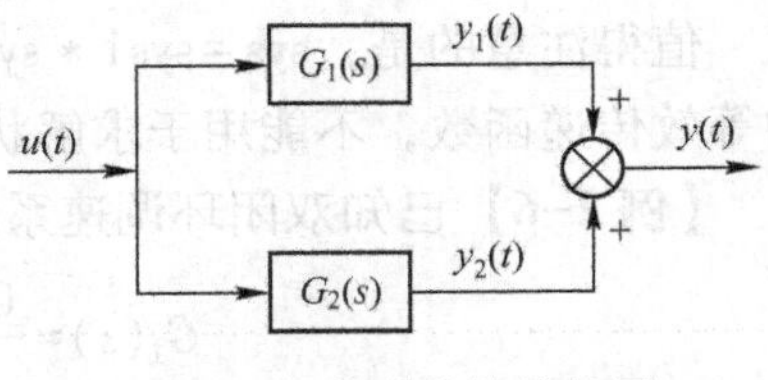

图 2-16　并联连接结构图

采用 parallel( ) 函数命令可以等效化简两个环节的并联连接。它既适用于连续时间系统，也适用于离散时间系统。

parallel( ) 函数命令调用格式为

```
[num, den] = parallel(num1,den1,num2,den2)
```

目前该命令已由命令 sys=sys1+sys2+…+sys$n$ 所取代，不仅省掉了 parallel( )字符，且可以实现多个环节的并联等效处理。

parallel( )函数命令调用格式还有：

```
[a,b,c,d] = parallel(a1,b1,c1,d1,a2,b2,c2,d2)
```

以上两种命令调用格式都是将两环节的输入连接在一起并作为系统的输入，其输出为 $y=y_1+y_2$，如图 2-16 所示。需要指出，parallel( )函数命令也可以将多个环节按两两并联递归调用加以连接，进行等效化简。

【例 2-7】 已知两个环节的传递函数分别为

$$G_1(s)=\frac{1}{s+2} \qquad G_2(s)=\frac{2s+1}{s^2+s+2}$$

试求两环节并联连接等效传递函数的 ***num*** 与 ***den*** 向量及等效的状态空间模型。

解： 1）采用函数命令 parallel( )，给出 MATLAB 程序如下：

```
num1=[1];den1=[1 2];sys1=tf(num1,den1);
num2=[2 1];den2=[1 1 2];sys2=tf(num2,den2);
s1=ss(sys1);
s2=ss(sys2);
sys=sys1+sys2
sys12=parallel(s1,s2)
```

2）在 MATLAB 命令窗口运行程序后得到等效传递函数及等效状态空间模型为

```
Transfer function:
  3 s^2 + 6 s + 4
---------------------
s^3 + 3 s^2 + 4 s + 4
a =
          x1   x2   x3
    x1   -2    0    0
    x2    0   -1   -1
    x3    0    2    0
b =
          u1
    x1    1
    x2    2
    x3    0
c =
          x1    x2    x3
    y1     1     1  0.25
d =
          u1
    y1    0
```

Continuous-time model.

3. 环节反馈连接的化简

两个环节的反馈连接如图 2-17 所示。

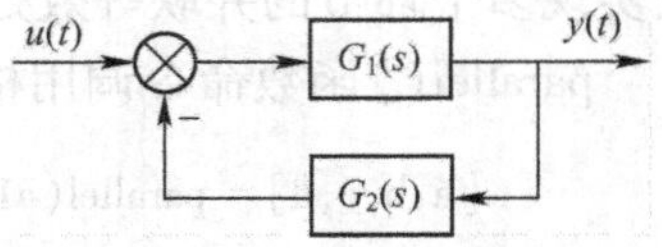

图 2-17 反馈连接结构图

利用 MATLAB 中的 feedback( ) 函数命令可将两个环节按反馈形式进行连接后求其等效传递函数。G_1 为前向通道的传递函数，G_2 为反馈通道的传递函数。feedback( ) 函数既适用于连续时间系统，也适用于离散时间系统。

feedback( ) 函数命令有以下形式：

1) G=feedback(G1,G2,sign)：函数将两个环节按反馈方式连接，环节 G_1 的输出连接到 G_2 的输入，环节 G_2 的输出连接到 G_1 的输入，sign 是连接符号，默认为负，即 sign=-1。

2) [a,b,c,d]=feedback(a1,b1,c1,d1,a2,b2,c2,d2,sign)：函数可得到类似的连接，只是等效系统用状态空间模型表示。

3) [num,den]=feedback(num1,den1,num2,den2,sign)：该函数可得到类似的连接，只是闭环传递函数用分子分母多项式的形式表示。

【例 2-8】 已知晶闸管—直流电动机单闭环调速系统的动态结构图如图 2-18 所示，求该闭环系统的传递函数。

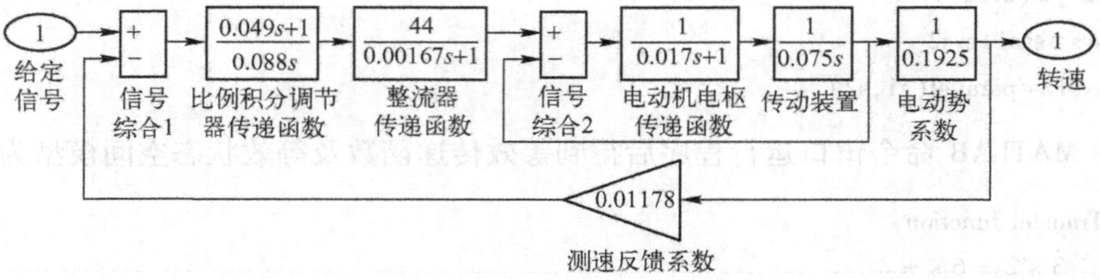

图 2-18 直流单闭环调速系统

解：1) 给出 MATLAB 程序如下：

```
n1=1;d1=[0.017 1];s1=tf(n1,d1);
n2=1;d2=[0.075 0];s2=tf(n2,d2);
sys1=feedback(s1*s2,1)
n3=[0.049 1];d3=[0.088 0];s3=tf(n3,d3);
n4=44;d4=[0.00167 1];s4=tf(n4,d4);
n5=1;d5=0.1925;s5=tf(n5,d5);
n6=0.01178;d6=1;s6=tf(n6,d6);
sysq=sys1*s3*s4*s5;
sys=feedback(sysq,s6)
```

2) 程序运行结果如下：

```
Transfer function:
                    1
------------------------------------
0.001275 s^2 + 0.075 s + 1
```

```
Transfer function:
                    2.156 s + 44
-------------------------------------------------------------------------------
-------------------
3.607e-008 s^4 + 2.372e-005 s^3 + 0.001299 s^2+ 0.04234 s + 0.5183
```

由以上运算数据可得单闭环系统的小闭环的传递函数为

$$\Phi_1(s)=\frac{1}{0.001275s^2+0.075s+1}$$

单闭环系统的闭环的传递函数（略去分母的 s^4 项）为

$$\Phi(s)\approx\frac{2.156s+44}{0.00002392s^3+0.001299s^2+0.04234s+0.5183}$$

2.4 状态空间描述

由于微分方程或传递函数只能反映出系统的输入-输出之间的对应关系，即反映系统的外部联系，而在系统性能分析与仿真时，常常要考虑系统内部各变量的信息。状态空间表达式不仅可以表达系统的输入-输出关系，而且也可以描述系统的输入、输出与内部状态之间的关系，揭示了系统内部状态的运动规律，反映了控制系统动态特性的全部信息。

2.4.1 状态空间概念

控制系统的状态是指系统过去、现在和将来的状况。

状态变量是指能完全表征系统运动状态的最小一组变量，或者能完全描述系统时域行为的一个最小变量组。

状态变量是构成系统状态的变量，是指能完全描述系统行为的最小变量组中的每个变量，或者说足以完全表征系统运动状态的最小个数的一组变量为状态变量。一个用 n 阶微分方程描述的系统，就有 n 个独立的变量。当这 n 个独立变量的时间响应都求得时，系统的运动状态也就被确定无遗了。因此，可以说该系统的状态变量就是 n 阶系统的 n 个独立变量。

状态方程指的是把系统的状态变量与输入之间的关系用一组一阶微分方程来描述的数学模型。

输出方程是指表示系统输出变量与状态变量、输入变量之间关系的数学表达式。

状态方程和输出方程组合起来，构成对一个系统动态行为的完整描述，称为系统的状态空间表达式。

2.4.2 状态空间表达式

1）给定某个控制系统，设系统的输入量为 u，输出量为 y，当输入函数中不含导数项时，系统微分方程形式可表示为

$$y^{(n)}+a_{n-1}y^{(n-1)}+\cdots+a_1\dot{y}+a_0y=bu$$

若给定初始条件 $y(0)$，$\dot{y}(0)$，$\cdots$，$y^{(n-1)}(0)$ 及 $t\geqslant0$ 的输入 $u(t)$，则上述微分方程的解是唯一的。或者说，该系统的时域行为是完全确定的，于是，可以取 $y(t)$，$\dot{y}(t)$，$\cdots$，$y^{(n-1)}(t)$

等 n 个变量为状态变量，记为

$$\begin{aligned} x_1 &= y \\ x_2 &= y' \\ &\vdots \\ x_n &= y^{(n-1)} \end{aligned}$$

为了得到每个状态变量的一阶导数表达式，将上式两边对时间求导，有

$$\begin{aligned} \dot{x}_1 &= \dot{y} \\ \dot{x}_2 &= \ddot{y} \\ &\vdots \\ \dot{x}_n &= y^{(n)} \end{aligned}$$

表示成

$$\begin{aligned} \dot{x}_1 &= x_2 \\ \dot{x}_2 &= x_3 \\ &\vdots \\ \dot{x}_n &= -a_n x_1 - a_{n-1} x_2 \cdots - a_1 x_n + bu \end{aligned}$$

或写成向量矩阵形式 $\begin{cases} \dot{\boldsymbol{x}} = \boldsymbol{A}\boldsymbol{x} + \boldsymbol{B}u \\ y = \boldsymbol{C}\boldsymbol{x} \end{cases}$ (2-25)

式中

$\boldsymbol{x} = \begin{bmatrix} x_1 \\ x_2 \\ \vdots \\ x_n \end{bmatrix}$——系统状态变量矩阵；

$\boldsymbol{A} = \begin{bmatrix} 0 & 1 & 0 & \cdots & 0 \\ 0 & 0 & 1 & \cdots & 0 \\ \vdots & \vdots & \vdots & & \vdots \\ 0 & 0 & 0 & \cdots & 1 \\ -a_n & -a_{n-1} & -a_{n-2} & \cdots & -a_1 \end{bmatrix}$——系统矩阵；

$\boldsymbol{B} = \begin{bmatrix} 0 \\ 0 \\ \vdots \\ b \end{bmatrix}$——输入矩阵（控制矩阵）；

$\boldsymbol{C} = [1 \quad 0 \quad 0 \quad \cdots \quad 0]$——输出矩阵（观测矩阵）。

系统的状态空间表达式为

$$\begin{cases} \dot{\boldsymbol{x}} = \boldsymbol{A}\boldsymbol{x} + \boldsymbol{B}u \\ y = \boldsymbol{C}\boldsymbol{x} \end{cases}$$

2）当输入函数包含导数项时，系统微分方程的形式为

$$y^{(n)} + a_1 y^{(n-1)} + \cdots + a_{n-1}\dot{y} + a_n y = b_0 u^{(n)} + b_1 u^{(n-1)} + \cdots + b_{n-1}\dot{u} + b_n u \qquad (2-26)$$

在这种情况下，不能选用$y(t)$，$\dot{y}(t)$，$\cdots$，$y^{(n-1)}(t)$作为系统的状态变量，此时方程中包含输入信号 u 的导数项，它可能导致系统在状态空间中的运动出现无穷大的跳变，方程解的存在性和唯一性被破坏。因此，通常选用输出 y 和输入 u 以及它们的各阶导数组成状态变量。

对于图 2-19 所示的模拟结构图，若取每个积分器的输出为状态变量 x_1，x_2，$\cdots$，x_n，即有

$$\begin{cases} x_1 = y - \beta_0 u \\ x_2 = \dot{x}_1 - \beta_1 u = \dot{y} - \beta_0 \dot{u} - \beta_1 u \\ \quad \vdots \\ x_n = x_{n-1} - \beta_{n-1}\dot{u} = y^{(n-1)} - \beta_0 u^{(n-1)} - \beta_1 u^{(n-2)} - \cdots - \beta_{n-1} u \end{cases}$$

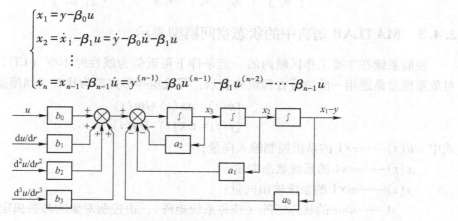

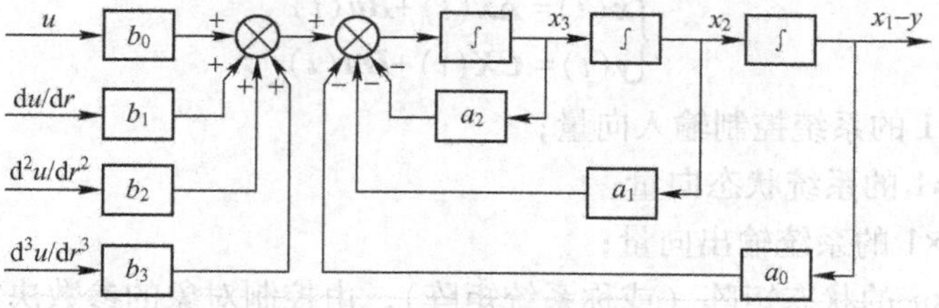

图 2-19　模拟结构图

将上面各式两边对时间求导，有

$$\begin{cases} \dot{x}_1 = \dot{y} - \beta_0 \dot{u} = x_2 + \beta_1 u \\ \dot{x}_2 = \ddot{y} - \beta_0 \ddot{u} - \beta_1 \dot{u} = x_3 + \beta_2 u \\ \quad \vdots \\ \dot{x}_n = y^{(n)} - \beta_0 u^{(n)} - \beta_1 u^{(n-1)} - \cdots - \beta_{n-1}\dot{u} = -a_{n-1}x_1 - a_{n-2} - \cdots - a_1 x_n + \beta_n u \end{cases}$$

或写成矩阵形式为

$$\dot{\boldsymbol{x}} = \boldsymbol{A}\boldsymbol{x} + \boldsymbol{B}u$$

$$\begin{bmatrix} \dot{x}_1 \\ \dot{x}_2 \\ \vdots \\ \dot{x}_{n-1} \\ \dot{x}_n \end{bmatrix} = \begin{bmatrix} 0 & 1 & 0 & \cdots & 0 \\ 0 & 0 & 1 & \cdots & 0 \\ \vdots & \vdots & \vdots & & \vdots \\ 0 & 0 & 0 & \cdots & 1 \\ -a_{n-1} & -a_{n-2} & -a_{n-3} & \cdots & -a_1 \end{bmatrix} \begin{bmatrix} x_1 \\ x_2 \\ \vdots \\ x_{n-1} \\ x_n \end{bmatrix} + \begin{bmatrix} \beta_1 \\ \beta_2 \\ \vdots \\ \beta_{n-1} \\ \beta_n \end{bmatrix} u \tag{2-27}$$

$$y = [1 \quad 0 \quad 0 \quad \cdots \quad 0] \begin{bmatrix} x_1 \\ x_2 \\ \vdots \\ x_{n-1} \\ x_n \end{bmatrix} + \beta_0 u \tag{2-28}$$

为便于记忆，系数β_1，$\cdots$，β_{n-1}，β_n 可写成如下矩阵形式：

$$\begin{bmatrix} b_0 \\ b_1 \\ \vdots \\ b_{n-1} \\ b_n \end{bmatrix} = \begin{bmatrix} 1 & 0 & 0 & \cdots & 0 \\ a_1 & 1 & 0 & \cdots & 0 \\ \vdots & \vdots & \vdots & & \vdots \\ a_{n-1} & a_{n-2} & a_{n-3} & \cdots & 0 \\ a_n & a_{n-1} & a_{n-2} & \cdots & 1 \end{bmatrix} \begin{bmatrix} \beta_1 \\ \beta_2 \\ \vdots \\ \beta_{n-1} \\ \beta_n \end{bmatrix}$$

2.4.3 MATLAB 语言中的状态空间模型表示

控制系统在主要工作区域内的一定条件下可近似为线性时不变（LTI）模型，连续 LTI 对象系统总是能用一阶微分方程组来表示，写成矩阵形式即为状态空间模型：

$$\begin{cases} \dot{\boldsymbol{x}}(t) = \boldsymbol{A}\boldsymbol{x}(t) + \boldsymbol{B}\boldsymbol{u}(t) & (2-29a) \\ \boldsymbol{y}(t) = \boldsymbol{C}\boldsymbol{X}(t) + \boldsymbol{D}\boldsymbol{u}(t) & (2-29b) \end{cases}$$

式中 $\boldsymbol{u}(t)$——$r\times1$ 的系统控制输入向量；

$\boldsymbol{x}(t)$——$n\times1$ 的系统状态向量；

$\boldsymbol{y}(t)$——$m\times1$ 的系统输出向量；

$\boldsymbol{A}$——$n\times n$ 的状态矩阵（或称系统矩阵），由控制对象的参数决定；

$\boldsymbol{B}$——$n\times r$ 的输入矩阵（或称控制矩阵）；

$\boldsymbol{C}$——$m\times n$ 的输出矩阵（或称观测矩阵）；

$\boldsymbol{D}$——$m\times r$ 的直接传输矩阵（或称输入输出矩阵）。

式（2-29a）为系统的状态方程，是由 n 个一阶微分方程组成的微分方程组；式（2-29b）为离散系统的状态空间模型，可表示为

$$\begin{cases} \boldsymbol{x}(k+1) = \boldsymbol{G}\boldsymbol{x}(k) + \boldsymbol{H}\boldsymbol{u}(k) \\ \boldsymbol{y}(k) = \boldsymbol{C}\boldsymbol{x}(k) + \boldsymbol{D}\boldsymbol{u}(k) \end{cases} \tag{2-30}$$

式中 $\boldsymbol{u}(k)$——系统的控制输入向量；

$\boldsymbol{x}(k)$——系统的状态向量；

$\boldsymbol{y}(k)$——系统的输出向量；

k——特定时刻的采样点；

$\boldsymbol{G}$——状态矩阵，由控制对象的参数决定；

$\boldsymbol{H}$——输入矩阵；

$\boldsymbol{C}$——输出矩阵；

$\boldsymbol{D}$——直接传输矩阵。

在 MATLAB 里，连续系统与离散系统都可以直接用矩阵组$[\boldsymbol{A},\boldsymbol{B},\boldsymbol{C},\boldsymbol{D}]$或$[\boldsymbol{G},\boldsymbol{H},\boldsymbol{C},\boldsymbol{D}]$的形式来表示。

MATLAB 中的函数 ss( )可用来建立控制系统的状态空间模型，或者将传递函数模型与零极点增益模型转换为系统状态空间模型。

ss( )函数的调用格式及其功能分别如下：

1）sys=ss(a,b, c, d)：该函数返回的变量 sys 为连续系统的状态空间模型，函数输入参量 $\boldsymbol{a}$、$\boldsymbol{b}$、$\boldsymbol{c}$、$\boldsymbol{d}$ 分别对应于系统的 $\boldsymbol{A}$、$\boldsymbol{B}$、$\boldsymbol{C}$、$\boldsymbol{D}$ 参数矩阵。

2）sys=ss(a,b, c, d, Ts)：该函数返回的变量 sys 为离散系统的状态空间模型，函数输

入参量 $\boldsymbol{a}$、$\boldsymbol{b}$、$\boldsymbol{c}$、$\boldsymbol{d}$ 分别对应于系统的 $\boldsymbol{G}$、$\boldsymbol{H}$、$\boldsymbol{C}$、$\boldsymbol{D}$ 参数矩阵。T_s 为采样周期，当 $T_s=-1$ 或者 $T_s=[\,]$ 时，则系统的采样周期未定义。

3）sys=ss(d)：该函数等价于 sys=ss([],[],[],d)。

4）sys_ss=ss(sys)：该函数可将任意的 LTI 对象 sys 转换成状态空间模型。

【例 2-9】已知某系统的状态空间表达式为

$$\begin{cases}\dot{\boldsymbol{x}}(t)=\begin{bmatrix}1 & 0 & 0 & 0\\ 0 & 1 & 0 & 0\\ 0 & 0 & 1 & 0\\ -1 & -5 & 0 & -2\end{bmatrix}\boldsymbol{x}(t)+\begin{bmatrix}0\\0\\0\\1\end{bmatrix}\boldsymbol{u}(t)\\ \boldsymbol{y}(t)=\begin{bmatrix}3 & 2 & 1 & 0\end{bmatrix}\boldsymbol{x}(t)\end{cases}$$

试采用 MATLAB 语言求出该系统的状态空间模型。

解：采用状态空间模型表示时，可在 MATLAB 命令窗口中输入以下命令：

```
>> A=[1 0 0 0;0 1 0 0;0 0 1 0;-1 -5 0 -2];
>> B=[0;0;0;1];
>> C=[3 2 1 0];D=0;
>> sys=ss(A,B,C,D)
```

上述指令执行后可得指定系统的状态空间模型为

```
a =
          x1   x2   x3   x4
    x1     1    0    0    0
    x2     0    1    0    0
    x3     0    0    1    0
    x4    -1   -5    0   -2

b =
          u1
    x1     0
    x2     0
    x3     0
    x4     1
c =
          x1   x2   x3   x4
    y1     3    2    1    0
d =
          u1
    y1     0
Continuous-time model.
```

2.5 数学模型的相互转换

在实际工程中，由于要解决的控制问题所需的数学模型与所给的已知数学模型往往是不一致的，不同的应用场合需要对控制系统的数学模型进行转换。例如，当作为共性的内容进行分析时，常常用传递函数形式，而在计算机仿真中利用状态空间描述最为方便。因此，讨论系统数学模型之间的转换具有实际的指导意义。

2.5.1 微分方程和状态空间表达式之间的转换

由系统的输入输出关系建立起系统状态空间表达式，是现代控制理论中的基本问题之一。将高阶微分方程转换为状态空间表达式应保持原系统输入输出关系不变。从分析可看到，这种变换方式并不是唯一的。

【例 2-10】 设系统微分方程为 $\dddot{y}+6\ddot{y}+8\dot{y}+5y=6u$，求系统的状态空间表达式。

解： 选择状态变量为

$$x_1=y \qquad \dot{x}_1=x_2$$

$$x_2=\dot{y} \qquad \dot{x}_2=x_3$$

$$x_3=\ddot{y} \qquad \dot{x}_3=-5x_1-8x_2-6x_3+6u$$

系统输出方程为

$$y=x_1$$

则系统的状态空间表达式为

$$\begin{bmatrix}\dot{x}_1\\ \dot{x}_2\\ \dot{x}_3\end{bmatrix}=\begin{bmatrix}0&1&0\\0&0&1\\-5&-8&-6\end{bmatrix}\begin{bmatrix}x_1\\x_2\\x_3\end{bmatrix}+\begin{bmatrix}0\\0\\6\end{bmatrix}u,\quad y=\begin{bmatrix}1&0&0\end{bmatrix}\begin{bmatrix}x_1\\x_2\\x_3\end{bmatrix}$$

【例 2-11】 已知系统的微分方程为 $\dddot{y}+4\ddot{y}+2\dot{y}+y=\ddot{u}+\dot{u}+3u$，试列写状态空间表达式。

解： 对照公式，微分方程中各项的系数为

$$a_1=4,a_2=2,a_3=1$$

$$b_0=0,b_1=1,b_2=1,b_3=3$$

代入 $\beta_i(i=0,1,\cdots,n)$ 的计算公式，可得系数

$$\beta_0=b_0=0$$

$$\beta_1=b_1-a_1\beta_0=1$$

$$\beta_2=b_2-a_1\beta_1-a_2\beta_0=-3$$

$$\beta_3=b_3-a_1\beta_2-a_2\beta_1-a_3\beta_0=13$$

根据式（2-27）和式（2-28），可得状态空间表达式为

$$\begin{bmatrix}\dot{x}_1\\ \dot{x}_2\\ \dot{x}_3\end{bmatrix}=\begin{bmatrix}0&1&0\\0&0&1\\-1&-2&-4\end{bmatrix}\begin{bmatrix}x_1\\x_2\\x_3\end{bmatrix}+\begin{bmatrix}1\\-3\\13\end{bmatrix}u$$

$$y=\begin{bmatrix}1&0&0\end{bmatrix}\begin{bmatrix}x_1\\x_2\\x_3\end{bmatrix}$$

2.5.2 传递函数和状态空间表达式之间的转换

【例 2-12】 考虑由下式确定的系统：

$$\frac{Y(s)}{U(s)}=\frac{s+3}{s^2+3s+2}$$

试求其状态空间表达式。

解：

$$\begin{bmatrix}\dot{x}_1(t)\\ \dot{x}_2(t)\end{bmatrix}=\begin{bmatrix}0 & 1\\ -2 & -3\end{bmatrix}\begin{bmatrix}x_1(t)\\ x_2(t)\end{bmatrix}+\begin{bmatrix}0\\ 1\end{bmatrix}u(t)$$

$$y(t)=\begin{bmatrix}3 & 1\end{bmatrix}\begin{bmatrix}x_1(t)\\ x_2(t)\end{bmatrix}$$

这是一个能控标准型的状态空间表达式。

$$\begin{bmatrix}\dot{x}_1(t)\\ \dot{x}_2(t)\end{bmatrix}=\begin{bmatrix}0 & -2\\ 1 & -3\end{bmatrix}\begin{bmatrix}x_1(t)\\ x_2(t)\end{bmatrix}+\begin{bmatrix}3\\ 1\end{bmatrix}u(t)$$

$$y(t)=\begin{bmatrix}0 & 1\end{bmatrix}\begin{bmatrix}x_1(t)\\ x_2(t)\end{bmatrix}$$

这是一个能观测标准型的状态空间表达式。

$$\begin{bmatrix}\dot{x}_1(t)\\ \dot{x}_2(t)\end{bmatrix}=\begin{bmatrix}-1 & 0\\ 0 & -2\end{bmatrix}\begin{bmatrix}x_1(t)\\ x_2(t)\end{bmatrix}+\begin{bmatrix}1\\ 1\end{bmatrix}u(t)$$

$$y(t)=\begin{bmatrix}2 & -1\end{bmatrix}\begin{bmatrix}x_1(t)\\ x_2(t)\end{bmatrix}$$

这是一个对角线标准型的状态空间表达式。

【例 2-13】 设系统状态空间表达式为

$$\begin{bmatrix}\dot{x}_1\\ \dot{x}_2\end{bmatrix}=\begin{bmatrix}0 & 1\\ -5 & -4\end{bmatrix}\begin{bmatrix}x_1\\ x_2\end{bmatrix}+\begin{bmatrix}0\\ 1\end{bmatrix}u,y=\begin{bmatrix}1 & 1\end{bmatrix}\begin{bmatrix}x_1\\ x_2\end{bmatrix}$$

求系统传递函数。

解： 这是一个单输入单输出系统，则

$$G(s)=\frac{Y(s)}{U(s)}=\boldsymbol{C}(s\boldsymbol{I}-\boldsymbol{A})^{-1}\boldsymbol{B}$$

$$=\begin{bmatrix}1 & 1\end{bmatrix}\begin{bmatrix}s & -1\\ 5 & s+4\end{bmatrix}^{-1}\begin{bmatrix}0\\ 1\end{bmatrix}=\begin{bmatrix}1 & 1\end{bmatrix}\frac{\begin{bmatrix}s+4 & 1\\ -5 & s\end{bmatrix}}{s^2+4s+5}\begin{bmatrix}0\\ 1\end{bmatrix}$$

$$=\frac{s+1}{s^2+4s+5}$$

求出传递函数，还可以将传递函数取拉普拉斯反变换求得微分方程。

2.5.3 利用 MATLAB 对数学模型进行相互转换

在工程实际应用中，常常需要对控制系统的数学模型进行相互转换，以便根据不同的场合灵活运用。前面介绍的系统数学模型函数本身具有转换功能，但是在很多情况下使用这些函数还是不能满足需要，或者使用起来不太方便。

在 MATLAB 的信号处理工具箱与控制系统工具箱中，提供了传递函数模型、零极点增益模型与状态空间模型之间转换的函数：ss2tf( )、ss2zp( )、tf2ss( )、tf2zp( )、zp2ss( )和zp2tf( )。这些函数之间的转换功能见表 2-2。

表 2-2 数学模型之间的转换函数及其功能

函 数 名	函 数 功 能
ss2tf	将系统状态空间模型转换为传递函数模型
ss2zp	将系统状态空间模型转换为零极点增益模型
tf2ss	将系统传递函数模型转换为状态空间模型
tf2zp	将系统传递函数模型转换为零极点增益模型
zp2ss	将系统零极点增益模型转换为状态空间模型
zp2tf	将系统零极点增益模型转换为传递函数模型

【例 2-14】 已知某系统的传递函数为

$$G(s)=\frac{12s^3+24s^2+12s+20}{2s^4+4s^3+6s^2+2s+2}$$

试用 MATLAB 语言求出该系统的传递函数模型、状态空间模型和零极点增益模型。

解： 1）求系统的传递函数模型。在 MATLAB 命令窗口输入以下命令：

```
>>num=[12 24 12 20];
>>den=[2 4 6 2 2];
>>sys=tf(num, den)
```

执行以上语句后可得到系统的传递函数模型为

```
12 s^3 + 24 s^2 + 12 s + 20
---------------------------------------------
2 s^4 + 4 s^3 + 6 s^2 + 2 s + 2
```

2）求系统的状态空间模型。该系统的状态空间模型可以通过 MATLAB 的模型转换函数来完成。在 MATLAB 命令窗口输入以下命令：

```
>>[a,b,c,d]=tf2ss(num,den);
>>sys=ss(a,b,c,d)
```

执行完上述语句后，可得系统的状态空间模型的状态矩阵 $\boldsymbol{a}$、系统输入矩阵 $\boldsymbol{b}$，系统输出矩阵 $\boldsymbol{c}$、系统直接传输矩阵 $\boldsymbol{d}$：

```
a =
          x1   x2   x3   x4
     x1   -2   -3   -1   -1
     x2    1    0    0    0
     x3    0    1    0    0
     x4    0    0    1    0
b =
          u1
```

```
      x1    1
      x2    0
      x3    0
      x4    0
c =
           x1   x2   x3   x4
      y1    6   12    6   10
d =
           u1
      y1    0
Continuous-time model.
```

由以上数据可写出系统的状态空间模型为

$$\begin{cases}\dot{\boldsymbol{x}}(t)=\begin{bmatrix}-2 & -3 & -1 & -1\\ 1 & 0 & 0 & 0\\ 0 & 1 & 0 & 0\\ 0 & 0 & 1 & 0\end{bmatrix}\boldsymbol{x}(t)+\begin{bmatrix}1\\0\\0\\0\end{bmatrix}\boldsymbol{u}(t)\\ \boldsymbol{y}(t)=\begin{bmatrix}6 & 12 & 6 & 10\end{bmatrix}\boldsymbol{x}(t)\end{cases}$$

3）求系统的零极点增益模型。该系统的零极点增益模型也可以通过 MATLAB 的模型转换函数来完成。在 MATLAB 命令窗口输入以下命令：

```
>> [z, p, k] = tf2zp(num, den);
>> sys= zpk(z, p, k)
```

执行以上语句后可得系统的零极点增益模型为

```
Zero/pole/gain:
      6 (s+1.929) (s^2 + 0.07058s + 0.8638)
------------------------------------------------------------------
(s^2 + 0.08663s + 0.413) (s^2 + 1.913 s + 2.421)
```

本章小结

本章介绍了几种控制系统中常用的数学模型形式，其中，系统的微分方程是最基本、最常用的；通过拉普拉斯变换得到的传递函数也是表达系统性能的常见数学模型；若系统内部的结构较复杂，又要表示出各变量之间的信号传递关系，就可以采用动态结构图来描述；此外，为了反映出系统中变量的初始状态，还可以用状态变量来描述系统的数学模型。要明确各类数学模型的定义、特点、表示方法，掌握数学模型的建立过程，为后面的实际应用打下良好的基础。

在实际应用中，可以根据系统的性能和表达方式来合理地选择数学模型的类别，也可以将各种不同模型进行转换，以得到一个最适合的模型，用于控制系统的分析和讨论。

MATLAB 提供了数学模型的建立和模型间的转换函数，可采用传递函数模型、零极点增益模型、状态空间模型以及动态结构图等来表示控制系统。在 MATLAB 中，用 tf( ) 函数建立传递函数模型；用 zpk( )函数建立零极点增益模型；用 ss( )函数建立状态空间模型。除了采用环节功能图模型的等效变换，MATLAB 工具箱中还提供了 ss2tf( )、ss2zp( )、tf2ss( )、tf2zp( )、zp2ss( )、zp2tf( )等函数，可方便地实现传递函数模型、零极点增益模型与状态空间模型之间的转换功能。

习题

2-1　什么是系统的数学模型？在自动控制系统中常见的数学模型形式有哪些？

2-2　什么是传递函数？传递函数的应用条件是什么？传递函数有哪些特点？

2-3　定性比较微分方程、传递函数、动态结构图、状态空间表达式的特点和各类数学模型之间的转换方法。

2-4　试按微分方程数学模型的建立方法，建立图 2-20 所示电路的动态微分方程。

2-5　自动控制系统常见的典型环节有哪些？各典型环节传递函数的表达形式是什么？

2-6　功能图由哪四大要素组成？系统的功能图有哪几种基本连接方式？

2-7　用功能图等效化简法求图 2-21 所示系统的传递函数$\dfrac{C(s)}{R(s)}$。

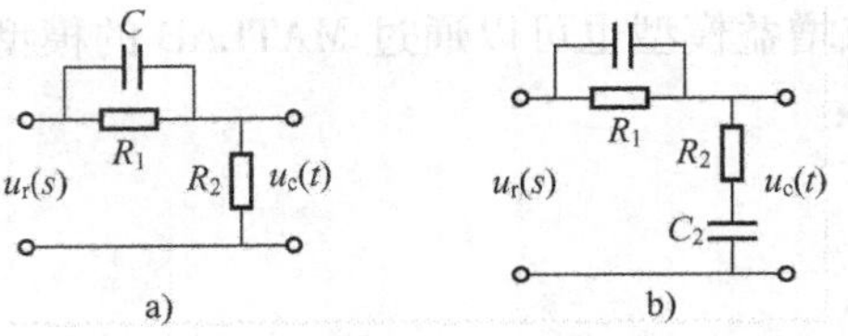

图 2-20　习题 2-4 图

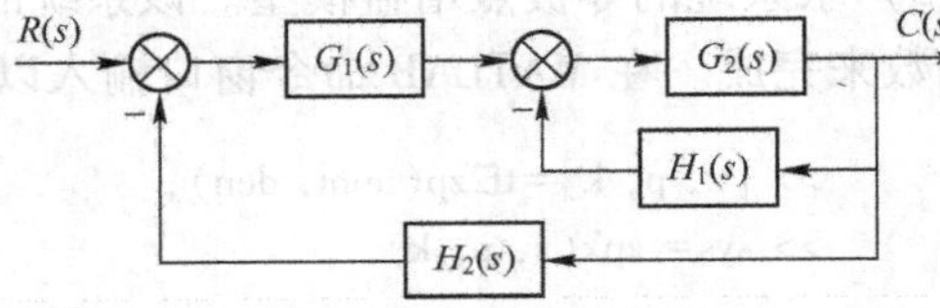

图 2-21　习题 2-7 图

2-8　已知系统的微分方程为

（1）$\dddot{y}+11\ddot{y}+20\dot{y}+7y=8u$

（2）$\dddot{y}+6\ddot{y}+8\dot{y}+5y=6u$

写出它们的状态方程和输出方程。

2-9　考虑以下系统的传递函数：

$$\frac{Y(s)}{U(s)}=\frac{s+6}{s^2+5s+6}$$

试求该系统状态空间表达式的能控标准型和能观测标准型。

2-10　考虑由下式定义的系统：

$$\begin{cases}\dot{\boldsymbol{x}}=\boldsymbol{A}\boldsymbol{x}+\boldsymbol{B}u\\ y=\boldsymbol{C}\boldsymbol{x}\end{cases}$$

式中

（1）$\boldsymbol{A}=\begin{bmatrix}-1 & 0 & 1\\ 1 & -2 & 0\\ 0 & 0 & -3\end{bmatrix}$，$\boldsymbol{B}=\begin{bmatrix}0\\0\\1\end{bmatrix}$，$\boldsymbol{C}=[1\quad 1\quad 0]$

（2）$A=\begin{bmatrix}0 & 1 & 0\\ 0 & 0 & 1\\ -1 & -2 & -3\end{bmatrix}$，$B=\begin{bmatrix}10\\ 0\\ 0\end{bmatrix}$，$C=[10\quad 0]$

试求其传递函数 $Y(s)/U(s)$。

2-11　已知某控制系统的微分方程为

$$\frac{d^2y}{dt^2}+6\frac{dy}{dt}+2y=8\frac{du}{dt}+u$$

将其分别表示为传递函数、一阶微分方程组和状态空间描述。

2-12　给定系统的传递函数为

$$\frac{Y(s)}{U(s)}=\frac{s+8}{(s+1)(s^2+2s+1)}$$

将其转换为状态空间描述，并写出系统的一阶微分方程组形式。

2-13　给定下列原函数，求其拉普拉斯变换：

（1）$f(t)=1-te^{-t}$

（2）$f(t)=t^2+2t+2$

2-14　已知如下象函数，利用拉普拉斯反变换求其原函数：

（1）$F(s)=\frac{1}{(s+1)(s+2)}$

（2）$F(s)=\frac{1}{s(s+1)}$

2-15　已知连续系统的系数矩阵为

$$A=\begin{bmatrix}-3 & 1 & -0.5\\ 10 & 1 & 0\\ -15 & -89 & -4\end{bmatrix},B=\begin{bmatrix}10\\ 0\\ 20\end{bmatrix},C=[10\quad 20\quad 30],D=[0]$$

在 MATLAB 环境下输入该系统模型，将其转换为等效的传递函数模型、零极点增益模型。

2-16　已知系统传递函数为

$$\frac{2s^3+3s^2+2s+8}{s^4+5s^3+4s^2+8s+2}$$

在 MATLAB 环境下输入该系统模型并将其转换为等效的状态空间模型、零极点增益模型。

2-17　已知系统状态方程为

$$A=\begin{bmatrix}8 & -4 & 3\\ 6 & 0 & 0\\ 0 & 4 & 0\end{bmatrix},\quad B=\begin{bmatrix}2\\ 0\\ 0\end{bmatrix},\quad C=[5\quad -4.375\quad 4.375],\quad D=[0]$$

试利用 ss2tf( ) 函数进行状态方程的等效变换。

第 3 章　线性离散系统的数学描述

近年来，随着数字计算机，特别是微型计算机在控制系统中得到广泛的应用，分析和综合这类系统的离散控制理论得到了迅速的发展。

计算机控制系统可以看作采样控制系统，也可以看作时间离散控制系统。和连续控制系统类似，任何离散控制系统也必须工作于稳定状态，而且要满足稳态性能指标和动态性能指标的要求，控制系统还应该具有一定的抑制干扰信号的能力。本章讨论计算机控制系统的数学描述方法，包括离散系统的时域描述——差分方程、z 变换以及状态空间表达式。

3.1　线性离散系统概述

在连续系统中，系统所有的变量都是连续时间的函数，即在 $t>0$ 的任何时刻都有定义，这样的信号称为连续时间信号。如果信号只有在时间的一些离散点上或区间上有定义，则称这样的信号为离散时间信号，简称离散信号。如果一个系统中的变量有离散时间信号，就把这个系统叫作离散时间系统，简称离散系统。如果系统中的离散时间信号是通过对系统中的连续时间信号采样得到的，就称这样的系统为采样系统。如果系统中的离散信号是经过量化而成为数字序列形式的数字信号，则可称这样的系统为数字系统。有数字计算机参与控制的控制系统称为计算机控制系统，计算机控制系统是最常见的一种数字控制系统。

在很多情况下，采样系统经过等效变换都可以表示成图 3-1 所示的典型结构。与连续系统相比较，很明显，采样系统中增加了采样开关（采样器）和保持器（信号复现滤波器）两个环节。图中 $e^*(t)$ 为一脉冲序列，称为采样信号。

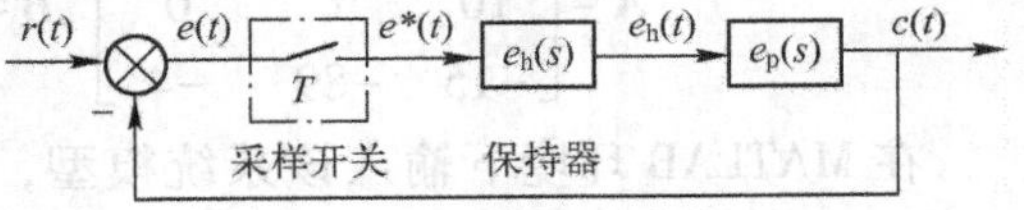

图 3-1　采样系统典型结构

3.2　离散系统的时域描述——差分方程

3.2.1　差分方程

对于线性连续系统，其输入和输出之间可用线性常系数微分方程来描述，与线性连续系统类似，对于线性离散系统，其输入和输出之间可用线性常系数差分方程来描述。常系数差分方程的基本形式和线性常系数微分方程类似，但差分方程有前向差分方程和后向差分方程之分。

两个采样点信息之间的差值即称为差分，在差分方程中，自变量是离散的，方程的各项包含这种离散变量的函数，还包含这种函数增序或减序的函数。差分方程未知函数中变量的最高和最低序号的差数称为方程的阶数。对于一个单输入单输出线性定常离散系统，在某一个采样时刻的输出值 $y(k)$ 不仅与这一时刻的输入值 $r(k)$ 有关，而且与过去时刻的输入值 $r(k-1),r(k-2),\cdots$ 有关，还与过去的输出值 $y(k-1),y(k-2),\cdots$ 有关。这种线性离散系统的差分方程一般式为

$$
\begin{aligned}
& y(k)+a_1y(k-1)+\cdots+a_{n-1}y(k-n-1)+a_ny(k-n) \\
& =b_0r(k)+b_1r(k-1)+\cdots+b_{m-1}r(k-m-1)+b_mr(k-m)
\end{aligned} \tag{3-1}
$$

式中，系数 $a_1,a_2,\cdots,a_n,b_0,b_1,\cdots,b_m$ 均为常实数；n 为方程的阶次。因此式（3-1）称为 n 阶后向非齐次差分方程。对于 n 阶差分方程，系数 $a_n\neq 0$，其余 a_1，a_2，$\cdots$，a_{n-1} 都可能为零。若 $a_n=0$，相当于方程的阶次降为 $n-1$ 阶。与式（3-1）类似，n 阶前向非齐次差分方程的基本形式为

$$
\begin{aligned}
& y(k+n)+a_1y(k+n-1)+\cdots+a_{n-1}y(k-1)+a_ny(k) \\
& =b_0r(k+m)+b_1r(k+m-1)+\cdots+b_{m-1}r(k-1)+b_mr(k)
\end{aligned} \tag{3-2}
$$

式中，系数 a_1，$a_2,\cdots$，a_n,b_0，$b_1,\cdots,b_m$ 均为常实数；n 为方程的阶次。

用两种形式的差分方程描述的系统没有本质的区别，实际应用中，应根据具体情况来确定用哪一种。

和微分方程类似，差分方程可以是齐次的或非齐次的；定常的或时变的；线性或非线性的。

3.2.2 差分方程的求解

差分方程的求解就是在系统初始值和输入序列已知的条件下，求出差分方程描述的系统在任何时刻的输出序列值。常系数线性差分方程的常用求解方法有经典解法、基于解析方法的 z 变换法和基于计算机求解的迭代法三种基本方法。

3.3 z 变换

3.3.1 z 变换的定义

在连续系统的分析中，应用拉普拉斯变换可将系统的微分方程转化为代数方程，并由此建立了以传递函数为基础的复域分析法，使得问题大大简化。同样，在离散系统的分析中，采用 z 变换可以建立以脉冲传递函数为基础的分析方法。

离散信号的数学表达式为

$$
e^*(t)=\sum_{k=0}^{\infty}e(nT)\delta(t-nT) \tag{3-3}
$$

将式（3-3）进行拉普拉斯变换，可得采样函数 $e^*(t)$ 的拉普拉斯变换式，用 $E^*(s)$ 表示为

$$
L[e^*(t)]=E^*(s)=\sum_{n=0}^{\infty}e(nT)\mathrm{e}^{-nTs} \tag{3-4}
$$

如果引入新的复变量 z，使 $z=\mathrm{e}^{Ts}$，则 $E^*(s)$ 将变成新变量 z 的函数，通常用 $E(z)$ 来表示，即

$$E(z)=E^*(s)=\sum_{n=0}^{\infty}e(nT)z^{-n}$$

我们称$E(z)$为$e^*(t)$的z变换，记作$Z[e^*(t)]$，即

$$E(z)=Z[e^*(t)]=e(0)+e(T)z^{-1}+e(2T)z^{-2}+e(3T)z^{-3}+\cdots$$

$$=\sum_{n=0}^{\infty}e(nT)z^{-n} \tag{3-5}$$

这里应强调指出，只有离散函数$e^*(t)$才能定义z变换。如果说对连续函数$e(t)$进行z变换时，这就是指对它的离散函数$e^*(t)$进行z变换。因为$e(t)$与$E(s)$是唯一对应的，所以如果说对象函数$E(s)$进行z变换，也就是指对其原函数$e(t)$的采样函数$e^*(t)$进行z变换。为了书写方便，通常把$e^*(t)$的z变换记作

$$E(z)=Z[e^*(t)]=Z[e(t)]=Z[E(s)]$$

$$=\sum_{n=0}^{\infty}e(nT)z^{-n} \tag{3-6}$$

3.3.2 z变换的求解方法

1. 用定义求z变换（级数求和）

（1）单位理想脉冲函数　设$e(t)=\delta(t)$，因为$\delta(t)$只在$t=0$处存在，其他时刻均为零，所以其z变换为

$$E(z)=Z[e^*(t)]=e(0)+e(T)z^{-1}+e(2T)z^{-2}+e(3T)z^{-3}+\cdots=\sum_{n=0}^{\infty}e(nT)z^{-n} \tag{3-7}$$

$$E(z)=Z[\delta(t)]=1$$

（2）单位阶跃函数　设$e(t)=1(t)$，由于单位阶跃函数的离散函数为

$$e^*(t)=\sum_{n=0}^{\infty}\delta(t-nT)$$

z变换为

$$E(z)=Z[1(t)]=\sum_{n=0}^{\infty}z^{-n}$$

$$=1+z^{-1}+z^{-2}+z^{-3}+\cdots$$

若$|z|>1$，则上式便可缩写成如下的闭合形式，即

$$E(z)=Z[1(t)]=\frac{1}{1-z^{-1}}=\frac{z}{z-1} \tag{3-8}$$

（3）指数函数　衰减指数函数$e(t)=\mathrm{e}^{-at}$在各采样时刻上的采样值1，e^{-aT}，e^{-2aT}，e^{-3aT}，…代入式中，得

$$E(z)=\sum_{n=0}^{\infty}e(nT)z^{-n}$$

$$=1+\mathrm{e}^{-aT}z^{-1}+\mathrm{e}^{-2aT}z^{-2}+\cdots+\mathrm{e}^{-naT}z^{-n}+\cdots$$

上式中若条件

$$|\mathrm{e}^{aT}z|>1$$

成立，则可写成下列闭合形式，即

$$E(z)=Z[e^{-at}]=\frac{1}{1-e^{-aT}z^{-1}}=\frac{z}{z-e^{-aT}} \tag{3-9}$$

2. 部分分式法

利用指数函数的 z 变换，将传递函数展开为$\frac{A}{s+a}$形式，利用 $e(t)=Ae^{-at}$ 的 z 变换 $E(z)=Z[e^{-at}]==\frac{Az}{z-e^{-aT}}$来求解。

【例 3-1】 求 $E(s)=\frac{a}{s(s+a)}$的 z 变换。

解：将 $E(s)$ 进行部分分式展开 $E(s)=\frac{a}{s(s+a)}=\frac{1}{s}-\frac{1}{s+a}$

对 $E(s)$ 进行拉普拉斯反变换 $L^{-1}[E(s)]=L^{-1}\left[\frac{1}{s}-\frac{1}{s+a}\right]=1(t)-e^{-at}$

$$E(z)=Z[1(t)-e^{-at}]=\frac{z}{z-1}-\frac{z}{z-e^{-aT}}=\frac{z(1-e^{-aT})}{(z-1)(z-e^{-aT})}$$

3.3.3 z 变换的基本性质

与拉普拉斯变换类似，z 变换也有一些基本性质，应用这些基本性质可以简化 z 变换的运算。

（1）线性定理

$$Z[ae_1(t)\pm be_2(t)]=aZ[e_1(t)]\pm bZ[e_2(t)]=aE_1(z)\pm bE_2(z) \tag{3-10}$$

式中，a、b 为常数。

（2）实数位移定理或延迟定理　设 $z[e(t)]=E(z)$，则

$$Z[e(t-nT)]=z^{-n}E(z) \tag{3-11}$$

式中，n 为正整数。

（3）超前定理　设 $z[e(t)]=E(z)$，则

$$Z[e(t+nT)]=z^n\left[E(z)-\sum_{k=0}^{n-1}e(kT)z^{-k}\right] \tag{3-12}$$

（4）复位移定理　设 $e(t)$ 的 z 变换为 $E(z)$，则有

$$Z[e(t)e^{\mp at}]=E(ze^{\pm aT}) \tag{3-13}$$

（5）初值定理　设 $e(t)$ 的 z 变换为 $E(z)$，且极限$\lim_{z\to\infty}E(z)$存在，则

$$\lim_{t\to 0}e^*(t)=\lim_{z\to\infty}E(z) \tag{3-14}$$

（6）终值定理　设 $e(t)$ 的 z 变换为 $E(z)$，且 $e(nT)$ 为有限值，$n=0,1,2,3,\cdots$，则

$$e(\infty)=\lim_{z\to 1}\frac{z-1}{z}E(z) \tag{3-15}$$

3.3.4 z 反变换

在连续系统中，根据系统的传递函数与输入信号的拉普拉斯变换可以求得输出信号的拉普拉斯变换，然后再应用拉普拉斯反变换可求得系统的时间响应。同样，在离散系统中，根

据输出信号的 z 变换，应用 z 反变换也可求得离散系统的时间响应。

所谓 z 反变换，就是已知 z 变换表达式 $E(z)$，求相应时域脉冲序列 $e^*(t)$ 的变换。

1. 部分分式展开法

部分分式展开法是将 $E(z)$ 展成若干个分式和的形式，而每一个分式可通过 z 变换表查出所对应的时间函数 $e(t)$，并将其转换为脉冲信号 $e^*(t)$。在进行部分分式展开时，与拉普拉斯变换稍有不同，由 z 变换表可见，除个别信号外，大多数信号的 z 变换式在其分子上都有因子 z，所以应先把 $E(z)/z$ 展开成部分分式之和，然后将所得结果的每一项都乘以 z，即得$E(z)$的展开式。下面举例说明。

【例 3-2】 已知 z 变换式为 $E(z)=\dfrac{10z}{(z-1)(z-2)}$，试求其 z 反变换。

解： 首先将 $E(z)/z$ 展开成部分分式得

$$\frac{E(z)}{z}=\frac{10}{(z-1)(z-2)}=\frac{10}{z-2}-\frac{10}{z-1}$$

$$E(z)=\frac{10z}{z-2}-\frac{10z}{z-1}$$

$$Z^{-1}\left[\frac{z}{z-1}\right]=1 \quad Z^{-1}\left[\frac{z}{z-2}\right]=2^n$$

$$\begin{aligned}e^*(t)&=\sum_{k=0}^{\infty}e(nT)\delta(t-nT)=e(0)\delta(t)+e(T)\delta(t-T)+e(2T)\delta(t-2T)+\cdots\\&=0+10\delta(t-T)+30\delta(t-2T)+70\delta(t-3T)+\cdots\end{aligned}$$

2. 幂级数法（综合除法）

通常 $E(z)$是 z 的有理分式函数，可表示为两个关于 z 的多项式之比，即

$$E(z)=\frac{b_0z^m+b_1z^{m-1}+\cdots+b_m}{a_0z^n+a_1z^{n-1}+\cdots+a_n} \quad (n>m)$$

$$E(z)=e(0)z^0+e(T)z^{-1}+e(2T)z^{-2}+\cdots$$

用长除法求出分式的商，将会具有上式的级数形式，级数中各个项的系数将会是时间函数在各采样时间的值，从这些值可以进一步构成整个过渡过程。

【例 3-3】 已知 z 变换式为 $E(z)=\dfrac{10z}{(z-1)(z-2)}$，试求其 z 反变换。

解： $E(z)=\dfrac{10z}{(z-1)(z-2)}=\dfrac{10z^{-1}}{1-3z^{-1}+2z^{-2}}$

应用综合除法

$$\begin{array}{r@{\,}l}
 & 10z^{-1}+30z^{-2}+70z^{-3}+\cdots \\
1-3z^{-1}+2z^{-2}\,\big) & 10z^{-1} \\
 & \underline{-)\ 10z^{-1}-30z^{-2}+20z^{-3}} \\
 & 30z^{-2}-20z^{-3} \\
 & \underline{-)\ 30z^{-2}-90z^{-2}+60z^{-4}} \\
 & 70z^{-2}-60z^{-4} \\
 & \underline{-)\ 70z^{-3}-210z^{-4}+140z^{-5}} \\
 & \cdots
\end{array}$$

$$E(z)=10z^{-1}+30z^{-2}+70z^{-3}+\cdots$$

$$e^*(t)=\sum_{k=0}^{\infty}e(nT)\delta(t-nT)=e(0)\delta(t)+e(T)\delta(t-T)+e(2T)\delta(t-2T)+\cdots$$
$$=0+10\delta(t-T)+30\delta(t-2T)+70\delta(t-3T)+\cdots$$

3.3.5 用 z 变换求解差分方程

线性连续系统的动态过程用微分方程描述，相应地，线性离散系统的动态过程可用差分方程加以描述。如同用拉普拉斯变换解微分方程一样，在离散系统中可用 z 变换来求解差分方程，将求解运算方程变换为以 z 为变量的代数方程进行代数运算。这种变换主要应用 z 变换超前定理和滞后定理。

z 变换法求解差分方程的步骤如下：

对描述离散系统的差分方程进行 z 变换，并利用 z 变换的实数位移定理，将时域差分方程化为 z 域的代数方程，代入初始条件求其解，再将 z 域的代数方程经 z 反变换求得差分方程的时域解。

【例 3-4】 用 z 变换法求解差分方程 $y(k+2)+5y(k+1)+6y(k)=0$，其中初始条件为 $y(0)=0$，$y(1)=1$。

解：方程两边取 z 变换得

$$Z[y(k+2)+5y(k+1)+6y(k)]=0$$

由超前定理可得

$$[z^2Y(z)-z^2y(0)-zy(1)]+5[zY(z)-zy(0)]+6Y(z)=0$$

代入初始条件得

$$(z^2+5z+6)Y(z)=z$$

整理得

$$Y(z)=\frac{z}{z^2+5z+6}=\frac{z}{(z+2)(z+3)}=\frac{z}{z+2}-\frac{z}{z+3}$$

对上式两边进行 z 变换，有

$$y(k)=(-2)^k-(-3)^k\quad(k=0,1,2,\cdots)$$

3.4 脉冲传递函数

3.4.1 脉冲传递函数的定义

类似连续系统的传递函数定义，在离散控制系统中，脉冲传递函数定义如下：

在零初始条件下输出 $c^*(t)$ 的 z 变换和输入 $r^*(t)$ 的 z 变换式之比，即

$$G(z)=\frac{C(z)}{R(z)}\tag{3-16}$$

脉冲传递函数 $G(z)$ 描述了离散控制系统中环节或者系统的输出信号和输入信号之间的关系，它反映了环节或者系统的物理特性。

值得提出的是，在列写具体环节的脉冲传递函数时，必须特别注意，在该环节的两侧都

应该设置同步采样器，如图 3-2 所示。显然有

$$C(z)=G(z)R(z) \tag{3-17}$$

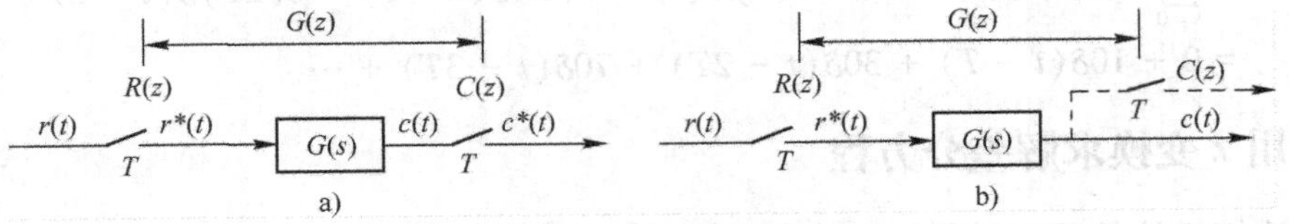

图 3-2　开环采样系统

而　　　　$c^*(t)=Z^{-1}[C(z)]=Z^{-1}[G(z)R(z)]$

因此，求取 $c^*(t)$ 的关键仍在于求取系统的脉冲传递函数 $G(z)$。

3.4.2　开环系统的脉冲传递函数

离散系统中，n 个环节串联时，串联环节间有无同步采样开关，等效的脉冲传递函数是不相同的。

1. 串联环节间无同步采样开关

图 3-3 a 所示串联环节间无同步采样开关时，其脉冲传递函数 $G(z)=C(z)/E(z)$。可由描述连续工作状态的传递函数 $G_1(s)$ 与 $G_2(s)$ 的乘积 $G_1(s)G_2(s)$ 求取，记为

$$G(z)=Z[G_1(s)G_2(s)]=G_1G_2(z) \tag{3-18}$$

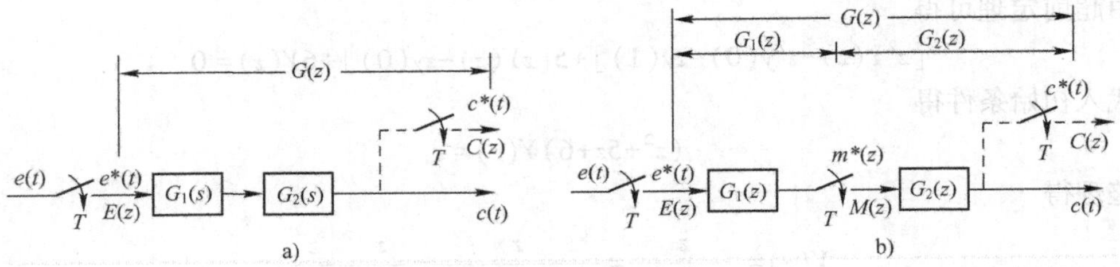

图 3-3　开环采样系统结构图

式（3-18）表明，两个串联环节间无同步采样开关隔离时，等效的脉冲传递函数等于这两个环节传递函数乘积的 z 变换。

上述结论可以推广到无采样开关隔离的 n 个环节相串联的情况中，即

$$G(z)=Z[G_1(s)G_2(s)\cdots G_n(s)]=G_1G_2\cdots G_n(z) \tag{3-19}$$

【例 3-5】两串联环节 $G_1(s)$ 和 $G_2(s)$ 之间无同步采样开关，$G_1(s)=\dfrac{a}{s+a}$，$G_2(s)=\dfrac{1}{s}$，求串联环节等效的脉冲传递函数 $G(z)$。

解：

$$G(z)=G_1G_2(z)=Z[G_1(s)G_2(s)]=Z\left[\frac{a}{s(s+a)}\right]=Z\left[\frac{1}{s}-\frac{1}{s+a}\right]$$

$$=\frac{z}{z-1}-\frac{z}{z-\mathrm{e}^{-aT}}=\frac{z(1-\mathrm{e}^{-aT})}{(z-1)(z-\mathrm{e}^{-aT})}$$

2. 串联环节间有同步采样开关

图 3-3b 所示两串联环节间有同步采样开关隔离时，有

$$M(z)=G_1(z)E(z), G_1(z)=Z[G_1(s)]$$
$$C(z)=G_2(z)M(z), G_2(z)=Z[G_2(s)]$$

于是，脉冲传递函数为 $G(z)=\dfrac{C(z)}{E(z)}=G_1(z)G_2(z)$ (3-20)

式 (3-20) 表明，有同步采样开关隔开的两个环节串联时，其等效的脉冲传递函数等于这两个环节脉冲传递函数的乘积。上述结论可以推广到有同步采样开关隔开的 n 个环节串联的情况，即

$$G(z)=Z[G_1(s)]Z[G_2(s)]\cdots Z[G_n(s)]=G_1(z)G_2(z)\cdots G_n(z) \tag{3-21}$$

【例 3-6】两串联环节 $G_1(s)$ 和 $G_2(s)$ 之间有同步采样开关，$G_1(s)=\dfrac{a}{s+a}$，$G_2(s)=\dfrac{1}{s}$，求串联环节等效的脉冲传递函数 $G(z)$。

解：

$$G(z)=G_1(z)G_2(z)=Z[G_1(s)]Z[G_2(s)]=Z\left[\frac{a}{s+a}\right]Z\left[\frac{1}{s}\right]$$
$$=\frac{az}{z-\mathrm{e}^{-aT}}\frac{z}{z-1}=\frac{az^2}{(z-1)(z-\mathrm{e}^{-aT})}$$

综上分析，在串联环节间有无同步采样开关隔离，其等效的脉冲传递函数是不相同的，即

$$G_1G_2(z)\neq G_1(z)G_2(z)$$

3. 环节与零阶保持器串联

数字控制系统中通常有零阶保持器与环节串联的情况，如图 3-4 所示。零阶保持器的传递函数为 $H_0(s)=\dfrac{1-\mathrm{e}^{-Ts}}{s}$，与之串联的另一个环节的传递函数为 $G_0(s)$。两串联环节之间无同步采样开关隔离。

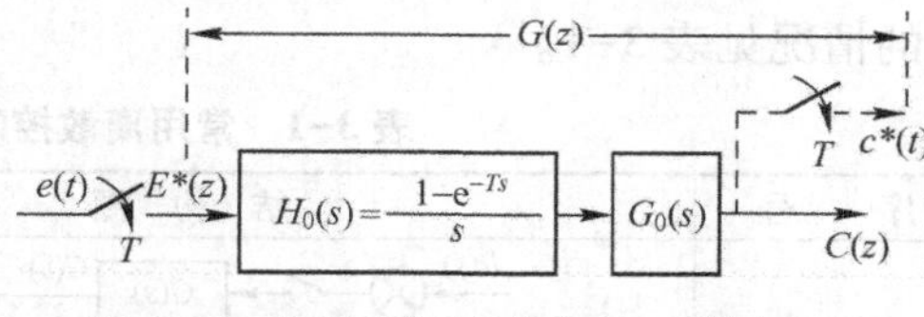

图 3-4 有零阶保持器的开环采样系统

$$G(z)=\frac{C(z)}{E(z)}=Z\left[\frac{1-\mathrm{e}^{-Ts}}{s}G_0(s)\right]=Z\left[\frac{G_0(s)}{s}-\mathrm{e}^{-Ts}\frac{G_0(s)}{s}\right]=Z\left[\frac{G_0(s)}{s}\right]-z^{-1}Z\left[\frac{G_0(s)}{s}\right]$$
$$=(1-z^{-1})Z\left[\frac{G_0(s)}{s}\right] \tag{3-22}$$

3.4.3 闭环系统的脉冲传递函数

在连续控制系统中，根据闭环控制系统的结构图及开环传递函数可以确定闭环传递函数，但是在离散控制系统中，即使闭环传递函数结构相同，由于采样开关位置不同，得到的闭环脉冲传递函数是不同的，即闭环脉冲传递函数无法由开环脉冲传递函数确定。因此在求闭环脉冲传递函数的时候，尤其要注意设采样系统的采样开关的位置。

典型的离散系统结构图如图 3-5 所示，图中所有采样开关都同步工作，采样周期为 T。

其闭环脉冲传递函数 $\Phi(z)=\dfrac{C(z)}{R(z)}$求取如下：

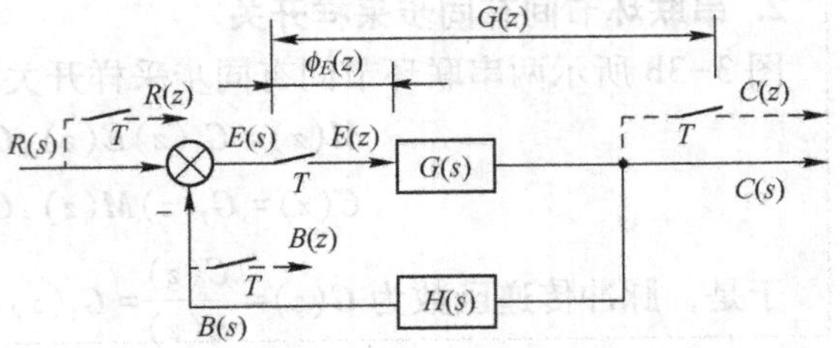

图 3-5　闭环采样系统

由图 3-5 可知

$$e^*(t)=r^*(t)-b^*(t)$$

即

$$E(z)=R(z)-B(z)=R(z)-E(z)Z[G(s)H(s)]=R(z)-E(z)GH(z) \tag{3-23}$$

由（3-23）得

$$E(z)=\frac{R(z)}{1+GH(z)}$$

式中 $GH(z)=Z[G(s)H(s)]$。

整理得偏差脉冲传递函数为

$$\Phi_E(z)=\frac{E(z)}{R(z)}=\frac{1}{1+GH(z)}$$

将 $E(z)=\dfrac{R(z)}{1+GH(z)}$代入 $C(z)=G(z)E(z)$得闭环脉冲传递函数 $\Phi(z)$为

$$\Phi(z)=\frac{C(z)}{R(z)}=\frac{G(z)}{1+GH(z)} \tag{3-24}$$

应当指出，一般来说，采样系统结构图的形式将随着采样开关的位置及其个数的不同而不同。不同结构形式的脉冲传递函数一般也是不同的，这里限于篇幅不再一一讨论。一些常见的情况见表 3-1。

表 3-1　常用离散控制系统结构图及其输出表达式

序　号	结　构　图	输出 $C(z)$
1	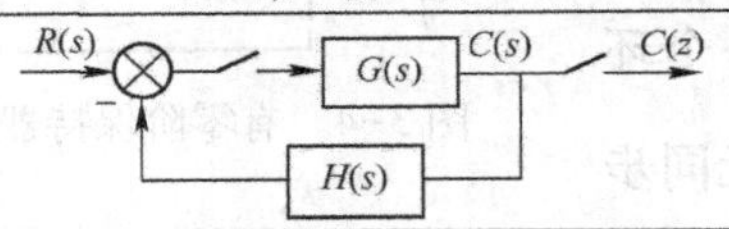	$C(z)=\dfrac{G(z)R(z)}{1+GH(z)}$
2	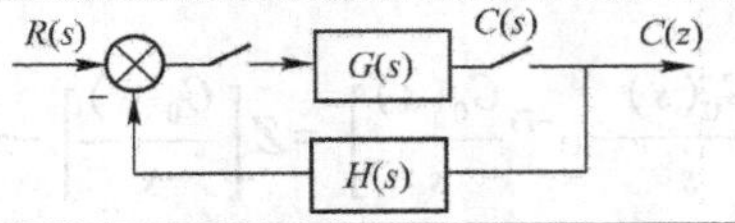	$C(z)=\dfrac{G(z)R(z)}{1+G(z)H(z)}$
3	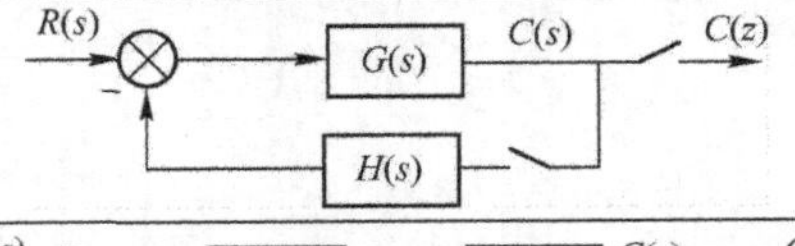	$C(z)=\dfrac{RG(z)}{1+HG(z)}$
4	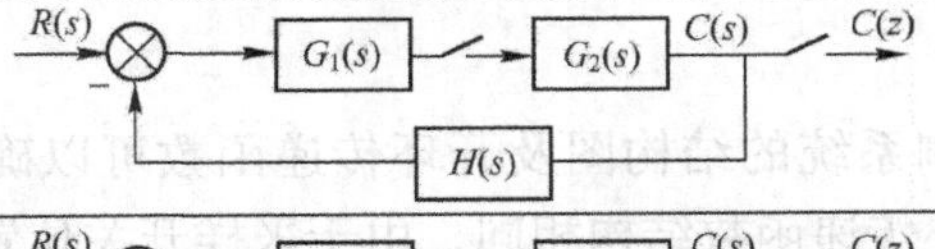	$C(z)=\dfrac{G_2(z)RG_1(z)}{1+G_1G_2H(z)}$
5	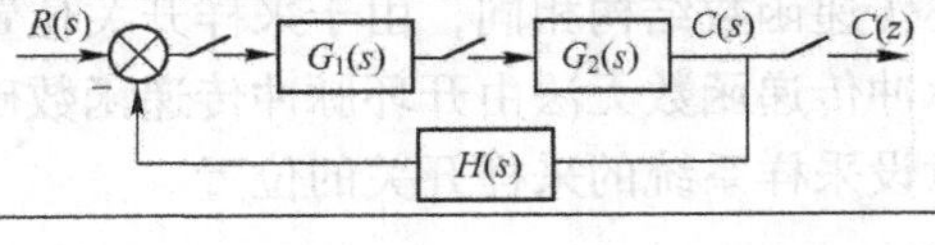	$C(z)=\dfrac{G_1(z)G_2(z)R(z)}{1+G_1(z)G_2H(z)}$

（续）

序　号	结 构 图	输出 $C(z)$
6	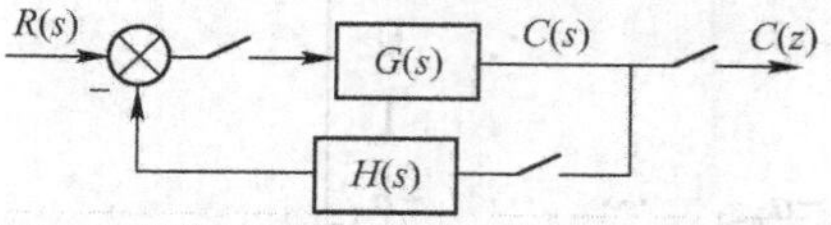	$C(z)=\dfrac{G(z)R(z)}{1+G(z)H(z)}$

3.5　离散状态空间表达式

离散时间系统通常由高阶差分方程来描述输出和输入变量采样值之间的特性关系，如

$$y(k+n)+a_1y(k+n-1)+\cdots+a_{n-1}y(k+1)+a_ny(k)$$
$$=b_0u(k+n)+b_1u(k+n-1)+\cdots+b_{n-1}u(k+1)+b_nu(k) \tag{3-25}$$

式中，k 表示第 k 个采样时刻。也可以用 z 变换法，将输入-输出关系用脉冲传递函数表示为

$$\frac{Y(z)}{U(z)}=\frac{b_0z^n+b_1z^{n-1}+\cdots+b_{n-1}z+b_n}{z^n+a_1z^{n-1}+\cdots+a_{n-1}z+a_n} \tag{3-26}$$

把差分方程化为状态空间表达式的过程，和将微分方程化为状态空间表达式的过程类似。

3.5.1　差分方程的输入不包含差分项

当差分方程的输入函数中不包含差分项时，这类方程具有如下形式：

$$y(k+n)+a_1y(k+n-1)+\cdots+a_{n-1}y(k+1)+a_ny(k)=b_nu(k) \tag{3-27}$$

选择状态变量

$$\begin{aligned}x_1(k)&=y(k)\\x_2(k)&=y(k+1)\\x_3(k)&=y(k+2)\\&\vdots\\x_n(k)&=y(k+n-1)\end{aligned} \tag{3-28}$$

把高阶差分方程化为一阶差分方程组，得

$$\begin{aligned}x_1(k+1)&=y(k+1)=x_2(k)\\x_2(k+1)&=y(k+2)=x_3(k)\\&\vdots\\x_{n-1}(k+1)&=y(k+n-1)=x_n(k)\\x_n(k+1)&=y(k+n)=-a_nx_1(k)-a_{n-1}x_2(k)-\cdots-a_1x_n(k)+b_nu(k)\\y(k)&=x_1(k)\end{aligned} \tag{3-29}$$

将式（3-29）写成矩阵形式，即

$$\begin{aligned}\boldsymbol{x}(k+1)&=\boldsymbol{G}x(k)+\boldsymbol{H}u(k)\\y(k)&=\boldsymbol{CX}(k)\end{aligned} \tag{3-30}$$

式中，$\boldsymbol{G}$ 为系统矩阵；$\boldsymbol{H}$ 为控制矩阵；$\boldsymbol{C}$ 为输出矩阵，并有

$$G=\begin{bmatrix} 0 & 1 & & 0 \\ 0 & & \ddots & 0 \\ 0 & & \ddots & 0 \\ 0 & & & 1 \\ -a_n & -a_{n-1} & \cdots \quad \cdots & -a_1 \end{bmatrix}$$

$$H=\begin{bmatrix} 0 \\ \vdots \\ 0 \\ 1 \end{bmatrix}$$

$$C=[1 \quad 0 \quad \cdots \quad 0]$$

3.5.2 差分方程的输入包含差分项

当差分方程的输入函数中包含差分项时，差分方程为

$$\begin{aligned} &y(k+n)+a_1y(k+n-1)+\cdots+a_{n-1}y(k+1)+a_ny(k) \\ &=b_0u(k+n)+b_1u(k+n-1)+\cdots+b_{n-1}u(k+1)+b_nu(k) \end{aligned} \tag{3-31}$$

仿照连续时间系统拉普拉斯变换的方法，对上式两边取 z 变换，根据 z 变换的法则并考虑零值初始条件，得到

$$\begin{aligned} &z^nY(z)+a_1z^{n-1}Y(z)+\cdots+a_{n-1}zY(z)+a_nY(z) \\ &=b_0z^nU(z)+b_1z^{n-1}U(z)+\cdots+b_{n-1}zU(z)+b_nU(z) \end{aligned} \tag{3-32}$$

由此得脉冲传递函数

$$\begin{aligned} G(z)&=\frac{Y(z)}{U(z)}=\frac{b_0z^n+b_1z^{n-1}+\cdots+b_{n-1}z+b_n}{z^n+a_1z^{n-1}+\cdots+a_{n-1}z+a_n} \\ &=b_0+\frac{\beta_1z^{n-1}+\beta_2z^{n-2}+\cdots+\beta_{n-1}z+\beta_n}{z^n+a_1z^{n-1}+\cdots+a_{n-1}z+a_n} \end{aligned} \tag{3-33}$$

可见，连续系统状态空间表达式的建立方法完全适用于离散系统。

现令中间变量 $Q(z)$ 为

$$Q(z)=\frac{1}{z^n+a_1z^{n-1}+\cdots+a_{n-1}z+a_n}U(z) \tag{3-34}$$

并进行 z 反变换得到

$$q(k+n)+a_1q(k+n-1)+\cdots+a_{n-1}q(k+1)+a_nq(k)=u(k) \tag{3-35}$$

若取状态变量

$$\begin{aligned} x_1(k)&=q(k) \\ x_2(k)&=q(k+1)=x_1(k+1) \\ x_3(k)&=q(k+2)=x_2(k+1) \\ &\vdots \\ x_n(k)&=q(k+n-1)=x_{n-1}(k+1) \end{aligned} \tag{3-36}$$

则式（3-35）可写成

$$x_n(k+1)=q(k+n)=-a_nx_1(k)-a_{n-1}x_2(k)-\cdots-a_1x_n(k)+u(k) \tag{3-37}$$

而将状态变量代入式 $Y(z)=(\beta_1 z^{n-1}+\beta_2 z^{n-2}+\cdots+\beta_{n-1}z+\beta_n)Q(z)+b_0U(z)$ 并进行反变换，有

$$y(k)=\beta_n x_1(k)+\beta_{n-1}x_2(k)+\cdots+\beta_1 x_n(k)+b_0u(k) \tag{3-38}$$

于是可得离散系统状态空间表达式的矩阵形式为

$$\begin{bmatrix} x_1(k+1) \\ x_2(k+1) \\ \vdots \\ x_{n-1}(k+1) \\ x_n(k+1) \end{bmatrix} = \begin{bmatrix} 0 & 1 & & & 0 \\ 0 & 0 & \ddots & & 0 \\ 0 & & & \ddots & 0 \\ 0 & & & & 1 \\ -a_n & -a_{n-1} & \cdots & \cdots & -a_1 \end{bmatrix} \begin{bmatrix} x_1(k) \\ x_2(k) \\ \vdots \\ x_{n-1}(k) \\ x_n(k) \end{bmatrix} + \begin{bmatrix} 0 \\ 0 \\ \vdots \\ 0 \\ 1 \end{bmatrix} u(k) \tag{3-39}$$

$$y(k)=\begin{bmatrix} \beta_n & \beta_{n-1} & \cdots & \cdots & \beta_1 \end{bmatrix} \begin{bmatrix} x_1(k) \\ \vdots \\ x_{n-1}(k) \\ x_n(k) \end{bmatrix} + b_0u(k)$$

也可简化为

$$\begin{aligned} \boldsymbol{x}(k+1) &= \boldsymbol{Gx}(k)+\boldsymbol{H}u(k) \\ y(k) &= \boldsymbol{Cx}(k)+\boldsymbol{D}u(k) \end{aligned} \tag{3-40}$$

式中，$\boldsymbol{G}$、$\boldsymbol{H}$、$\boldsymbol{C}$、$\boldsymbol{D}$ 所具有的形式与连续系统能控型对应相同。从这里也可看出离散系统的状态方程描述了 $(k+1)$ 采样时刻的状态与第 k 采样时刻的状态及输入量之间的关系。

【例 3-7】 设某线性离散系统的差分方程为

$$y(k+2)+y(k+1)+0.16y(k)=u(k+1)+2u(k)$$

试写出系统的状态空间表达式。

解：先进行 z 变换得

$$\frac{y(k)}{u(k)}=\frac{z+2}{z^2+z+0.16}$$

由此可得，状态空间表达式为

$$\begin{bmatrix} x_1(k+1) \\ x_2(k+1) \end{bmatrix} = \begin{bmatrix} 0 & 1 \\ -0.16 & -1 \end{bmatrix} \begin{bmatrix} x_1(k) \\ x_2(k) \end{bmatrix} + \begin{bmatrix} 0 \\ 1 \end{bmatrix} u(k)$$

$$y(k)=\begin{bmatrix} 2 & 1 \end{bmatrix} \begin{bmatrix} x_1(k) \\ x_2(k) \end{bmatrix}$$

多变量离散系统的状态空间表达式则为

$$\begin{aligned} \boldsymbol{x}(k+1) &= \boldsymbol{Gx}(k)+\boldsymbol{Hu}(k) \\ \boldsymbol{y}(k) &= \boldsymbol{Cx}(k)+\boldsymbol{Du}(k) \end{aligned}$$

式中，$\boldsymbol{G}$、$\boldsymbol{H}$、$\boldsymbol{C}$、$\boldsymbol{D}$ 为相应维数的矩阵。

与连续系统一样，离散系统状态空间表达式的结构图如图 3-6 所示。图中单位延迟的输入为 $(k+1)T$ 时刻的状态，输出为延迟一个采样周期 kT 时刻的状态。

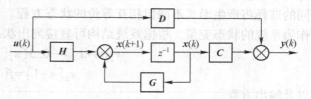

图 3-6 离散系统状态空间表达式的结构图

3.6 离散动态系统的 MATLAB 仿真

在数学上，时间离散信号可以用一个数列表示，称为离散时间序列。数列中元素的取值就是对应离散时刻序号处的信号值。如果这些信号取值也是离散的，那么就称这样的信号序列为数字信号。由于数字计算机的计算字长是有限整数，存储空间也是有限整数，因此，本质上计算机只能直接处理数字信号。对连续信号和连续系统的数值计算和仿真事实上是离散化的近似计算，即以适当步长进行的时间离散计算过程，计算结果也是在设定的计算机存储精度下的离散值。因此，计算机仿真实质上是对数字信号和数字系统的仿真。

数列中元素之间的关系可以通过数列的一个或多个起始元素以及数列的递推公式来描述，数列的递推公式也称为差分方程。对于关系比较简单的数列，可以通过数字分析找出通项公式，即差分方程的解。

离散动态系统的数学描述是差分方程或差分方程形式的状态方程组，对离散动态系统的仿真就是根据其差分方程和初始状态进行递推求出序列在给定仿真离散时间范围内的全部元素值。从这个意义上说，与连续系统仿真相比较，离散动态系统的仿真更为简单直接。

连续时间信号可以通过均匀采样转换为离散时间信号。如果 $f(t)$ 是一个连续时间信号，那么通过采样时间间隔为 T 的模-数转换器将把它转换成离散时间信号 $f[n]$（这里忽略了模-数转换器的信号幅值量化误差），在不引起含义混淆的情况下，一般将 $f[n]$ 简写为下角标形式 f_n，并引入延时算子 D 来表示对离散时间信号延迟一个采样时间间隔。即

$$f_n = f[n] = f(nT) \tag{3-41}$$

$$f_{n-1} = f[n-1] = Df(n) \tag{3-42}$$

为了保证离散信号能够不失真地表示输入信号，非常重要的一点是需要根据输入模拟信号的频率范围来选取采样速率。根据采样定理，离散时间信号所包括的最高频率是 $1/(2T)$。如果输入信号的频率范围超过该最大频率，就会造成频谱混叠，所得出的离散信号就严重失真。

【例 3-8】 试建立如图 3-7 所示的离散时间系统的状态方程和输出方程，通过仿真求解系统的单位数字冲激响应。

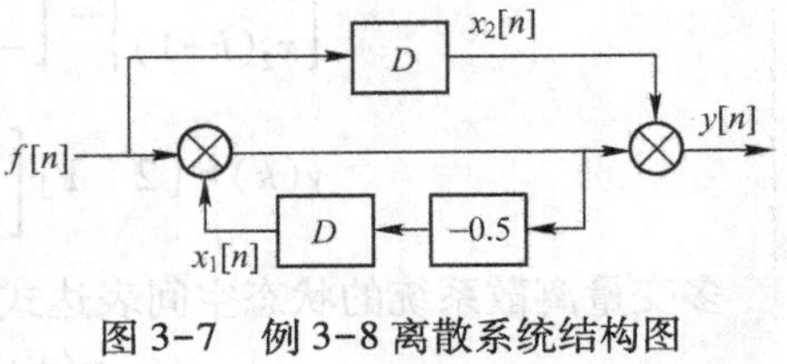

图 3-7 例 3-8 离散系统结构图

解： 图 3-7 中，输入离散信号被分为两路进行处理，最后相加得到输出。上支路是一个简单的延迟器，下支路具有延迟反馈结构，在反馈支路上还有一个增益系数为 0.5 的衰减模块。在建模时，系统的状态变量可以有多种选择方式，不同的选择将产生形式不同但相互等价的状态方程。本例选择两个延迟器的输出变量 x_1 和 x_2 作为系统的状态变量。根据系统结构可直接列出状态方程，即

$$x_1[n+1] = -0.5(x_1[n] + f[n]) \tag{3-43}$$

$$x_2[n+1] = f[n] \tag{3-44}$$

以及输出方程

$$y[n] = x_1[n] + x_2[n] + f[n] \tag{3-45}$$

还可以将状态方程及输出方程改写为延迟算子形式，即

$$x_1=-0.5Dx_1-0.5Df \tag{3-46}$$

$$x_2=Df \tag{3-47}$$

$$y=x_1+x_2+f \tag{3-48}$$

将算子方程视为普通的代数方程求解可以得到延迟算子表达的系统输入-输出传递函数形式，即

$$\frac{y}{f}=D+\frac{1}{1-0.5D} \tag{3-49}$$

若以 $D=\frac{1}{z}$ 代入，则得到 z 变换形式的传递函数为

$$H(z)=\frac{1}{z}+\frac{1}{1-0.5/z} \tag{3-50}$$

根据状态方程和输出方程可编写出相应的仿真程序，在 M 文件编辑器输入 4xiu_exp5.m 程序代码如下：

```
clear;
n=5;
f=[1,zeros(1,n-1)];
 x=zeros(2,n+1);
 x(:,1)=[0;0];
for i=1:n
     x(1,i+1)=-0.5.*(x(1,i)+f(i));
     x(2,i+1)=f(n);
     y(n)=x(1,i)+x(2,i)+f(i);
      end
t=0:n-1;
subplot(411);
stem(t,f);
axis([-1 n 0 1.5]);
subplot(412);
stem(t,x(1,1:n));
axis([-1 n -0.6 0.6]);
subplot(413);
stem(t,x(2,1:n));
axis([-1 n 0 1.5]);
subplot(414);
stem(t,y);
axis([-1 n -0.5 1.2]);
```

仿真结果如图 3-8 所示。图中分别给出了输入序列、两个状态序列以及输出序列的计算结果。由于仿真目的是求解系统的冲激响应，所以在程序中将系统的两个状态变量初始值均设置为零。图中，状态 $x_1[n]$ 是反馈输出端的波形，而状态 $x_2[n]$ 显然是输入信号 $f[n]$

延迟了一个单位时间的结果。输出信号 $y[n]$ 则是输入信号与两个状态信号叠加的结果，对应了系统功能图。

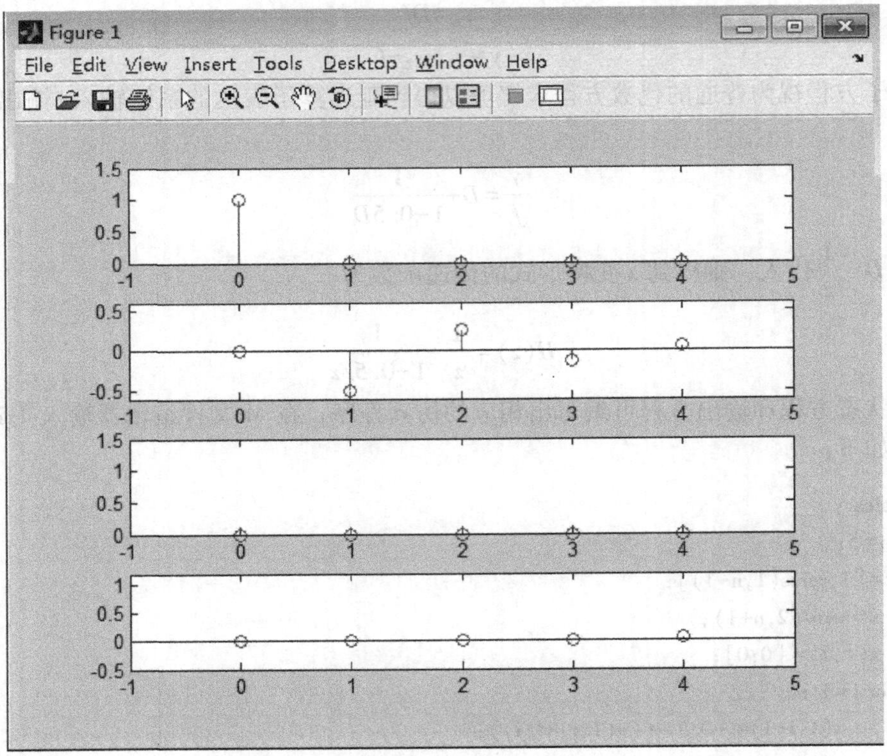

图 3-8　例 3-8 的仿真结果

本章小结

本章介绍了线性离散系统的几种数学描述；介绍了离散系统的时域描述——差分方程及其求解方法，离散系统的脉冲传递函数，离散系统的数学工具 z 变换及其 z 反变换以及 z 变换的基本性质和定理，通过 z 变换求解差分方程的解；同时还介绍了离散系统的状态空间表达式。

本章介绍了离散动态系统的 MATLAB 仿真。离散动态系统的数学描述是差分方程或差分方程形式的状态方程组，对离散动态系统的仿真就是根据其差分方程和初始状态进行递推求出序列在给定仿真离散时间范围内的全部元素值。从这个意义上说，与连续系统仿真相比较，离散动态系统的仿真更为简单直接。

习题

3-1　离散控制系统中常见的数学模型形式有哪些？

3-2　z 变换的基本性质和定理有哪些？与拉普拉斯变换的基本定理比较有哪些不同？

3-3　根据定义

$$E^{*}(s)=\sum_{n=0}^{\infty}e(nT)e^{-nTs}$$

确定下列函数的 $E^{*}(s)$ 以及 $E(z)$。

(1) $e(t)=t$

(2) $e(t)=\cos\omega t$

3-4　求下列函数的 z 变换。

(1) $E(s)=\dfrac{1}{(s+a)(s+b)}$

(2) $E(s)=\dfrac{1}{(s+a)^{2}}$

3-5　已知下列 z 变换，试利用 z 反变换求 $x^{*}(t)$。

(1) $X(z)=\dfrac{z}{(z-1)^{2}(z-2)}$

(2) $X(z)=\dfrac{z(1-e^{-T_0})}{(z-1)(z-e^{-T_0})}$

3-6　用 z 变换法求解下列差分方程

(1) $y(k+2)-3y(k+1)+2y(k)=u(k)$

其中，$u(k)=1(k)$，初始条件为 $y(0)=0$，$y(1)=0$；

(2) $y(k+2)+3y(k+1)+2y(k)=0$

初始条件为 $y(0)=0$，$y(1)=1$；

(3) $y(k+2)-3y(k+1)+2y(k)=0$

初始条件为 $y(0)=0$，$y(1)=1$；

3-7　系统的差分方程为

$$y(k+2)+2y(k+1)+3y(k)=u(k+1)+u(k)$$

求系统的状态空间表达式。

第 4 章　计算机控制系统的经典设计方法

计算机控制系统的设计，是指在给定系统性能指标的条件下，设计出控制器的控制规律和相应的数字控制算法。本章主要介绍计算机控制系统的经典设计方法。

4.1　概述

在自动控制系统中，利用计算机的运算、逻辑判断和记忆等功能，将控制器和比较环节用计算机来实现，就组成了一个典型的计算机控制系统，如图 4-1 所示。在这里给定量和反馈量都是二进制数，为了信号的匹配，计算机的输入/输出两侧分别带有模-数（A-D）转换器和数-模（D-A）转换器，反馈量经过模-数转换器送入计算机。计算机接收了给定量和反馈量后，运用计算机中微处理器的各种指令对该偏差值进行运算，进而输出控制量。从本质上看，计算机控制系统的工作原理可归纳为以下三个步骤。

1）实时数据采集：对来自测量变送装置的被控量的瞬时值进行检测和输入。

2）实时控制决策：对采集到的被控量进行分析和处理，并根据已定的控制规律，决定将要采取的控制行为。

3）实时控制输出：根据控制决策，适时地对执行机构发出控制信号，完成控制任务。

上述过程不断重复，使整个系统按照一定的品质指标进行工作，并对被控量和设备本身的异常现象及时做出处理。

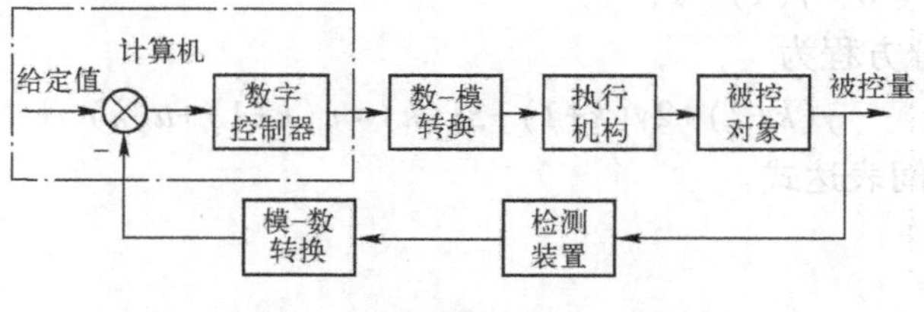

图 4-1　典型的计算机控制系统

在计算机控制系统中，生产过程和计算机直接连接并受计算机控制的方式称为在线方式或联机方式；生产过程不和计算机相连，且不受计算机控制，而是靠人进行联系并做相应操作的方式称为离线方式或脱机方式。

实时是指信号的输入、计算和输出都要在一定的时间范围内完成，即计算机以足够快的速度对输入信息进行控制，超出了这个时间，就失去了控制的时机，控制也就失去了意义。实时的概念不能脱离具体过程，一个在线的系统不一定是实时系统，但一个实时控制系统必定是在线系统。

4.2　数字 PID 控制器设计

根据偏差的比例（P）、积分（I）、微分（D）进行控制（简称 PID 控制），是控制系统中应用最广泛的一种控制规律。

PID 控制器之所以经久不衰，主要有以下优点：

1）技术成熟，通用性强。

2）原理简单，易被人们熟悉和掌握。

3）不需要建立数学模型。

4）控制效果好。

4.2.1 模拟 PID 控制器

PID 控制规律为

$$u(t)=K_{\mathrm{P}}\left[e(t)+\frac{1}{T_{\mathrm{I}}}\int_{0}^{t}e(t)\,\mathrm{d}t+T_{\mathrm{D}}\frac{\mathrm{d}e(t)}{\mathrm{d}t}\right] \tag{4-1}$$

对应的模拟 PID 控制器的传递函数为

$$D(s)=\frac{U(s)}{E(s)}=K_{\mathrm{P}}\left(1+\frac{1}{T_{\mathrm{I}}s}+T_{\mathrm{D}}s\right) \tag{4-2}$$

式中 K_{P}——比例增益，K_{P}与比例带δ为倒数关系，即$K_{\mathrm{P}}=1/\delta$；

T_{I}——积分时间常数；

T_{D}——微分时间常数；

$u(t)$——控制量；

$e(t)$——偏差。

比例控制能迅速反映误差，从而减小误差，但比例控制不能消除稳态误差，K_{P}的加大会引起系统的不稳定；积分控制的作用是，只要系统存在误差，积分作用就会不断积累，输出控制量以消除误差，因而只要有足够长的时间，积分控制将能完全消除误差，积分作用太强会使系统超调加大，甚至使系统出现振荡；微分控制可以减小超调量，克服振荡，使系统稳定性提高，同时加快系统的响应速度，缩短调整时间，从而改善系统的动态性能。

4.2.2 数字 PID 控制器

由于计算机控制是一种采样控制，它只能根据采样时刻的偏差值计算控制量。在计算机控制系统中，PID 控制规律的实现必须用数值逼近的方法。当采样周期相当短时，用求和代替积分、用后向差分代替微分，使模拟 PID 离散化变为差分方程。

（1）数字 PID 位置式控制算法　为了便于计算机实现，必须把式（4-1）变成差分方程，可得 PID 的位置式控制算式为

$$u(k)=K_{\mathrm{P}}\left[e(k)+\frac{T}{T_{\mathrm{I}}}\sum_{i=0}^{k}e(i)+T_{\mathrm{D}}\frac{e(k)-e(k-1)}{T}\right] \tag{4-3}$$

（2）数字 PID 增量式控制算法　由式（4-3）不难写出$u(k-1)$的表达式，即

$$u(k-1)=K_{\mathrm{P}}\left[e(k-1)+\frac{T}{T_{\mathrm{I}}}\sum_{i=0}^{k-1}e(i)+T_{\mathrm{D}}\frac{e(k-1)-e(k-2)}{T}\right] \tag{4-4}$$

将式（4-3）和式（4-4）相减，得到数字 PID 增量式控制算式为

$$\begin{aligned}\Delta u(k)&=u(k)-u(k-1)\\&=K_{\mathrm{P}}[e(k)-e(k-1)]+K_{\mathrm{I}}e(k)+K_{\mathrm{D}}[e(k)-2e(k-1)+e(k-2)]\end{aligned} \tag{4-5}$$

式中，　　K_P——比例增益；

$K_I = K_P T/T_I$——积分系数；

$K_D = K_P T_D/T$——微分系数。

4.2.3　数字 PID 控制算法实现方式比较

在控制系统中，如果执行机构采用调节阀，则控制量对应阀门的开度表征了执行机构的位置，此时控制器应采用数字 PID 位置式控制算法；如果执行机构采用步进电动机，则每个采样周期，控制器输出的控制量相对于上次控制量的增加，此时控制器应采用数字 PID 增量式控制算法。

增量式控制算法的优点如下：

1）增量式算法不需要做累加，控制量增量的确定仅与最近几次误差采样值有关，计算误差或计算精度问题对控制量的计算影响较小。而位置算法要用到过去的误差累加值，容易产生大的累加误差。

2）增量式算法得出的是控制量的增量，如阀门控制中，只输出阀门开度的变化部分，误动作影响小，必要时通过逻辑判断限制或禁止本次输出，不会严重影响系统的工作。而位置式算法的输出是控制量的全量输出，误动作影响大。

3）采用增量式算法，易于实现手动到自动的无冲击切换。

4.2.4　数字 PID 控制算法流程

图 4-2 给出了增量式控制算法流程。利用增量式控制算法可以得到位置式控制算法，其程序流程图稍加修改即可。

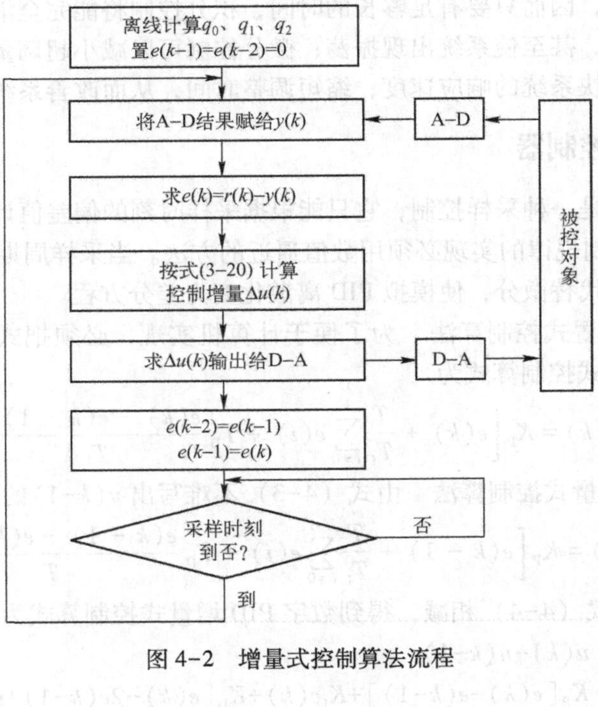

图 4-2　增量式控制算法流程

4.3 数字 PID 算法的改进

4.3.1 积分项的改进

在 PID 控制中，积分的作用是消除残差，为了提高控制性能，对积分项采取以下四条改进措施。

（1）积分分离　在过程的启动、结束或大幅度增减设定值时，短时间内系统输出有很大的偏差，会造成 PID 运算的积分积累。由于系统的惯性和滞后，在积分累积项的作用下，往往会产生较大的超调和长时间的波动。特别对于温度、成分等变化缓慢的过程，这一现象更为严重。为此，可采用积分分离措施：

1）偏差 $e(k)$ 较大时，取消积分作用。

2）偏差 $e(k)$ 较小时，将积分作用投入。

对于积分分离，应该根据具体对象及控制要求合理地选择阈值 β：

1）若 β 值过大，达不到积分分离的目的。

2）若 β 值过小，一旦被控量 $y(t)$ 无法跳出各积分分离区，就只进行 PD 控制，将会出现残差。如图 4-3 所示的曲线 b，为了实现积分分离，编写程序时必须从数字差分方程中分离出积分项，进行特殊处理。

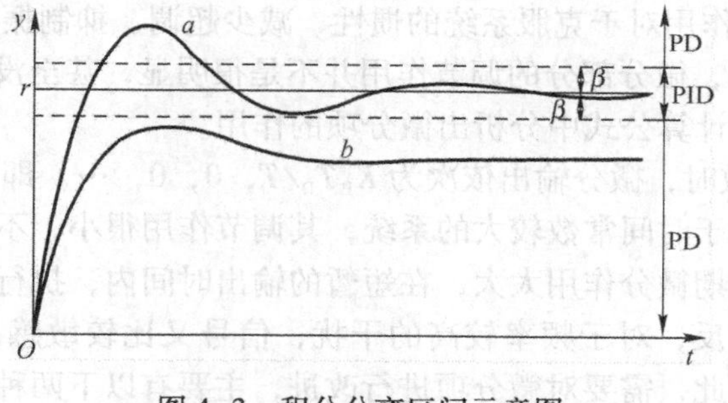

图 4-3　积分分离区间示意图

（2）抗积分饱和　因长时间出现偏差或偏差较大，计算出的控制量有可能溢出或小于零。

所谓溢出，就是计算机运算得出的控制量 $u(k)$ 超出 D-A 转换器所能表示的数值范围。

一般执行机构有两个极限位置，如调节阀全开或全关。设 $u(k)$ 为 FFH 时，调节阀全开；反之，$u(k)$ 为 00H 时，调节阀全关。

如果执行机构已到极限位置，仍然不能消除偏差，由于积分作用，尽管计算 PID 差分方程式所得的运算结果继续增大或减小，但执行机构已无相应的动作，这就称为积分饱和。

当出现积分饱和时，势必使超调量增加、控制品质变坏。作为防止积分饱和的办法之一，可对计算出的控制量 $u(k)$ 限幅，同时，把积分作用消除掉。若以 8 位 D-A 为例，则当 $u(k)<00H$ 时，取 $u(k)=0$；当 $u(k)>FFH$ 时，取 $u(k)=FFH$。

（3）梯形积分　在 PID 控制器中，积分项的作用是消除残差。为了减少残差，应提高积分项的运算精度，为此，可将矩形积分改为梯形积分，其计算公式为

$$\int_0^t e\mathrm{d}t \approx \sum_{i=0}^{k} \frac{e(i) + e(i-1)}{2} T \tag{4-6}$$

（4）消除积分不灵敏区产生的原因　由于计算机字长的限制，当运算结果小于字长所能表示的数的精度时，计算机就将此数作为“零”丢掉。当计算机的运行字长较短，采样周期 T 也短，而积分时间 T_I 又较长时，$\Delta u_I(k)$ 容易出现小于字长的精度而丢数，此积分作用消失，这就称为积分不灵敏区。

例如，某温度控制系统，温度量程为 0~1275℃，A-D 转换为 8 位，并采用 8 位字长定点运算。设 $K_P=1$，$T=1\text{s}$，$T_I=10\text{s}$，$e(k)=50℃$，则

$$\Delta u_I(k) = K_P \frac{T}{T_I} e(k) = \frac{1}{10} \times \left(\frac{255}{1275} \times 50 \right) = 1$$

如果偏差 $e(k)<50℃$，则 $\Delta u_I(k)<1$，计算机就将此数作为“零”丢掉，控制器没有积分作用。只有当偏差达到 50℃时，才会有积分作用。

为了消除积分不灵敏区，通常采用以下措施：

1）增加 A-D 转换位数，加长运算字长，这样可以提高运算精度。

2）当积分项 $\Delta u_I(k)$ 连续 n 次出现小于输出精度 ε 的情况时，不要把它们作为“零”舍掉，而是把它们一次次累加起来，直到累加值 S_I 大于 ε 时，才输出 S_I，同时把累加单元清零。

4.3.2 微分项的改进

PID 控制器的微分作用对于克服系统的惯性、减少超调、抑制振荡起着重要的作用。但是在数字 PID 控制器中，微分部分的调节作用并不是很明显，甚至没有调节作用。

可以从离散化后的计算公式中分析出微分项的作用。

当 $e(k)$ 为阶跃函数时，微分输出依次为 $K_P T_D/T$，0，0，…，即微分项的输出仅在第一个周期起激励作用，对于时间常数较大的系统，其调节作用很小，不能达到超前控制误差的目的。而且在第一个周期微分作用太大，在短暂的输出时间内，执行器达不到应有的相应开度，会使输出失真。相反，对于频率较高的干扰，信号又比较敏感，容易引起控制过程振荡，降低调节品质，因此，需要对微分项进行改进，主要有以下两种方法。

（1）不完全微分 PID 控制算法　在 PID 控制器输出端串联一阶惯性环节，就组成了不完全微分 PID 控制器。一阶惯性环节 $D_f(s)$ 的传递函数为

$$D_f(s) = \frac{1}{T_f s + 1} \tag{4-7}$$

不完全微分控制算式为

$$\begin{aligned} u(k) &= \frac{T_f}{T_f + T} u(k-1) + \frac{T_f}{T_f + T} u'(k) \\ &= \alpha u(k-1) + (1-\alpha) u'(k) \end{aligned} \tag{4-8}$$

式中

$$u'(k) = K_P \left[e(k) + \frac{T}{T_I} \sum_{i=0}^{k} e(i) + T_D \frac{e(k) - e(k-1)}{T} \right]$$

$$\alpha = \frac{T_f}{T_f + T}$$

不完全微分 PID 控制算式的输出在较长时间内仍有微分作用，因而可以获得较好的控制效果。

不完全微分 PID 控制算式也有增量形式，推导得

$$\Delta u(k)=K_P[e(k)-e(k-1)]+K_P\frac{T}{T_I}e(k)-K_P\frac{T_D}{T}[y(k)-2y(k-1)+y(k-2)]-K_P\frac{T_I}{T_D}[y(k)-y(k-1)] \tag{4-9}$$

（2）微分先行 PID 控制算法　为了避免给定值的升降给控制系统带来冲击，同时避免超调量过大时调节阀动作剧烈，可采用微分先行 PID 控制方案，如图 4-4 所示。

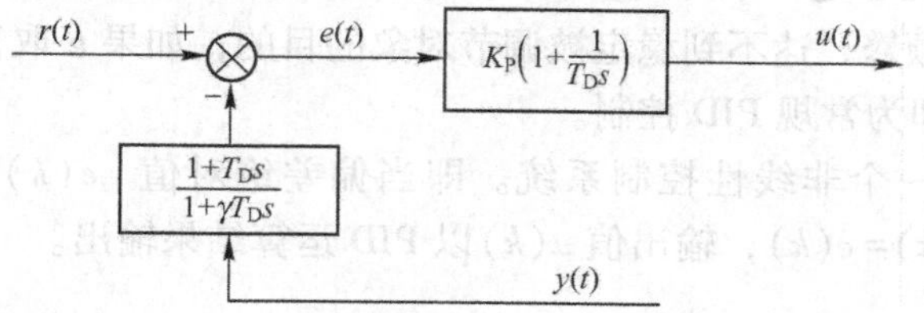

图 4-4　微分先行控制功能图

它和标准 PID 控制的不同之处在于，只对被控量 $y(t)$ 微分，不对偏差 $e(t)$ 微分，这样，在改变给定值时，输出不会改变，而被控量的变化通常是比较缓和的。这种输出量先行微分控制适用于给定值频繁升降的系统，可以避免给定值升降时所引起的系统振荡，明显地改善了系统的动态特性。γ 为微分增益系数。

4.3.3　时间最优 PID 控制

最大值原理是庞特里亚金（Pontryagin）于 1956 年提出的一种最优控制理论，最大值原理也叫快速时间最优控制原理，它是研究满足约束条件下获得允许控制的方法。用最大值原理可以设计出控制变量只在 $|u(t)|\leqslant 1$ 范围内取值的时间最优控制系统。而在工程上，设 $|u(t)|\leqslant 1$ 都只取±1 两个值，而且依照一定法则加以切换，使系统从一个初始状态转到另一个状态所经历的过渡时间最短，这种类型的最优切换系统称为开关控制（Bang-Bang 控制）系统。

工业控制应用中，最有发展前途的是 Bang-Bang 控制与反馈控制相结合的系统，这种控制方式在给定值升降时特别有效。具体形式为

$$|e(k)|=\begin{cases}|r(k)-y(k)|>\alpha & \text{Bang-Bang 控制}\\ |r(k)-y(k)|\leqslant\alpha & \text{PID 控制}\end{cases}$$

应用开关控制（Bang-Bang 控制）让系统在最短过渡时间内从一个初始状态转到另一个状态；应用 PID 来保证线性控制段内的定位精度。

4.3.4　带死区的 PID 控制算法

在计算机控制系统中，某些系统为了避免控制动作过于频繁，以消除由于频繁动作所引起的振荡，有时采用所谓带死区的 PID 控制系统，如图 4-5 所示。

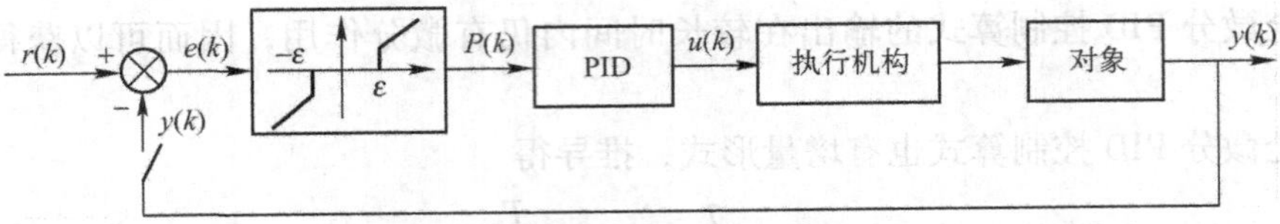

图 4-5　带死区的 PID 控制算法框图

相应算式为

$$P(k)=\begin{cases}e(k) & |r(k)-y(k)|=|e(k)|>\varepsilon \\ 0 & |r(k)-y(k)|=|e(k)|\leqslant\varepsilon\end{cases} \tag{4-10}$$

在图 4-5 中，死区 ε 是一个可调参数，其具体数值可根据实际控制对象由实验确定。ε 值太小，使调节过于频繁，达不到稳定被调节对象的目的；如果 ε 取得太大，则系统将产生很大的滞后；$\varepsilon=0$，即为常规 PID 控制。

该系统实际上是一个非线性控制系统。即当偏差绝对值 $|e(k)|\leqslant\varepsilon$ 时，$P(k)$ 为 0；当 $|e(k)|>\varepsilon$ 时，$P(k)=e(k)$，输出值 $u(k)$ 以 PID 运算结果输出。

4.4　PID 参数的整定

4.4.1　采样周期的选择

（1）首先要考虑的因素　根据香农采样定理，采样周期上限应满足 $T\leqslant\pi/\omega_{max}$，其中 ω_{max} 为被采样信号的上限角频率。

采样周期的下限为计算机执行控制程序和输入/输出所耗费的时间，系统的采样周期只能在 T_{min} 与 T_{max} 之间选择（在允许范围内，选择较小的 T）。

（2）其他要考虑的因素

1）给定值的变化频率：变化频率越高，采样频率就应越高。

2）被控对象的特性：被控对象是快速变化的还是慢速变化的。

3）执行机构的类型：执行机构的惯性大，采样周期应大。

4）控制算法的类型：采用太小的 T 会使得 PID 算法的微分积分作用很不明显，控制算法也需要计算时间。

5）控制的回路数 n 与采样周期 T 的关系为

$$T\geqslant\sum_{j=1}^{n}T_j \tag{4-11}$$

式中　T_j——第 j 个回路控制程序执行时间和输入/输出时间。

4.4.2　按简易工程法整定 PID 参数

（1）扩充临界比例度法

1）选择一个足够短的采样周期，具体地说就是选择采样周期为被控对象纯滞后时间的 1/10 以下。

2）用选定的采样周期使系统工作。这时，数字控制器去掉积分作用和微分作用，只保留比例作用。然后逐渐减小比例度 $\delta(\delta=1/K_P)$，直到系统发生持续等幅振荡。记下使系统发生振荡的临界比例度 δ_k 及系统的临界振荡周期 T_k。

3）选择控制度：

$$\text{控制度}=\frac{\left[\int_0^{\infty} e^2(t)\,\mathrm{d}t\right]_{\text{DDC}}}{\left[\int_0^{\infty} e^2(t)\,\mathrm{d}t\right]_{\text{模拟}}} \tag{4-12}$$

根据选定的控制度，查表 4-1 求得 T、K_P、T_I、T_D 的值。

表 4-1　按扩充临界比例度法整定参数

控制度	控制规律	T	K_P	T_I	T_D
1.05	PI	$0.03T_k$	$0.53\delta_k$	$0.88T_k$	
	PID	$0.014T_k$	$0.63\delta_k$	$0.49T_k$	$0.14T_k$
1.2	PI	$0.05T_k$	$0.49\delta_k$	$0.91T_k$	
	PID	$0.043T_k$	$0.47\delta_k$	$0.47T_k$	$0.16T_k$
1.5	PI	$0.14T_k$	$0.42\delta_k$	$0.99T_k$	
	PID	$0.09T_k$	$0.34\delta_k$	$0.43T_k$	$0.20T_k$
2.0	PI	$0.22T_k$	$0.36\delta_k$	$1.05T_k$	
	PID	$0.16T_k$	$0.27\delta_k$	$0.40T_k$	$0.22T_k$

（2）扩充响应曲线法　在模拟控制系统中，可用扩充响应曲线法代替扩充临界比例度法；在数字控制系统中，也可以用扩充响应曲线法代替扩充临界比例度法。扩充响应曲线如图 4-6 所示，用扩充响应曲线法整定 T、K_P、T_I、T_D 的步骤如下：

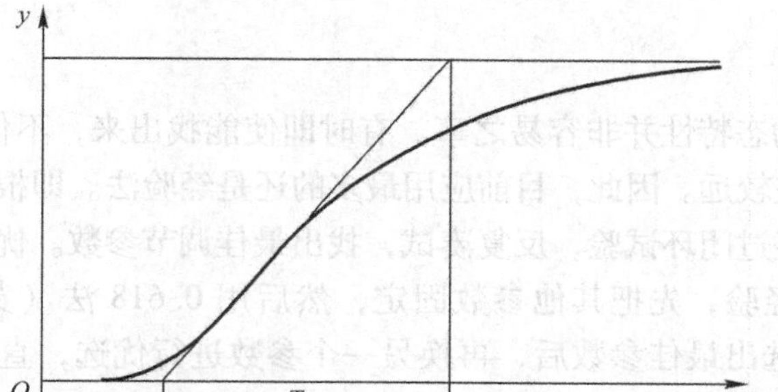

图 4-6　扩充响应曲线

1）数字控制器不接入控制系统，让系统处于手动操作状态下，将被调量调节到给定值附近，并使之稳定下来，然后突然改变给定值，给对象一个阶跃输入信号。

2）用记录仪表记录被调量在阶跃输入下的整个变化过程曲线，此时近似为一个一阶惯性加纯滞后环节的响应曲线。

在曲线最大斜率处画一条切线，求得滞后时间 τ、被控对象时间常数 T_τ 及它们的比值 T_τ/τ，查表 4-2，即可得数字控制器的 K_P、T_I、T_D 及采样周期 T。

表 4-2 按扩充响应曲线法整定参数

控制度	控制规律	T	K_P	T_I	T_D
1.05	PI	0.1τ	$0.84T_\tau/\tau$	0.34τ	
	PID	0.05τ	$1.15T_\tau/\tau$	2.0τ	0.45τ
1.2	PI	0.2τ	$0.78T_\tau/\tau$	3.6τ	
	PID	0.16τ	$1.0T_\tau/\tau$	1.9τ	0.55τ
1.5	PI	0.5τ	$0.68T_\tau/\tau$	3.9τ	
	PID	0.34τ	$0.85T_\tau/\tau$	1.62τ	0.65τ
2.0	PI	0.8τ	$0.57T_\tau/\tau$	4.2τ	
	PID	0.6τ	$0.6T_\tau/\tau$	1.5τ	0.82τ

（3）归一参数整定法 除了上面讲的一般的扩充临界比例度法外，Roberts P. D. 在 1974 年提出一种简化扩充临界比例度整定法。由于该方法只需整定一个参数，故称为归一参数整定法。

已知增量型 PID 控制的公式为

$$\Delta u(k)=K_P\left\{e(k)-e(k-1)+\frac{T}{T_I}e(k)+\frac{T_D}{T}[e(k)-2e(k-1)+e(k-2)]\right\} \tag{4-13}$$

如令 $T=0.1T_k$；$T_I=0.5T_k$；$T_D=0.125T_k$。式中，T_k 为纯比例作用下的临界振荡周期。则

$$\Delta u(k)=K_P[2.45e(k)-3.5e(k-1)+1.25e(k-2)] \tag{4-14}$$

这样，整个问题便简化为只要整定一个参数 K_P。改变 K_P，观察控制效果，直到满意为止。该法为实现简易的自整定控制带来了方便。

4.4.3 优选法

确定被调对象的动态特性并非容易之事。有时即使能找出来，不仅计算麻烦，工作量大，而且其结果与实际相差较远。因此，目前应用最多的还是经验法。即根据具体的调节规律、不同调节对象的特征，经过闭环试验，反复凑试，找出最佳调节参数。优选法是经验法的一种。

具体做法是根据经验，先把其他参数固定，然后用 0.618 法（黄金分割法）对其中某一参数进行优选，待选出最佳参数后，再换另一个参数进行优选，直到把所有的参数优选完毕。最后，根据 T、K_P、T_I、T_D诸参数优选的结果取一组最佳值即可。

4.4.4 凑试法确定 PID 参数

整定步骤如下：

1）首先只整定比例部分。比例系数由小变大，观察相应的系统响应，直到得到反应快、超调小的响应曲线。系统无静差或静差已小到允许范围内，并且响应效果良好，那么只需用比例控制器即可，最优比例系数可由此确定。

2）若静差不能满足设计要求，则须加入积分环节。整定时首先置积分时间 T_I为一较大值，并将经第一步整定得到的比例系数稍微缩小（如缩小为原值的 0.8），然后减小积分时间，使在保持系统良好动态性能的情况下，静差得到消除。在此过程中，可根据响应曲线的

好坏反复改变比例系数与积分时间，以期得到满意的控制过程与整定参数。

3）若使用比例积分控制器消除了静差，但动态过程经反复调整仍不能满意，则可加入微分环节，构成比例积分微分控制器。在整定时，可先置微分时间 T_D 为零。在第二步整定的基础上，增大 T_D，同时，相应地改变比例系数和积分时间，逐步凑试，以获得满意的调节效果和控制参数。

4.4.5 PID 控制参数的自整定法

参数自整定就是在被控对象特性发生变化后，立即使 PID 控制参数随之做出相应的调整，使得 PID 控制器具有一定的“自调整”或“自适应”能力。

所谓特征参数法，就是抽取被控对象的某些特征参数，以其为依据自动整定 PID 控制参数。基于被控对象参数的 PID 控制参数自整定法的首要工作是在线辨识被控对象的某些特征参数，如临界增益 K 和临界周期 T（频率 $\omega=2\pi/T$）。

PID 常用口诀：参数整定找最佳，从小到大顺序查，先是比例后积分，最后再把微分加，曲线振荡很频繁，比例度盘要放大，曲线漂浮绕大弯，比例度盘往小扳，曲线偏离回复慢，积分时间往下降，曲线波动周期长，积分时间再加长，曲线振荡频率快，先把微分降下来，动差大来波动慢，微分时间应加长，理想曲线两个波，前高后低 4 比 1。一看二调多分析，调节质量不会低。

PID 控制器参数的工程整定经验数据可参照以下规定。

温度控制：$K_P=20\%\sim60\%$，$T_I=180\sim600\text{ s}$，$T_D=3\sim180\text{ s}$；

压力控制：$K_P=30\%\sim70\%$，$T_I=24\sim180\text{ s}$；

液位控制：$K_P=20\%\sim80\%$，$T_I=60\sim300\text{ s}$；

流量控制：$K_P=40\%\sim100\%$，$T_I=6\sim60\text{ s}$。

在工程实际中，应用最为广泛的控制器控制规律为比例、积分、微分控制，简称 PID 控制，又称 PID 调节。PID 控制器问世多年，应用非常广泛，它以其结构简单、稳定性好、工作可靠、调整方便等优点成为工业控制的主要技术之一。当被控对象的结构和参数不能完全掌握或得不到精确的数学模型时，以及控制理论的其他技术难以采用时，系统控制器的结构和参数必须依靠经验和现场调试来确定，这时应用 PID 控制技术最为方便。即当不完全了解一个系统和被控对象，或不能通过有效的测量手段来获得系统参数时，最适合用 PID 控制技术。PID 控制，实际中也有 PI 和 PD 控制。PID 控制器就是根据系统的误差，利用比例、积分、微分计算出控制量进行控制的。

（1）比例（P）控制　比例控制是一种最简单的控制方式，其控制器的输出与输入误差信号成比例关系。当仅有比例控制时系统输出存在稳态误差（Steady-state Error）。

（2）积分（I）控制　在积分控制中，控制器的输出与输入误差信号的积分成正比关系。对于一个自动控制系统，如果在进入稳态后存在稳态误差，则称这个控制系统是有稳态误差的或简称有差系统（System with Steady-state Error）。为了消除稳态误差，在控制器中必须引入“积分项”。随着时间的增加，积分项会增大。这样，即便误差很小，积分项也会随着时间的增加而加大，它推动控制器的输出增大，使稳态误差进一步减小，直到等于零。因此，比例+积分（PI）控制器，可以使系统在进入稳态后无稳态误差。

（3）微分（D）控制　在微分控制中，控制器的输出与输入误差信号的微分（即误差的变化率）成正比。自动控制系统在克服误差的调节过程中可能会出现振荡甚至失稳，其原因是存在较大惯性组件（环节）或滞后（Delay）组件，具有抑制误差的作用，其变化总是落后于误差的变化。解决的办法是使抑制误差的作用变化“超前”，即在误差接近零时，抑制误差的作用就应该是零。这就是说，在控制器中仅引入比例项往往是不够的，比例项的作用仅是放大误差的幅值，而目前需要增加的是“微分项”，它能预测误差变化的趋势，这样，具有比例+微分的控制器，就能够提前使抑制误差的控制作用等于零，甚至为负值，从而避免了被控量的严重超调。所以对有较大惯性或滞后的被控对象，比例+微分（PD）控制器能改善系统在调节过程中的动态特性。

4.5 利用 MATLAB 设计 PID 控制器

比例-积分-微分（PID）是建立在经典控制理论基础上的一种控制策略。PID 控制器作为最早实用化的控制器已经被大家广泛地应用。PID 控制器简单易懂，使用中不需要精确的系统模型等先决条件，因而成为应用最广泛的控制器。

1. PID 控制原理

PID 控制器系统原理框图如图 4-7 所示。

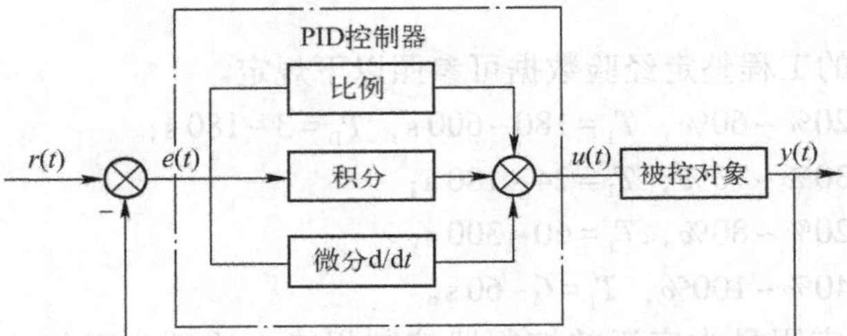

图 4-7 典型 PID 控制结构

在图 4-7 中，系统的偏差信号为 $e(t)=r(t)-y(t)$。在 PID 调节作用下，控制器对误差信号 $e(t)$ 分别进行比例、积分、微分运算，其结果的加权和构成系统的控制信号 $u(t)$ 送给被控对象加以控制。

PID 控制器的数学描述为

$$u(t)=K_P\left[e(t)+\frac{1}{T_I}\int_0^t e(t)\,dt+T_D\frac{de(t)}{dt}\right]$$

式中 K_P——比例系数；

T_I——积分时间常数；

T_D——微分时间常数。

现在，通过一个示例来研究比例、微分与积分各个环节的作用。

【例 4-1】 考虑模型 $G(s)=\dfrac{1}{(s+1)^3}$。研究比例、微分与积分各个环节的作用。

解：

1）只采用比例控制。即在 PID 控制策略中令 $T_I\to\infty$，$T_D\to0$。用 MATLAB 编写程序代码

如下

```
g=tf(1,[1 3 3 1]);
p=[0.1:0.1:1];
for i=1:length(p),
    g_c=feedback(p(i)*g,1);
    step(g_c);
    hold on;
end
```

运行程序，得到系统的闭环阶跃响应曲线如图 4-8 所示。

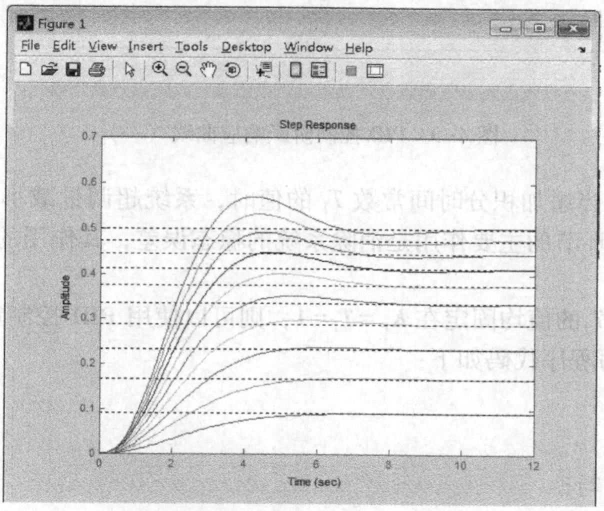

图 4-8 系统阶跃响应曲线

由图 4-8 可以看出，比例环节的主要作用是，K_P 的值增大时，系统响应的速率加快，闭环系统响应的幅值增加；当达到某个 K_P 值时，系统将趋于不稳定。

2）将 K_P 的值固定到 $K_P=1$，应用 PID 控制策略。用 MATLAB 编写程序代码如下：

```
clear;
kp=1;
g=tf(1,[1 3 3 1]);
ti=[0.7:0.1:1.5];
for i=1:length(ti),
    gc=tf(kp*[1,1/ti(i)],[1,0]);
    g_c=feedback(g*gc,1);
    step(g_c);
    hold on;
end
axis([0,20,0,2])
```

运行程序，系统的阶跃响应曲线如图 4-9 所示。

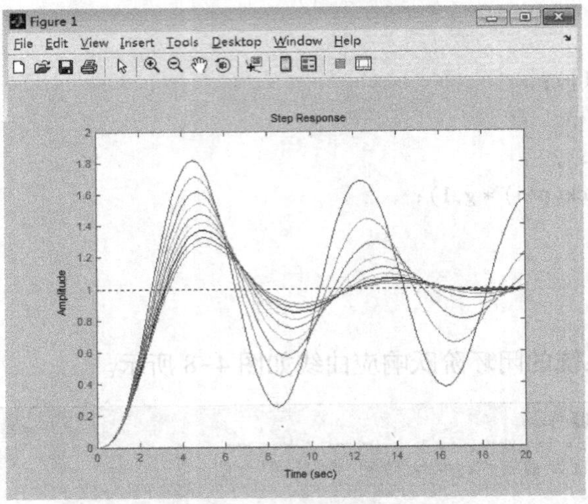

图 4-9　PID 控制阶跃响应曲线（一）

由图 4-9 可知，当增加积分时间常数 T_I 的值时，系统超调量减小，而系统的响应速度将变慢。因此，积分环节的主要作用是消除系统的稳态误差，其作用的强弱取决于积分时间常数 T_I 的大小。

3）如果将 K_P 和 T_I 的值均固定在 $K_P=T_I=1$，则可以使用 PID 控制策略来试验不同的 T_D 值。用 MATLAB 编写程序代码如下：

```
clear;
kp=1;ti=1;
td=[0.1:0.2:2];
g=tf(1,[1 3 3 1]);
for i=1:length(td),
    gc=tf(kp*[ti*td(i),ti,1]/ti,[1,0]);
    g_c=feedback(g*gc,1);
    step(g_c);
    hold on;
end
axis([0,20,0,1.6]);
```

程序运行结果如图 4-10 所示。

由图 4-10 可知，当 T_D 增大时，系统的响应速度增加，同时响应的幅值也增加。因此，微分环节的主要作用是提高系统的响应速度。由于该环节产生的控制量与信号变化速率有关，因此对于信号无变化或变化缓慢的系统不起作用。

2. PID 控制器设计

（1）Ziegler-Nichols 整定公式　传统 PID 控制的经验公式是由 Ziegler 与 Nichols 在 20 世纪 40 年代初提出的。这个经验公式是基于带有延迟的一阶传递函数模型提出的。该对象模型可以表示为

$$G(s)=\frac{K}{1+sT}e^{-sL}$$

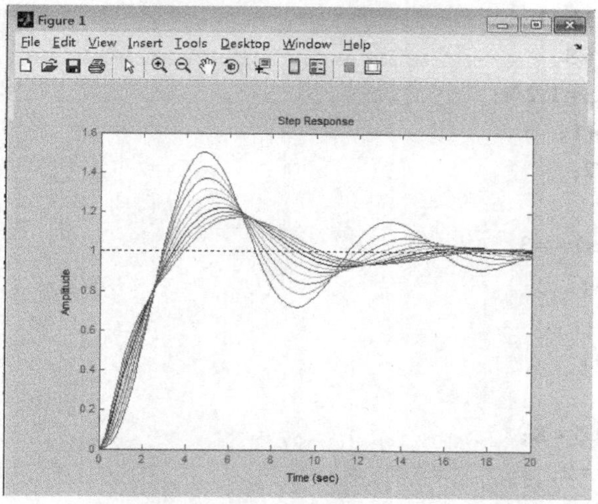

图 4-10 PID 控制阶跃响应曲线（二）

在实际的过程控制系统中，大量的对象模型可以近似地由这样的一阶模型来表示，如果不能建立系统的物理模型，还可以由实验提取相应的模型参数。如果实验数据是通过阶跃响应获得的，可以由表 4-3 中给出的经验公式来设计 PID 控制器。如果实验数据是通过频域响应获得的，则可以容易地得出剪切频率 ω_C 和极限增益 K_C，设 $T_C=\dfrac{2\pi}{\omega_C}$，则 PID 控制器的参数也可以由表 4-3 给出。

表 4-3 Ziegler-Nichols 整定参数

控制器类型	由阶跃响应整定			由频域响应整定		
	K_P	T_I	T_D	K_P	T_I	T_D
P	$T/(kL)$			$0.5K$		
PI	$0.9T/(kL)$	$3L$		$0.4K$	$0.8T$	
PID	$1.2T/(kL)$	$2L$	$L/2$	$0.6K$	$0.5T$	$0.12T$

这里，我们来编写一个 MATLAB 函数 ziegler( )，该函数的功能是实现由 Ziegler-Nichols 公式设计 PID 控制器，在今后设计 PID 控制器的过程中可以直接调用。程序代码如下：

```
function [Gc,Kp,Ti,Td,H]=ziegler(key,vars)
Ti=[ ];Td=[ ];H=[ ];
if length(vars)==4,
    K=vars(1); L=vars(2);
    T=vars(3); N=vars(4);
    a=K*L/T;
    if key==1,
        Kp=1/a;
    elseif key==2,
        Kp=0.9/a;
```

```
            Ti=3.33 * L;
        elseif key==3,
                Kp=1.2/a;
            Ti=2 * L;
            td=L/2;
        end
    elseif length(vars)==3,
        K=vars(1);
        Tc=vars(2);
        N=vars(3);
        if key==1,
            Kp=0.5 * K;
        elseif key==2,
            Kp=0.4 * K;
            Ti=0.8 * Tc;
        elseif key==3,
            Kp=0.6 * K;
            Ti=0.5 * Tc;
            Td=0.12 * Tc;
        end
    elseif length(vars)==5,
        K=vars(1);
        Tc=vars(2);
        rb=vars(3);
        pb=pi * vars(4)/180;
        N=vars(5);
        Kp=K * rb * cos(pb);
        if key==2,
            Ti=-Tc/(2 * pi * tan(pb));
        elseif key==3,
            Ti=Tc * (1+sin(pb))/(pi * cos(pb));
            Td=Ti/4;
        end
    end
    switch key
        case 1,
            Gc=Kp;
        case 2,
            Gc=tf(Kp * [Ti 1],[Ti 0]);
        case 3,
            nn=[Kp * Ti * Td * (N+1)/N,Kp * (Ti+Td/N),Kp];
            dd=Ti * [Td/N,1,0];
            Gc=tf(nn,dd);
```

```
end
```

该函数的调用格式为

$$[G_c, K_p, T_i, T_d] = \text{ziegler}(\text{key}, \text{vars})$$

其中，key 为选择控制器类型的变量，当 key =1，2，3 时，分别表示设计 P、PI、PID 控制器；若给出的是阶跃响应数据，则变量 vars = $[K, L, T, N]$；若给出的是频域响应数据，则变量 vars = $[K_C, T_C, N]$。

【例 4-2】 已知过程控制系统的被控对象为一个带延迟的惯性环节，其传递函数为 $G(s) = \dfrac{8}{360s+1}e^{-180s}$，试用 Ziegler-Nichols 法设计 P 控制器、PI 控制器和 PID 控制器。

解： 由系统的传递函数可得 $K=8$，$T=360$，$L=180$。

根据题意，利用 ziegler( ) 函数计算系统 P、PI、PID 控制器的参数，并给出校正后系统的阶跃响应曲线。

在 M 文件编辑器中输入以下代码：

```
clear;
K=8;
T=360;
L=180;
n=[K];
d=[T 1];
G1=tf(n,d);
[np,dp]=pade(L,2);
Gp=tf(np,dp);
[Gc1,Kp1]=ziegler(1,[K,L,T,1]);
Gc1
[Gc2,Kp2,Ti2]=ziegler(2,[K,L,T,1]);
Gc2
[Gc3,Kp3,Ti3,Td3]=ziegler(3,[K,L,T,1]);
Gc3
G_c1=feedback(G1*Gc1,Gp);
step(G_c1);
hold on;
G_c2=feedback(G1*Gc2,Gp);
step(G_c2);
G_c3=feedback(G1*Gc3,Gp);
step(G_c3);
```

运行该程序得到传递函数为

```
Gc1 =
     0.2500
Gc2 =
     134.9s+0.225
```

```
        ---------------------
         599.4s

Gc3 =

 19440 s^2+135 s+0.3
 ---------
 32400 s^2+360 s
```

经 P、PI、PID 校正后系统的阶跃响应曲线如图 4-11 所示。

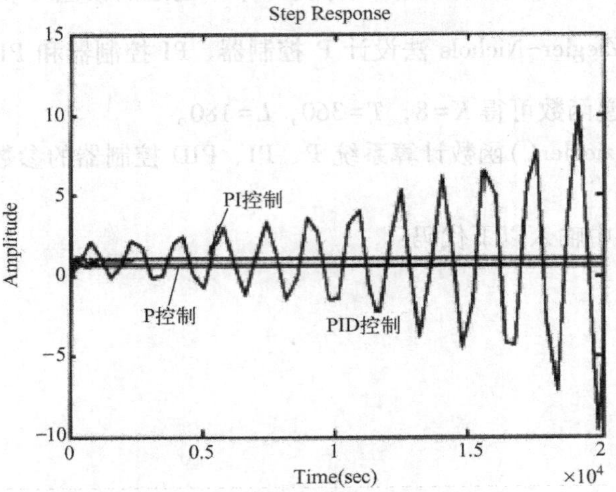

图 4-11 校正后系统的阶跃响应曲线（一）

由图 4-11 可知，用 Ziegler-Nichols 公式计算 P、PI、PID 控制器对系统校正后，其阶跃响应曲线中 P、PI 校正两者的响应速度基本相同，超调量终值不同。PI 校正的超调量比 P 校正的超调量要小一些。PID 校正比前两者的响应速度都快，但超调量最大。

【例 4-3】 已知被控对象的传递函数为 $G(s)=\dfrac{10}{(s+1)(s+2)(s+3)(s+4)}$，试用 Ziegler-Nichols 法设计 P 控制器、PI 控制器和 PID 控制器。

解： 首先介绍一下剪切频率 ω_C 和极限增益 K_C 的概念。剪切频率 ω_C 也称为穿越频率或者截止频率。当保持输入信号的幅值不变时，改变频率使输出信号降至最大值的 0.707 倍，用频响特性表述即-3dB 点处为截止频率，它是用来说明频率特性指标的一个特殊频率。极限增益 K_C 也是增益的一种极限情况，它们均可以由开环传递函数的幅值裕度来求出。我们可以由下面的 MATLAB 程序代码设计出各个控制器，并得出校正系统的阶跃响应曲线。代码如下：

```
G=tf(10,[1,10,35,50,24]);
[Kc,pp,wg,wp]=margin(G);
Tc=2*pi/wg;
[Gc1,Kp1]=ziegler(1,[Kc,Tc,10]);
Gc1
[Gc2,Kp2,Ti2]=ziegler(2,[Kc,Tc,10]);
```

```
Gc2
[Gc3,Kp3,Ti3,Td3]=ziegler(3,[Kc,Tc,10]);
Gc3
G_c1=feedback(G*Gc1,1);
step(G_c1);
holdon;
G_c2=feedback(G*Gc2,1);
step(G_c2);
G_c3=feedback(G*Gc3,1);
step(G_c3);
```

运行该程序得到传递函数为

```
Gc1=
  6.3000
Gc2=
  11.33s+5.04
  ---------------------
  2.248s
Gc2=
3.94 s^2+10.88 s+7.56
  --------
0.04737 s^2+1.405 s
```

经过 P、PI、PID 校正后系统的阶跃响应曲线如图 4-12 所示。

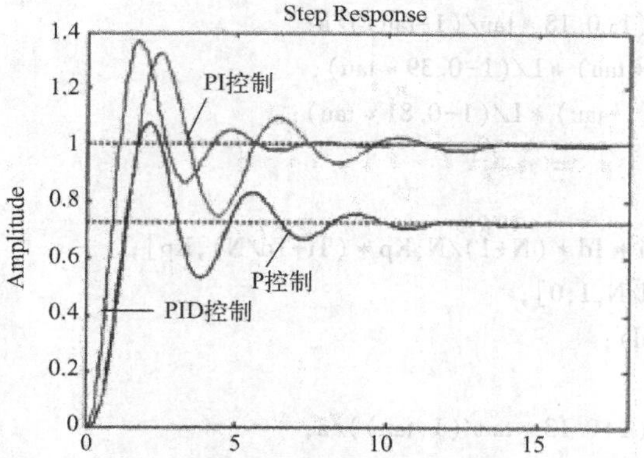

图 4-12 校正后系统的阶跃响应曲线（二）

（2）Cohen-Coon 整定公式 传统的 Ziegler-Nichols 整定公式经过改进，出现了各种设计 PID 控制器的不同算法，其中 Cohen-Coon 是一种类似于 Ziegler-Nichols 的整定算法。若我们从阶跃响应数据提取特征参数，则不同的控制器可以直接由表 4-4 中的方法设计。

表 4-4 Cohen-Coon 整定参数

控 制 器	K_P	T_I	T_D
P	$\frac{1}{a}\left(1+\frac{0.35\tau}{1-\tau}\right)$		
PI	$\frac{0.9}{a}\left(1+\frac{0.92\tau}{1-\tau}\right)$	$\frac{3.3-\tau}{1+1.2\tau}L$	
PD	$\frac{1.24}{a}\left(1+\frac{0.13\tau}{1-\tau}\right)$		$\frac{0.27-0.36\tau}{1-0.87\tau}L$
PID	$\frac{1.35}{a}\left(1+\frac{0.18\tau}{1-\tau}\right)$	$\frac{2.5-2\tau}{1-0.39\tau}L$	$\frac{0.37-0.37\tau}{1-0.81\tau}L$

下面编写一个 MATLAB 函数 cohen()来实现 Cohen-Coon PID 整定算法，代码如下：

```
function [Gc,Kp,Ti,Td,H]=cohenpid(key,vars)
K=vars(1);L=vars(2);T=vars(3);N=vars(4);
a=K*L/T;
tau=L/(L+T);H=[];
if key==1,
    Kp=(1+0.35*tau/(1-tau))/a;
    Gc=tf(Kp,1);
elseif key==2,
    Kp=0.9*(1+0.92*tau/(1-tau))/a;
    Ti=(3.3-3*tau)*L/(1+1.2*tau);
    Gc=tf(Kp*[Ti,1],[Ti,0]);
elseif key==3,
    Kp=1.35*(1+0.18*tau/(1-tau))/a;
    Ti=(2.5-2*tau)*L/(1-0.39*tau);
    Td=0.37*(1-tau)*L/(1-0.81*tau);
end
if key==3,
    nn=[Kp*Ti*Td*(N+1)/N,Kp*(Ti+Td/N),Kp];
    dd=Ti*[Td/N,1,0];
    Gc=tf(nn,dd);
elseif key==4,
    Kp=1.24*(1+0.13*tau/(1-tau))/a;
    Td=(0.27-0.36*tau)*L/(1-0.87*tau);Ti=[];
    Gc=tf(Kp*[Td*(N+1)/N,1],[Td/N,1]);
end
```

该函数的调用格式为

$$[G_c,K_p,T_i,T_d,H]=\mathrm{cohenpid(key,vars)}$$

式中，key 为选择控制器类型的变量，当 key=1，2，3，4 时，分别表示设计 P、PI、PID 和 PD 控制器。

【例 4-4】 根据例 4-3 给出的模型，用 MATLAB 语言设计 P、PI、PID 和 PD 控制器。

解：我们通过调用函数 cohenpid( )、getfod( )来实现 P、PI、PID 和 PD 控制器，并给出校正后系统的阶跃响应曲线。程序代码如下：

```
G=tf(10,[1,10,35,50,24]);
[K,L,T]=getfod(G);
[Gc1,Kp1]=cohenpid(1,[K,L,T,10]);
[Kp1]
[Gc2,Kp2,Ti2]=cohenpid(2,[K,L,T,10]);
[Kp2,Ti2]
[Gc3,Kp3,Ti3,Td3]=cohenpid(3,[K,L,T,10]);
[Kp3,Ti3,Td3]
[Gc4,Kp4,Ti4,Td4]=cohenpid(4,[K,L,T,10]);
[Kp4,Td4]
t=0:0.1:10;
G_c1=feedback(G*Gc1,1);
y=step(G_c1,t);hold on;
G_c2=feedback(G*Gc2,1);
y=[y step(G_c2,t)];
G_c3=feedback(G*Gc3,1);
y=[y step(G_c3,t)];
G_c4=feedback(G*Gc4,1);
y=[y step(G_c4,t)];
plot(t,y);
```

程序运行结果如下：

```
Kp1=
    7.8583
[Kp2,Ti2]=
    8.3036    1.5305
[Kp3,Ti3,Td3]=
    10.0579   1.7419   0.2738
[Kp4,Ti4]=
    9.0895    0.1805
```

系统阶跃响应曲线如图 4-13 所示。

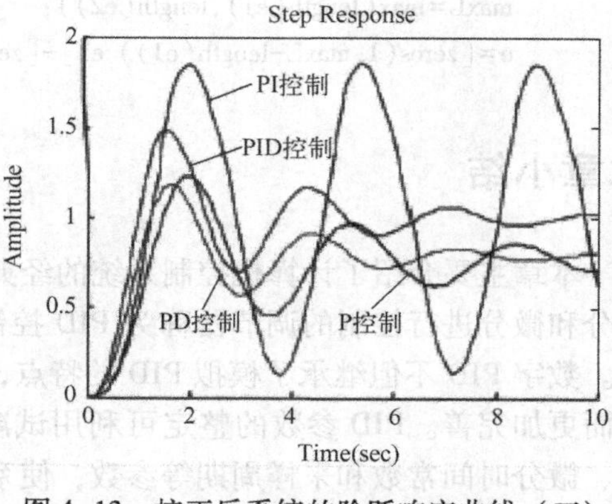

图 4-13 校正后系统的阶跃响应曲线（三）

getfod( )为自定义函数，其定义代码如下：

```
function [K,L,T]=getfod(G,method)
K=dcgain(G);
if nargin==1,
    [Kc,Pm,wc,wcp]=margin(G);
    ikey=0;
    L=1.6*pi/(3*wc);
    T=0.5*Kc*K*L;
```

```
    if finite(Kc),
        x0=[L;T];
        while ikey==0,
            ww1=wc*x0(1);
            ww2=wc*x0(2);
FF=[K*Kc*(cos(ww1)-ww2*sin(ww1))+1+ww2^2;sin(ww1)+ww2*cos(ww1)];
J=[-K*Kc*wc*sin(ww1)-K*Kc*wc*ww2*cos(ww1),-K*Kc*wc*sin(ww1)+2*wc*
ww2;...
                wc*cos(ww1)-wc*ww2*sin(ww1),wc*cos(ww1)];
            x1=x0-inv(J)*FF;
            if norm(x1-x0)<1e-8,
                ikey=1;
            else
                x0=x1;
            end
        end
        L=x0(1); T=x0(2);
    end
    elseif nargin==2 & method==1
    [n1,d1]=tfderv(G.num{1},G.den{1});
    [n2,d2]=tfderv(n1,d1);
    K1=dcgain(n1,d1);
    K2=dcgain(n2,d2);
    Tar=-K1/K;
    T=sqrt(K2/K-Tar^2); L=Tar-T;
end

function [e,f]=tfderv(b,a)
f=conv(a,a);
e1=conv((length(b)-1:-1:1).*b(1:length(b)-1),a);
e2=conv((length(a)-1:-1:1).*a(1:length(a)-1),b);
maxL=max(length(e1),length(e2));
e=[zeros(1,maxL-length(e1)) e1]-[zeros(1,maxL-length(e2)) e2];
```

本章小结

本章主要介绍了计算机控制系统的经典设计方法，在过程控制中，按误差信号的比例、积分和微分进行控制的调节器称为 PID 控制器，这是目前技术成熟且应用最为广泛的控制器。数字 PID 不但继承了模拟 PID 的特点，且由于软件系统的灵活性，PID 算法可以得到修正而更加完善。PID 参数的整定可利用试凑法和实验法，通过调整比例系数、积分时间常数、微分时间常数和采样周期等参数，使系统的性能满足规定的要求。由计算机实现的数字 PID 控制器逐渐取代了模拟 PID 控制器，本章从最基本的 PID 控制原理，讨论了数字 PID 控制计算实现方法，其控制规律灵活性很大，本章介绍了几种常用的数字 PID 算法的改进措施以满足不同控制系统的要求。最后，通过 PID 参数的整定确定 T、K_P、T_I、T_D，用于实际系统中。

本章还着重介绍了利用 MATLAB 语言设计 PID 控制器。

习题

4-1　什么是数字 PID 位置式和增量式控制算法？试比较它们的优缺点。

4-2　已知模拟控制器的传递函数为

$$D(s)=\frac{U(s)}{E(s)}=\frac{1+0.17s}{1+0.085s}$$

试写出相应数字控制器的位置式和增量式控制算式，设采样周期 $T=0.2\mathrm{s}$。

4-3　什么是积分饱和？引起积分饱和的原因是什么？如何消除？

4-4　选择采样周期需考虑哪些因素？

4-5　试叙述试凑法、扩充临界比例度法、扩充响应曲线法整定 PID 参数的步骤。

4-6　数字 PID 控制算法有哪几种常用的改进算法？各适用于什么场合？

4-7　怎样进行 PID 的参数整定？有哪些具体的方法？说明各自的特点和适用范围。

第5章　计算机控制系统的复杂控制规律设计

计算机控制系统的设计，是指在给定系统性能指标的条件下，设计出控制器的控制规律和相应的数字控制算法。本章主要介绍计算机控制系统的复杂控制规律设计。复杂控制技术介绍最少拍控制器、纯滞后控制、串级控制、Smith预估控制等技术。对于大多数系统，采用常规控制技术均可达到满意的控制效果，但对于复杂及有特殊要求的系统，采用常规控制技术难以达到目的，在这种情况下，则需要采用复杂控制技术，甚至采用现代控制和智能控制技术。

5.1　最少拍控制器的设计

在数字随动系统中，通常要求系统输出能够尽快地、准确地跟踪给定值变化，最少拍控制就是适应这种要求的一种直接离散化设计法。

在数字控制系统中，通常把一个采样周期称为一拍。所谓最少拍控制，就是要求设计的数字控制器能使闭环系统在典型输入作用下，经过最少拍数达到输出无静差。显然这种系统对闭环脉冲传递函数的性能要求是快速性和准确性。实质上最少拍控制是时间最优控制，系统的性能指标是调节时间最短（或尽可能地短）。

5.1.1　数字控制器的离散化设计步骤

数字控制系统原理如图5-1所示，$D(z)$为数字控制器，$\phi(z)$为系统的闭环脉冲传递函数，$HG(z)$为广义对象的脉冲传递函数，$H_0(s)$为零阶保持器传递函数，$G(s)$为被控对象传递函数，$Y(z)$为系统输出信号的z变换，$R(z)$为系统输入信号的z变换。

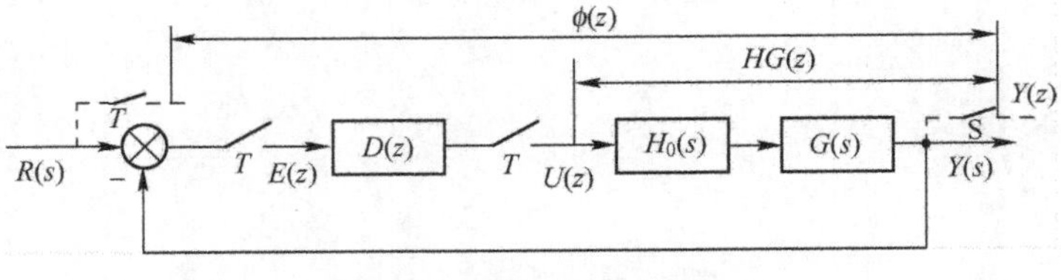

图5-1　数字控制系统原理

广义对象的脉冲传递函数为

$$HG(z)=Z[H_0(s)G(s)]Z\left[\frac{1-e^{-Ts}}{s}G(s)\right] \tag{5-1}$$

可得到对应图5-1所示系统的闭环脉冲传递函数为

$$\phi(z)=\frac{Y(z)}{R(z)}=\frac{D(z)HG(z)}{1+D(z)HG(z)} \tag{5-2}$$

误差脉冲传递函数为

$$\phi_e(z)=\frac{E(z)}{R(z)}=1-\phi(z) \tag{5-3}$$

$$D(z)=\frac{U(z)}{E(z)}=\frac{\phi(z)}{HG(z)[1-\phi(z)]}=\frac{\phi(z)}{HG(z)\phi_e(z)}=\frac{1-\phi_e(z)}{HG(z)\phi_e(z)} \tag{5-4}$$

当 $G(s)$ 已知时，根据控制系统性能指标要求构造出 $\phi(z)$，则可由式（5-2）和式（5-4）求得 $D(z)$。由此可得出数字控制器的离散化设计步骤如下：

1）由 $H_0(s)$ 和 $G(s)$ 求取广义对象的脉冲传递函数 $HG(z)$。

2）根据控制系统的性能指标及实现的约束条件构造闭环脉冲传递函数 $\phi(z)$。

3）根据式（5-4）确定数字控制器的脉冲传递函数 $D(z)$。

4）由 $D(z)$ 确定控制算法并编制程序。

5.1.2 最少拍控制系统 $D(z)$ 的设计

设计最少拍控制系统的数字控制器 $D(z)$，最重要的就是要研究如何根据性能指标要求，构造一个理想的闭环脉冲传递函数。

由误差表达式

$$E(z)=\phi(z)R(z)=e_0+e_1z^{-1}+e_2z^{-2}+\cdots \tag{5-5}$$

可知，要实现无静差、最少拍，$E(z)$ 应在最短时间内趋近于零，即 $E(z)$ 应为有限项多项式。因此，在输入 $R(z)$ 一定的情况下，必须对 $\phi_e(z)$ 提出要求。

典型输入的 z 变换具有如下形式：

（1）单位阶跃输入

$$r(t)=u(t),R(z)=\frac{1}{1-z^{-1}} \tag{5-6}$$

（2）位速度输入

$$r(t)=t,R(z)=\frac{Tz^{-1}}{(1-z^{-1})^2} \tag{5-7}$$

（3）单位加速度输入

$$r(t)=\frac{1}{2}t^2,R(z)=\frac{T^2z^{-1}(1+z^{-1})}{2(1-z^{-1})^3} \tag{5-8}$$

由此可得出控制器输入共同的 z 变换形式为

$$R(z)=\frac{A(z)}{(1-z^{-1})^m} \tag{5-9}$$

其中，m 为正整数；$A(z)$ 是不含有 $(1-z^{-1})$ 因子的 z^{-1} 的多项式。对于不同的输入只是 m 不同。一般只讨论 $m=1$、2、3 的情况。在上述三种典型输入中 m 分别为 1、2、3。根据 z 变换的终值定理，系统的稳态误差为

$$\begin{aligned}\lim_{t\to\infty}e(t)&=\lim_{z\to1}(1-z^{-1})E(z)=\lim_{z\to1}(1-z^{-1})\phi_e(z)R(z)\\&=\lim_{z\to1}(1-z^{-1})\ \phi_e(z)\frac{A(z)}{(1-z^{-1})^m}\end{aligned} \tag{5-10}$$

很明显，要使稳态误差为零，$\phi_e(z)$ 中必须含有 $(1-z^{-1})$ 因子，且其幂次不能低于 m，即

$$\phi_e(z)=(1-z^{-1})^M F(z) \quad (M \geqslant m) \tag{5-11}$$

式中　$F(z)$——关于 z^{-1} 的有限多项式。

为了实现最少拍，要求 $\phi_e(z)$ 中关于 z^{-1} 的幂次尽可能低，$M=m$，$F(z)=1$，则所得 $\phi_e(z)$ 既可满足准确性，又可满足快速性要求，这样就有

$$\phi_e(z)=(1-z^{-1})^m \tag{5-12}$$

$$\phi_c(z)=1-(1-z^{-1})^m \tag{5-13}$$

5.1.3　典型输入下的最少拍控制系统分析

（1）单位阶跃输入时

$$\phi_e(z)=1-z^{-1},\phi(z)=1-(1-z^{-1})=z^{-1} \tag{5-14}$$

$$E(z)=R(z)\phi_e(z)=\frac{1}{1-z^{-1}}(1-z^{-1})=1$$

$$=1\times z^0+0\times z^{-1}+0\times z^{-2}+\cdots \tag{5-15}$$

$$Y(z)=R(z)\phi(z)=\frac{1}{1-z^{-1}}z^{-1}=z^{-1}+z^{-2}+z^{-3}+\cdots \tag{5-16}$$

$e(0)=1$，$e(T)=e(2T)=\cdots=0$，这说明开始一个采样点上有偏差，经过一个采样周期后，系统在采样点上不再有偏差，这时过渡过程为一拍。

由 z 变换定义可以得到输出序列：

$$y(0)=0,y(T)=y(2T)=\cdots=1$$

输出序列如图 5-2a 所示。由图可见，单位阶跃输入时，最少拍控制系统的调节时间为一个采样周期，即经过一拍即可清除输入和输出之间的偏差。

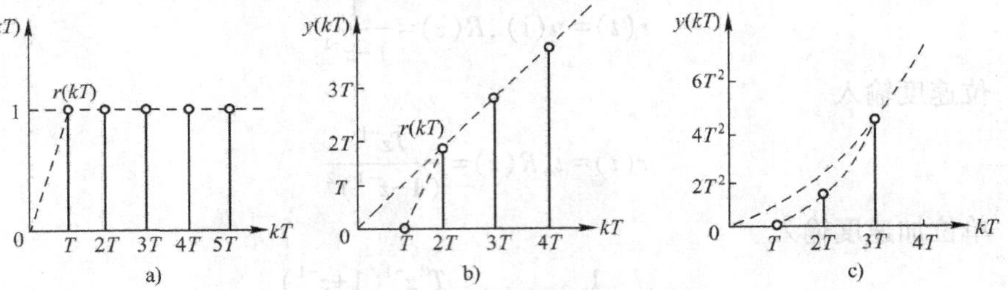

图 5-2　典型输入时的最少拍输出响应

a）单位阶跃输入　b）单位进度输入　c）单位进度输入

（2）单位速度输入时

$$\phi_e(z)=(1-z^{-1})^2,\phi(z)=1-(1-z^{-1})^2=2z^{-1}-z^{-2} \tag{5-17}$$

$$E(z)=R(z)\phi_e(z)=\frac{Tz^{-1}}{(1-z^{-1})^2}(1-z^{-1})^2=Tz^{-1} \tag{5-18}$$

$$Y(z)=R(z)\phi(z)=2Tz^{-2}+3Tz^{-3}+4Tz^{-4}+\cdots \tag{5-19}$$

$e(0)=0$，$e(T)=T$，$e(2T)=e(3T)=\cdots=0$，这说明经过两拍后，偏差采样值达到并保持为零，过渡过程为两拍。

输出序列如图 5-2b 所示。

$$y(0)=0,y(T)=0,y(2T)=2T,y(3T)=3T,\cdots,y(kT)=kT$$

系统的调节时间为 $t_s=2T$。

（3）单位加速度输入时

$$\phi_e(z)=(1-z^{-1})^3 \tag{5-20}$$

$$\phi(z)=1-(1-z^{-1})^3=3z^{-1}-3z^{-2}+z^{-3} \tag{5-21}$$

$$E(z)=R(z)\phi_e(z)=\frac{T^2z^{-1}(1+z^{-1})}{2(1-z^{-1})^3}(1-z^{-1})^3=\frac{T^2z^{-1}}{2}+\frac{T^2z^{-2}}{2}$$

$$Y(z)=\phi(z)R(z)=(3z^{-1}-3z^{-2}+z^{-3})\frac{T^2z^{-1}(1+z^{-1})}{2(1-z^{-1})^3}$$

$$=1.5T^2z^{-2}+4.5T^2z^{-3}+8T^2z^{-4}+12.5T^2z^{-5}+\cdots \tag{5-22}$$

$e(0)=0$，$e(T)=e(2T)=T^2/2$，$e(3T)=e(4T)=\cdots=0$，这说明经过三拍后，输出序列不会再有偏差，过渡过程为三拍。

求得系统的输出序列为

$$y(0)=0, y(T)=0, y(2T)=3T^2/2, y(3T)=9T^2/2, y(kT)=(kT)^2/2$$

图 5-2c 为单位加速度时的输出响应。可见，经过 3 个采样周期后，系统输出跟踪输入。表 5-1 给出了三种典型输入的理想最少拍的 $\phi(z)$。

表 5-1　三种典型输入的理想最少拍过程

输入类型	m	$\phi(z)$	最快调整时间
单位阶跃 $\frac{1}{1-z^{-1}}$	1	z^{-1}	T
单位速度 $\frac{Tz^{-1}}{(1-z^{-1})^2}$	2	$2z^{-1}-z^{-2}$	$2T$
单位加速度 $\frac{T^2z^{-1}(1+z^{-1})}{2(1-z^{-1})^3}$	3	$3z^{-1}-3z^{-2}+z^{-3}$	$3T$

【例 5-1】 计算机控制系统如图 5-1 所示，对象的传递函数 $G(s)=\frac{2}{s(0.5s+1)}$，采样周期 $T=0.5\text{s}$，系统输入为单位速度函数，试设计有限拍调节器 $D(z)$。

解：广义对象传递函数为

$$HG(z)=Z\left[\frac{1-e^{-Ts}}{s}\frac{2}{s(0.5s+1)}\right]=Z\left[(1-e^{-Ts})\frac{4}{s^2(s+2)}\right]$$

$$=(1-z^{-1})Z\left[\frac{4}{s^2(s+2)}\right]$$

$$=(1-z^{-1})Z\left[\frac{2}{s^2}-\frac{1}{s}+\frac{1}{s+2}\right]$$

$$=(1-z^{-1})\left[\frac{2Tz^{-1}}{(1-z^{-1})^2}-\frac{1}{1-z^{-1}}+\frac{1}{1-e^{-2T}z^{-1}}\right]$$

$$=\frac{0.368z^{-1}(1+0.718z^{-1})}{(1-z^{-1})(1-0.368z^{-1})}$$

由于 $r(t)=t$，$R(z)=\frac{Tz^{-1}}{(1-z^{-1})^2}$，闭环脉冲传递函数及误差传递函数为 $\phi(z)=1-(1-z^{-1})^2=$

$2z^{-1}-z^{-2}$，$\phi_e(z)=(1-z^{-1})^2$

求得控制器的脉冲传递函数为

$$D(z)=\frac{\phi(z)}{HG(z)\phi_e(z)}=\frac{\phi(z)}{HG(z)[1-\phi(z)]}=\frac{5.435(1-0.5z^{-1})(1-0.368z^{-1})}{(1-z^{-1})(1+0.718z^{-1})}$$

检验：

$$E(z)=\phi_e(z)R(z)=Tz^{-1}$$

由此可见

$$Y(z)=\phi(z)R(z)=[1-\phi_e(z)]R(z)$$
$$=(2z^{-1}-z^{-2})\frac{Tz^{-1}}{(1-z^{-1})^2}$$
$$=2Tz^{-2}+3Tz^{-3}+4Tz^{-4}+\cdots$$

式中各项系数即为 $y(t)$ 在各个采样时刻的数值。

其输出响应曲线如图 5-3 所示。

由图可知，当系统为单位速度输入时，经过两拍以后，输出量完全等于输入采样值，即 $y(kT)=r(kT)$。但在各采样点之间还存在着一定的误差，即存在着一定的波纹。

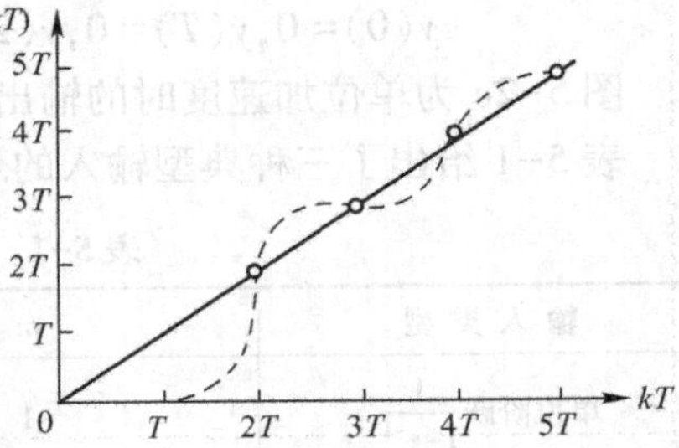

图 5-3　输出响应曲线

下面再来看一下，当系统输入为单位阶跃函数和单位加速度时输出响应的情况。

当输入为单位阶跃函数时，$R(z)=\frac{1}{1-z^{-1}}$，闭环脉冲传递函数 $\phi(z)=z^{-1}$。

则数字控制器为

$$D(z)=\frac{\phi(z)}{HG(z)[1-\phi(z)]}=\frac{z^{-1}}{\frac{0.368z^{-1}(1+0.718z^{-1})}{(1-z^{-1})(1-0.368z^{-1})}(1-z^{-1})}=\frac{2.717(1-0.368z^{-1})}{1+0.718z^{-1}}$$

系统输出序列的 z 变换为

$$Y(z)=\phi(z)R(z)=(2z^{-1}-z^{-2})\frac{1}{1-z^{-1}}=2z^{-1}+z^{-2}+z^{-3}+z^{-4}+\cdots$$

各个采样时刻输出序列为 $y(0)=0$，$y(T)=2$，$y(2T)=1$，$y(3T)=1$，$y(4T)=1$，…。

系统的输出响应曲线如图 5-4a 所示。

若输出为单位加速度，输出量的 z 变换为

$$Y(z)=\phi(z)R(z)=(2z^{-1}-z^{-2})\frac{T^2z^{-1}(1+z^{-1})}{2(1-z^{-1})^3}$$
$$=T^2z^{-2}+3.5T^2z^{-3}+7T^2z^{-4}+11.5T^2z^{-5}+\cdots$$

各个采样时刻输出序列为

$$y(0)=0,\ y(T)=0,\ y(2T)=T^2,\ y(3T)=3.5T^2,\ y(4T)=7T^2,\cdots$$

而输入序列为 $r(0)=0$，$r(T)=0.5T^2$，$r(2T)=2T^2$，$r(3T)=4.5T^2$，$r(4T)=8T^2$，…

系统的输入和输出响应曲线如图 5-4b 所示。

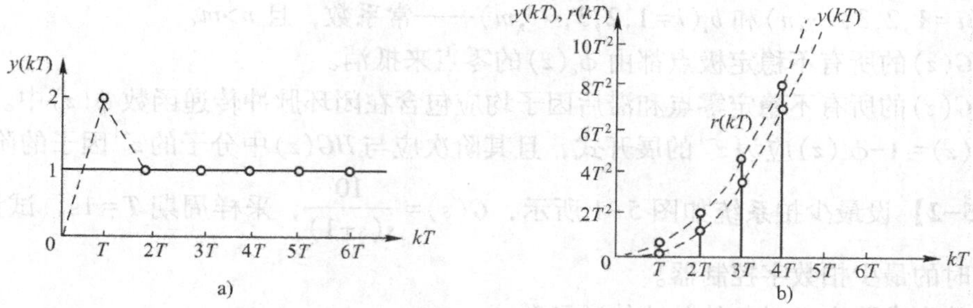

图 5-4　输出响应曲线

a）单位阶跃输入时系统的输出响应　b）单位加速度输入时系统的输入输出响应

由例 5-1 和图 5-4 可见，按单位速度输入设计的最少拍系统，当为单位阶跃输入时，有 100%的超调量，加速度输入时有静差。由上述分析可知，按照某种典型输入设计的最少拍系统，当输入函数改变时，输出响应不理想，说明最少拍系统对输入信号的变化适应性较差。

5.1.4　最少拍控制器设计的限制条件

最少拍控制器的设计必须考虑如下几个问题：

1）稳定性。闭环控制系统必须是稳定的，只有广义对象的脉冲传递函数 $HG(z)$ 是稳定的（即在 z 平面单位圆上或圆外没有零、极点），且不含有纯滞后环节时，所设计的最少拍系统才是正确的。如果 $HG(z)$ 不满足稳定条件，则需对设计原则做相应的限制。

由式（5-4）可导出系统闭环脉冲传递函数为

$$\phi(z)=D(z)HG(z)\phi_e(z) \tag{5-23}$$

为保证闭环系统稳定，其闭环脉冲传递函数 $\phi(z)$ 的极点应全部在单位圆内。若广义对象的脉冲传递函数 $HG(z)$ 中有极点存在，则应用 $D(z)$ 或 $\phi_e(z)$ 的相同零点来抵消。但用 $D(z)$ 的零点去抵消 $HG(z)$ 的不稳定极点是不可靠的。因为 $D(z)$ 中的参数由于计算上的误差或漂移会造成抵消不完全的情况，这将引起系统不稳定，所以 $HG(z)$ 的不稳定极点通常由 $\phi_e(z)$ 来抵消。给 $\phi_e(z)$ 增加零点的后果是延迟了系统消除偏差的时间。$HG(z)$ 在单位圆上或圆外的零点，既不能用 $\phi_e(z)$ 中的极点来抵消，因为 $\phi_e(z)$ 已选定为 z^{-1} 的多项式，没有极点，也不能用增加 $D(z)$ 中的极点抵消，因为 $D(z)$ 不允许有不稳定极点，这样会使数字控制器 $D(z)$ 不稳定。而对于 $HG(z)$ 中的纯滞后环节，也不能由 $D(z)$ 消除，因为这样将使计算机出现超前输出，这实际上是无法实现的。因此，广义对象 $HG(z)$ 中的单位圆外零点和 z^{-1} 因子，还必须包括在所设计的闭环脉冲传递函数 $\phi(z)$ 中，这将导致调整时间的延长。

2）准确性。控制系统对典型输入必须无稳态误差。仅在采样点上无稳态误差的系统称为最少拍有纹波系统；在采样点和采样点之间都无稳态误差的系统称为最少拍无纹波系统。

3）快速性。过渡过程应尽快结束，即调整时间是有限的，拍数是最少的。

4）物理可实现性。设计出的 $D(z)$ 必须在物理上是可实现的。

根据上面的分析，设计最少拍系统时，考虑到控制器的可实现性和系统的稳定性，对闭环脉冲传递函数 $\phi(z)$、误差传递函数 $\phi(z)$ 的选择必须有一定的限制。

① 数字控制器 $D(z)$ 在物理上应是可实现的有理多项式。即

$$D(z)=\frac{b_0+b_1z^{-1}+b_2z^{-2}+\cdots+b_mz^{-m}}{1+a_1z^{-1}+a_2z^{-2}+\cdots+a_nz^{-n}} \tag{5-24}$$

式中　$a_i(i=1,2,3,\cdots,n)$ 和 $b_i(i=1,2,3,\cdots,m)$——常系数，且 $n>m$。

② $HG(z)$ 的所有不稳定极点都由 $\phi_e(z)$ 的零点来抵消。

③ $HG(z)$ 的所有不稳定零点和滞后因子均应包含在闭环脉冲传递函数 $\phi(z)$ 中。

④ $\phi(z)=1-\phi_e(z)$ 应为 z^{-1} 的展开式，且其阶次应与 $HG(z)$ 中分子的 z^{-1} 因子的阶次相等。

【例 5-2】 设最少拍系统如图 5-1 所示，$G(s)=\dfrac{10}{s(s+1)}$，采样周期 $T=1\text{s}$，试设计单位速度输入时的最少拍数字控制器。

解： 首先求取广义对象的脉冲传递函数

$$
\begin{aligned}
HG(z)&=Z\left[\frac{1-e^{-sT}}{s}\frac{10}{s(s+1)}\right]\\
&=10(1-z^{-1})Z\left[\frac{1}{s^2}+\frac{1}{s+1}-\frac{1}{s}\right]\\
&=10(1-z^{-1})\left[\frac{Tz^{-1}}{(1-z^{-1})^2}+\frac{1}{1-e^{-T}z^{-1}}-\frac{1}{1-z^{-1}}\right]\\
&=\frac{3.68z^{-1}(1+0.718z^{-1})}{(1-z^{-1})(1-0.368z^{-1})}
\end{aligned}
$$

$HG(z)$ 式中包含 z^{-1}，为满足限制条件③和④，要求闭环脉冲传递函数 $\phi(z)$ 中含有 z^{-1} 因子；用 $\phi_e(z)$ 来平衡 z^{-1} 的幂次，故可得

$$
\begin{cases}\phi(z)=1-\phi_e(z)=z^{-1}(a+bz^{-1})\\ \phi_e(z)=(1-z^{-1})^2\end{cases}
$$

式中　a、b——待定系数。

由上述方程组可得

$$
\begin{cases}a=2\\ b=-1\end{cases}
$$

代入方程组，则

$$
\begin{cases}\phi(z)=z^{-1}(2-z^{-1})\\ \phi_e(z)=(1-z^{-1})^2\end{cases}
$$

由此可求出数字控制器的脉冲传递函数

$$
D(z)=\frac{1-\phi_e(z)}{\phi_e(z)HG(z)}=\frac{0.543(1-0.5z^{-1})(1-0.368z^{-1})}{(1-z^{-1})(1+0.718z^{-1})}
$$

进一步求得

$$
Y(z)=R(z)\phi(z)=\frac{Tz^{-1}}{(1-z^{-1})^2}z^{-1}(2-z^{-1})=2z^{-2}+3z^{-3}+4z^{-4}+\cdots
$$

输出序列为

$$
y(0)=0,\ y(T)=0,\ y(2T)=2,\ y(3T)=3,\ y(4T)=4,\cdots
$$

其输出响应曲线如图 5-5a 所示。

控制器输出

$$
U(z)=E(z)D(z)=R(z)\phi_{e(z)}D(z)=Tz^{-1}\frac{0.543(1-0.5z^{-1})(1-0.368z^{-1})}{(1-z^{-1})(1+0.718z^{-1})}
$$

$$= 0.54z^{-1}-0.32z^{-2}+0.4z^{-3}-0.12z^{-4}+0.25z^{-5}+\cdots$$

输出序列为

$$u(0)=0.54, u(T)=-0.32, u(2T)=0.4, u(3T)=-0.12, u(4T)=0.25, \cdots$$

其输出响应曲线如图 5-5b 所示。

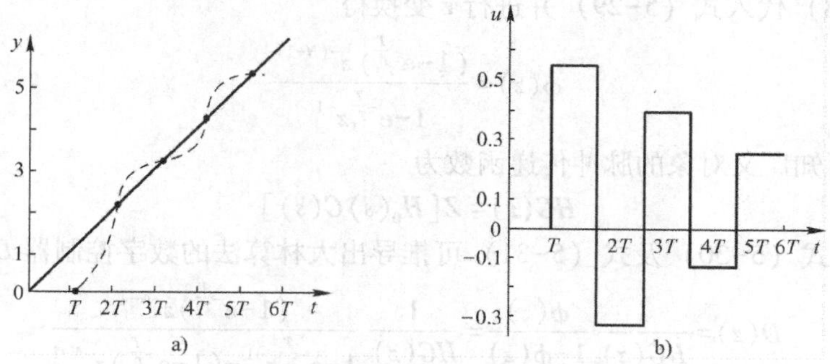

图 5-5　输出序列波形

a）系统输出　b）控制器输出

5.2　纯滞后控制技术

1968 年，IBM 公司的大林提出了一种针对工业过程中含有纯滞后对象的控制算法，获得良好的效果。

5.2.1　大林算法的基本形式

假设带有纯滞后对象的计算机控制系统（见图 5-1）是一个负反馈控制系统。纯滞后对象的特性为 $G(s)$，$H_0(s)$为零阶保持器，$D(z)$为数字控制器。

大林算法用来解决含有纯滞后对象的控制问题，其适用于被控对象具有带纯滞后的一阶或二阶惯性环节，它们的传递函数分别为

$$G(s)=\frac{K\mathrm{e}^{-\tau s}}{T_1 s+1} \tag{5-25}$$

$$G(s)=\frac{K\mathrm{e}^{-\tau s}}{(T_1 s+1)(T_2 s+1)} \tag{5-26}$$

式中　K——放大系数；

T_1、T_2——对象的时间常数；

τ——被控对象的纯滞后时间，一般假定它们是采样周期 T 的整数倍。

（1）大林算法设计目标　大林算法的设计目标是设计合适的数字控制器 $D(z)$，使整个计算机控制系统等效的闭环传递函数期望为一个纯滞后环节和一阶惯性环节相串联，并期望闭环系统的纯滞后时间等于被控对象的纯滞后时间，即闭环传递函数为

$$G(s)=\frac{K\mathrm{e}^{-\tau s}}{T_\tau s+1} \tag{5-27}$$

式中　T_τ——要求的等效惯性时间常数；

τ——对象的纯滞后时间常数，其与采样周期 T 有整数倍关系，即

$$\tau=NT\ (N=1,2,3,\cdots) \tag{5-28}$$

用脉冲传递函数近似法求得与 $\phi(z)$ 对应的闭环脉冲传递函数为

$$\phi(z)=\frac{Y(z)}{R(z)}=Z[H_0(s)\phi(s)]=Z\left[\frac{1-e^{-Ts}}{s}\ \frac{e^{-\tau s}}{T_\tau s+1}\right] \tag{5-29}$$

将式（5-28）代入式（5-29）并进行 z 变换得

$$\phi(z)=\frac{(1-e^{-\frac{T}{T_\tau}})z^{-(N+1)}}{1-e^{-\frac{T}{T_\tau}}z^{-1}} \tag{5-30}$$

由图 5-1 可知广义对象的脉冲传递函数为

$$HG(z)=Z[H_0(s)G(s)] \tag{5-31}$$

由图 5-1、式（5-30）及式（5-31）可推导出大林算法的数字控制器 $D(z)$ 为

$$D(z)=\frac{1}{HG(z)}\ \frac{\phi(z)}{1-\phi(z)}=\frac{1}{HG(z)}\ \frac{(1-e^{-\frac{T}{T_\tau}})z^{-N-1}}{1-e^{-\frac{T}{T_\tau}}z^{-1}-(1-e^{-\frac{T}{T_\tau}})z^{-N-1}} \tag{5-32}$$

若已知被控对象的脉冲传递函数 $HG(z)$，就可以利用式（5-32）求出数字控制器的脉冲传递函数 $D(z)$。

（2）带纯滞后一阶惯性对象的大林算法　设对象特性为

$$G(s)=\frac{Ke^{-\tau s}}{T_1 s+1} \tag{5-33}$$

将式（5-28）代入式（5-33）并进行 z 变换得

$$HG(z)=Z\left[\frac{1-e^{\tau s}}{s}\ \frac{Ke^{-\tau s}}{T_1 s+1}\right]=Kz^{-N-1}\frac{1-e^{-\frac{T}{T_1}}}{1-e^{-\frac{T}{T_1}}z^{-1}} \tag{5-34}$$

将式（5-34）代入式（5-32）得出数字控制器的算式为

$$D(z)=\frac{1}{HG(z)}\ \frac{\phi(z)}{1-\phi(z)}=\frac{(1-e^{-\frac{T}{T_\tau}})(1-e^{-\frac{T}{T_1}}z^{-1})}{K(1-e^{-\frac{T}{T_1}})[1-e^{-\frac{T}{T_\tau}}z^{-1}-(1-e^{-\frac{T}{T_\tau}})z^{-N-1}]} \tag{5-35}$$

（3）带纯滞后二阶惯性对象的大林算法　设对象特性为

$$G(s)=\frac{Ke^{-\tau s}}{(T_1 s+1)(T_2 s+1)} \tag{5-36}$$

将式（5-28）代入式（5-36）并进行 z 变换得

$$HG(z)=Z\left[\frac{1-e^{-Ts}}{s}\ \frac{Ke^{-\tau s}}{(T_1 s+1)(T_2 s+1)}\right]=\frac{K(c_1+c_2z^{-1})z^{-N-1}}{(1-e^{-\frac{T}{T_1}}z^{-1})(1-e^{-\frac{T}{T_2}}z^{-1})} \tag{5-37}$$

式中

$$c_1=1+\frac{1}{T_2-T_1}(T_1e^{-T/T_1}-T_2e^{-T/T_2})$$

$$c_2=e^{-T(1/T_1+1/T_2)}+\frac{1}{T_2-T_1}(T_1e^{-T/T_2}-T_2e^{-T/T_1})$$

将式（5-37）代入式（5-32）得出数字控制器的算式为

$$D(z)=\frac{1}{HG(z)}\ \frac{\phi(z)}{1-\phi(z)}=\frac{(1-e^{-\frac{T}{T_\tau}})(1-e^{-\frac{T}{T_1}}z^{-1})(1-e^{-\frac{T}{T_2}}z^{-1})}{K(c_1+c_2z^{-1})[1-e^{-\frac{T}{T_\tau}}z^{-1}-(1-e^{-\frac{T}{T_\tau}})z^{-N-1}]} \tag{5-38}$$

5.2.2 振铃现象及其消除方法

所谓振铃（Ringing）现象，是指数字控制器的输出 $u(kT)$ 以 1/2 采样频率的大幅度衰减的振荡。这与前面介绍的最少拍有纹波系统中的纹波是不一样的。最少拍有纹波系统中是由于系统输出达到给定值后，控制器还存在振荡，影响到系统的输出有纹波，而振铃现象中的振荡是衰减的。由于被控对象中惯性环节的低通特性，使得这种振荡对系统的输出几乎无任何影响，但是振荡现象却会增加执行机构的磨损；在存在耦合的多回路控制系统中，还有可能影响到系统的稳定性。

（1）振铃幅值（Ringing Amplitude，RA） 振铃幅值 RA 用来衡量振铃强烈的程度，RA 定义为数字控制器在单位阶跃输入作用下，第 0 拍输出与第 1 拍输出之差，即

$$RA=u(0)-u(T) \tag{5-39}$$

式中，$RA\leqslant 0$，则无振铃现象；$RA>0$，则存在振铃现象，且 RA 值越大，振铃现象越严重。

（2）振铃现象的分析 大林算法的数字控制器 $D(z)$ 写成一般形式为

$$D(z)=Az^{-L}\frac{1+b_1z^{-1}+b_2z^{-2}+\cdots}{1+a_1z^{-1}+a_2z^{-2}+\cdots}=Az^{-L}Q(z) \tag{5-40}$$

式中，$Q(z)=(1+b_1z^{-1}+b_2z^{-2}+\cdots)/(1+a_1z^{-1}+a_2z^{-2}+\cdots)$；$A$ 为常数；z^{-L}表示延迟。

从式（5-40）看出，数字控制器的单位阶跃响应输出序列幅值的变化仅与 $Q(z)$ 有关，因为 Az^{-L}只是将输出序列延时和比例放大或缩小。因此，只需分析单位阶跃作用下 $Q(z)$ 的输出序列即可。

$$u(z)=Q(z)R(z)=\frac{1+b_1z^{-1}+b_2z^{-2}+\cdots}{1+a_1z^{-1}+a_2z^{-2}+\cdots}\frac{1}{1-z^{-1}}=1+(b_1-a_1+1)z^{-1}+\cdots \tag{5-41}$$

根据 RA 定义，从式（5-41）中可得

$$RA=u(0)-u(T)=1-(b_1-a_1+1)=a_1-b_1 \tag{5-42}$$

【例 5-3】 设数字控制器 $D(z)=\frac{1}{1+z^{-1}}$，试求 RA。

解：在单位阶跃输入作用下，控制器输出的 z 变换为

$$U(z)=\frac{1}{1+z^{-1}}\frac{1}{1-z^{-1}}=1+z^{-2}+z^{-4}+\cdots$$

$$RA=u(0)-u(T)=1-0=1$$

【例 5-4】 设数字控制器 $D(z)=\frac{1}{1+0.5z^{-1}}$，试求 RA。

解：在单位阶跃输入作用下，控制器输出的 z 变换为

$$U(z)=\frac{1}{1+0.5z^{-1}}\frac{1}{1-z^{-1}}=1+0.5z^{-1}+0.75z^{-2}+0.625z^{-3}+\cdots$$

$$RA=u(0)-u(T)=1-0.5=0.5$$

【例 5-5】 设数字控制器 $D(z)=\frac{1}{(1+0.5z^{-1})(1-0.2z^{-1})}$，试求 RA。

解：在单位阶跃输入作用下，控制器输出的 z 变换为

$$U(z)=\frac{1}{(1+0.5z^{-1})(1-0.2z^{-1})}\frac{1}{1-z^{-1}}=1+0.7z^{-1}+0.89z^{-2}+0.803z^{-3}+\cdots$$

$$RA=u(0)-u(T)=1-0.7=0.3$$

【例 5-6】 设数字控制器 $D(z)=\frac{1-0.5z^{-1}}{(1+0.5z^{-1})(1-0.2z^{-1})}$，试求 RA。

解： 在单位阶跃输入作用下，控制器输出的 z 变换为

$$U(z)=\frac{1-0.5z^{-1}}{(1+0.5z^{-1})(1-0.2z^{-1})}\frac{1}{1-z^{-1}}=1+0.2z^{-1}+0.54z^{-2}+0.36z^{-3}+\cdots$$

$$RA=u(0)-u(T)=1-0.2=0.8$$

产生振铃的原因是数字控制器中含有左半平面上的极点。由例 5-3~例 5-6 可知，$Q(z)$ 的极点位置在 $z=-1$ 时，振铃现象最严重；$Q(z)$ 在单位圆内的左半平面极点位置离 -1 越远，振铃现象越弱（见例 5-3 和例 5-6）；$Q(z)$ 在单位圆内右半平面有极点或左半平面有零点时，会减轻振铃现象（见例 5-5）；$Q(z)$ 在单位圆内右半平面有零点时，会增加振铃幅值（见例 5-6）。

下面分析带纯滞后的一阶或二阶惯性环节系统中的振铃现象。

① 纯滞后的一阶惯性对象。将式（5-35）化成一般形式为

$$D(z)=\frac{(1-e^{-\frac{T}{T_\tau}})}{K(1-e^{-\frac{T}{T_1}})}\frac{(1-e^{-\frac{T}{T_1}}z^{-1})}{[1-e^{-\frac{T}{T_\tau}}z^{-1}-(1-e^{-\frac{T}{T_\tau}})z^{-N-1}]} \tag{5-43}$$

由式（5-42）可以看出式（5-43）振铃幅值为

$$RA=a_1-b_1=-e^{-T/T_\tau}-(-e^{-T/T_1})=e^{-T/T_1}-e^{-T/T_\tau} \tag{5-44}$$

式中 T_1——被控对象时间常数；

T_τ——闭环传递函数的时间常数。

如果 $T_\tau\geqslant T_1$，则 $RA\leqslant 0$，无振铃现象；如果 $T_\tau<T_1$，$RA>0$，则有振铃现象。$D(z)$ 可进一步化为

$$D(z)=\frac{(1-e^{-\frac{T}{T_\tau}})}{K(1-e^{-\frac{T}{T_\tau}})}\frac{(1-e^{-\frac{T}{T_1}}z^{-1})}{(1-z^{-1})[1+(1-e^{-\frac{T}{T_\tau}})(z^{-1}+z^{-2}+\cdots+z^{-N})]} \tag{5-45}$$

在 $z=1$ 处的极点不产生振铃现象，可能引起振铃现象的是因子

$$[1+(1-e^{-\frac{T}{T_\tau}})(z^{-1}+z^{-2}+\cdots+z^{-N}]$$

分析该极点因子可见：

- 当 $N=0$ 时，对象无纯滞后特性，不存在振铃因子，不会产生振铃现象。
- 当 $N=1$ 时，有一个极点 $z=-(1-e^{-T/T_\tau})$。当 T_τ 远远小于 T 时，$z\to-1$，即产生严重的振铃现象。
- 当 $N=2$ 时，极点为

$$z=-\frac{1}{2}(1-e^{-T/T_\tau})\pm\frac{1}{2}j\sqrt{4(1-e^{-T/T_\tau})-(1-e^{-T/T_\tau})^2}$$

若 T_τ 远远小于 T 时，$z\approx-\frac{1}{2}\pm j\frac{\sqrt{3}}{2}$，$|z|\to-1$，同样有严重的振铃现象。

由上述分析得到启发，在选择 $T_\tau<T_1$ 条件下，若采样周期 T 的选择与期望闭环系统时间

常数 T_τ 的数量级相同，将有利于削弱振铃现象。

② 纯滞后的二阶惯性对象。将式（5-38）化为

$$D(z)=\frac{1-\mathrm{e}^{-\frac{T}{T_\tau}}}{Kc_1}\frac{1-(\mathrm{e}^{-\frac{T}{T_1}}+\mathrm{e}^{-\frac{T}{T_2}})z^{-1}+\cdots}{1+\left(\frac{c_2}{c_1}-\mathrm{e}^{-\frac{T}{T_\tau}}\right)z^{-1}+\cdots} \tag{5-46}$$

由式（5-46）可见，$D(z)$存在一个极点 $z=-\frac{c_2}{c_1}$。在 $T\to0$ 时，$\lim\limits_{T\to0}\frac{c_2}{c_1}=1$，所以系统在 $z=-1$ 处存在强烈的振铃现象。由式（5-42）及式（5-46）可得振铃幅值

$$RA=\frac{c_2}{c_1}-\mathrm{e}^{-T/T_\tau}+\mathrm{e}^{-T/T_1}+\mathrm{e}^{-T/T_2} \tag{5-47}$$

当 $T\to0$ 时，$RA\approx2$。

（3）消除振铃的方法　消除振铃的方法是消除 $D(z)$ 的左半平面的极点。具体方法是先找出引起振铃现象的极点，然后令这些极点 $z=1$，于是消除了产生振铃的极点。根据终值定理，这样处理不会影响数字控制器的稳态输出。另外从保证闭环系统的特性出发，选择合适的采样周期 T 及系统闭环时间常数 T_τ，使得数字控制器的输出避免产生强烈的振铃现象。

（4）大林算法的设计步骤　用直接设计法设计具有纯滞后系统的数字控制器，主要考虑的性能指标是控制系统无超调或超调很小，为了保证系统稳定，允许有较长的调节时间。设计中应注意的问题是振铃现象。下面是考虑振铃现象影响时设计数字控制器的一般步骤：

1）根据系统性能，确定闭环系统的参数 T_τ，给出振铃幅值 RA 的指标。

2）由 RA 与采样周期的关系，解出给定振铃幅值下对应的采样周期，如果 T 有多解，则选择较大的采样周期。

3）确定纯滞后时间 τ 与采样周期 T 之比的最大整数 N。

4）求广义对象的脉冲传递函数 $HG(z)$ 及闭环系统的脉冲传递函数 $\phi(z)$。

5）求数字控制器的脉冲传递函数 $D(z)$。

5.2.3 Smith 预估控制

在炼油、化工生产过程中，有很多被控对象有严重的纯滞后时间。其一阶近似的传递函数为

$$G_\mathrm{P}(s)=K_\mathrm{P}\frac{\mathrm{e}^{-\tau s}}{T_1s+1} \tag{5-48}$$

通常用 τ/T_1 值来度量纯滞后对系统的影响程度，对于大纯滞后的系统，很难有一个绝对的定义，一般认为 τ 在对象整个反应时间里起主导作用（$\tau/T\geqslant0.5$ 时），则在设计控制系统中就应该认真对待。对大纯滞后对象，常规 PID 控制很难获得良好的控制品质。

1. Smith 预估控制原理

Smith 提出了一种纯滞后补偿模型，但由于模拟仪表不能实现这种补偿，致使这种方法在工程中无法实现，而今天利用计算机可以方便地实现纯滞后补偿。

具有大纯滞后被控对象的传递函数为

$$G_\mathrm{PC}(s)=G_\mathrm{P}(s)\mathrm{e}^{-\tau s} \tag{5-49}$$

式中　$G_P(s)$——对象传递函数中不包括纯滞后项的部分。

控制器的传递函数为 $G_C(s)$，则相应的单回路反馈系统如图 5-6 所示。

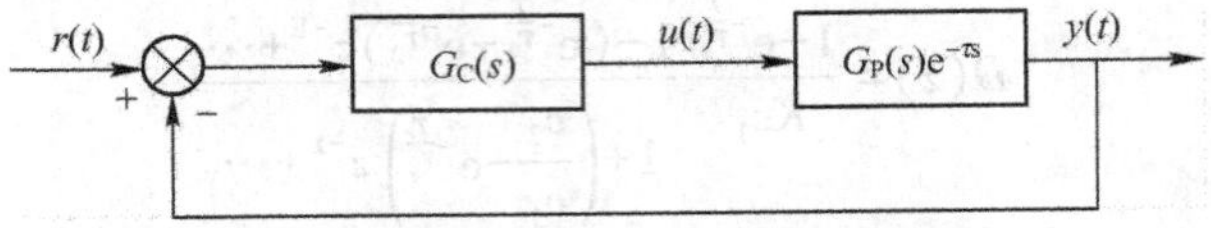

图 5-6　带纯滞后环节的反馈系统

Smith 预估控制原理：在控制回路内部引入一个补偿环节 G_τ 与被控对象并联，用来补偿被控对象的纯滞后部分，该环节称为 Smith 预估补偿器。带 Smith 预估补偿器的控制系统如图 5-7a 所示。

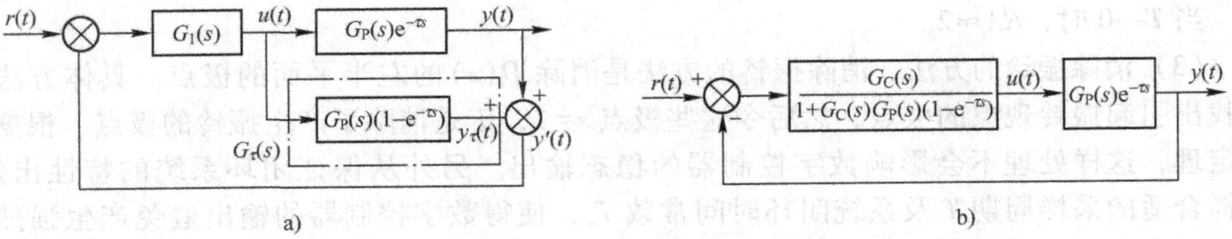

图 5-7　带 Smith 预估补偿器的控制系统

由图 5-7a 可知

$$\frac{Y'(s)}{U(s)}=G_P(s)e^{-\tau s}+G_\tau(s) \tag{5-50}$$

为了补偿对象的纯滞后，要求

$$\frac{Y'(s)}{U(s)}=G_P(s)e^{-\tau s}+G_\tau(s)=G_P(s) \tag{5-51}$$

由此可得

$$G_\tau(s)=G_P(s)(1-e^{-\tau s}) \tag{5-52}$$

如果将图 5-7a 中的控制算式部分合起来表示，则图 5-7a 可简化为图 5-7b 所示形式。由图 5-7b 可知，控制系统的闭环传递函数为

$$\frac{Y(s)}{R(s)}=\frac{\dfrac{G_C(s)G_P(s)e^{-\tau s}}{1+G_C(s)G_P(s)(1-e^{-\tau s})}}{\dfrac{1+G_C(s)G_P(s)}{1+G_C(s)G_P(s)(1-e^{-\tau s})}}=\frac{G_C(s)G_P(s)}{1+G_C(s)G_P(s)}e^{-\tau s} \tag{5-53}$$

由式（5-53）可知，经过上述补偿后，已消除了纯滞后项对控制系统的影响。由拉普拉斯变换的位移定理可以证明式（5-53）中的 $e^{-\tau s}$ 仅仅相当于将控制过程在时间坐标上推移了一个时间 τ，其过渡过程形状及其他所有品质与对象特性为 $G_P(s)$，不存在纯滞后项时完全相同。

2. 具有纯滞后补偿的数字控制器的实现

采用计算机控制时，数字 Smith 预估纯滞后补偿控制系统结构如图 5-8 所示。

由图 5-8 可见，纯滞后补偿的数字控制器由两部分组成：一部分是数字 PID；另一部分是 Smith 预估器。

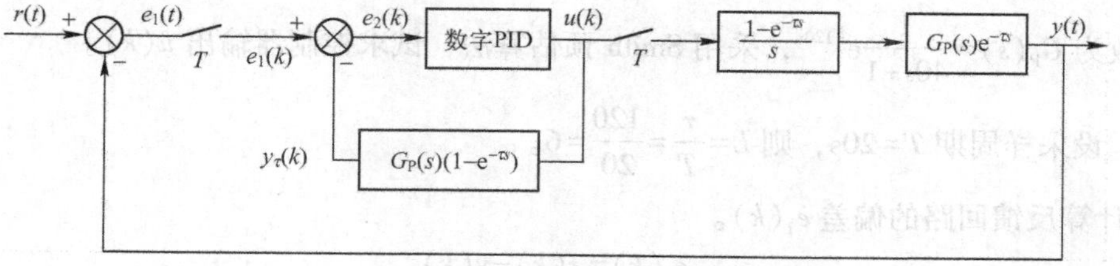

图 5-8　具有纯滞后补偿的控制系统

滞后环节使信号延迟，为此在内存中专门设定 N 个单元作为存放信号 $m(k)$ 的历史数据，存储单元的个数由 $N=\tau/T$（整数）确定，式中 T 为采样周期，τ 为纯滞后时间。

Smith 预估器的输出可按图 5-8 计算，在此取 PID 控制器前一个采样时刻的输出 $u(k-1)$ 作为预估器的输入。在每个采样周期，把第 $N-1$ 个单元移入第 N 个单元，第 $N-2$ 个单元移入第 $N-1$ 个单元，依次类推，直到把第 1 个单元移入第 2 个单元。最后将 $m(k)$ 移入第 1 个单元。从单元 N 输出的信号，就是滞后 N 个采样周期的 $m(k-N)$ 信号。图 5-9 中，$u(k-1)$ 是 PID 控制器上一个采样（控制）周期的输出，$y_\tau(k)$ 是 Smith 预估器的输出。从图中可知，必须先计算传递函数 $G_P(s)$ 的输出 $m(k)$ 后，才能计算预估器的输出。即

$$y_\tau(k)=m(k)-m(k-n) \tag{5-54}$$

设被控对象的传递函数为 $G_{PC}=G_P(s)e^{-\tau s}=\dfrac{K_P}{T_1 s+1}e^{-\tau s}$，$T_1$ 为被控对象时间常数，τ 为纯滞后时间，K_P 为被控对象的放大系数。

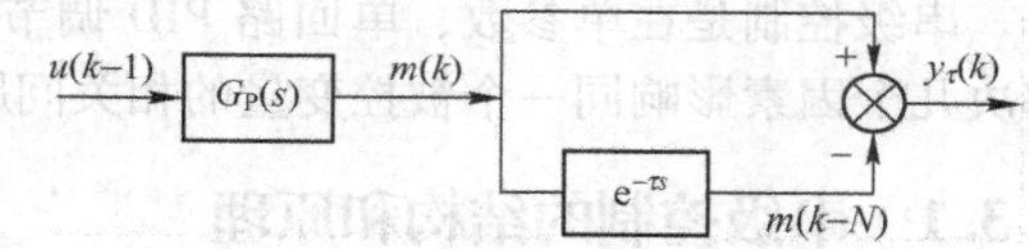

图 5-9　Smith 预估器

则预估器的传递函数为

$$G_\tau(s)=G(s)(1-e^{-\tau s})=\frac{K_P}{1+T_1 s}e^{-\tau s} \tag{5-55}$$

纯滞后补偿器控制算法步骤如下。

1）计算反馈回路的偏差 $e_1(k)$：

$$e_1(k)=r(k)-y(k) \tag{5-56}$$

2）计算纯滞后补偿器的输出 $y_\tau(k)$：

$$G_\tau(s)=\frac{K_P}{T_1 s+1}(1-e^{-\tau s})=\frac{y_\tau(s)}{u(s)} \tag{5-57}$$

利用后项差分变换法可得式（5-57）的差分算式为

$$y_\tau(k)=ay_\tau(k-1)+b[u(k-1)-u(k-N-1)] \tag{5-58}$$

式中，$a=\dfrac{T_1}{T+T_1}$，$b=\dfrac{K_P T}{T_1+T}$。

3）计算偏差 $e_2(k)$：

$$e_2(k)=e_1(k)-y_\tau(k) \tag{5-59}$$

4）计算控制器输出 $u(k)$。当控制器采用 PID 控制算法时，则

$$\begin{aligned}u(k)&=u(k-1)+\Delta u(k)\\&=u(k-1)+K_P[e_2(k)-e_2(k-1)]+K_I e_2(k)+K_D[e_2(k)-2e_2(k-1)+e_2(k-2)]\end{aligned} \tag{5-60}$$

【例 5-7】 某一温度控制系统的结构如图 5-9 所示，$G_C(s)$ 采用 PID 控制，控制对象的

传递函数为 $G_P(s)=\dfrac{1}{40s+1}e^{-120s}$，采用 Smith 预估算法，试求控制器输出 $u(k)$。

解：设采样周期 $T=20s$，则 $L=\dfrac{\tau}{T}=\dfrac{120}{20}=6$。

① 计算反馈回路的偏差 $e_1(k)$。

$$e_1(k)=r(k)-y(k)$$

② 计算纯滞后补偿器的输出 $y_\tau(k)$。由式（5-54）可得

$$y_\tau(k)=ay_\tau(k-1)+b[u(k-1)-u(k-L-1)]=0.833y_\tau(k-1)+0.167[u(k-1)-u(k-7)]$$

③ 计算偏差 $e_2(k)$。

$$e_2(k)=e_1(k)-y_\tau(k)$$

④ 计算控制器输出 $u(k)$。

$$u(k)=u(k-1)+\Delta u(k)$$
$$=u(k-1)+K_P[e_2(k)-e_2(k-1)]+K_Ie_2(k)+K_D[e_2(k)-2e_2(k-1)+e_2(k-2)]$$

5.3 串级控制技术

串级控制是在单参数、单回路 PID 调节基础上首先发展起来的一种控制方式。它可以解决几个因素影响同一个被控变量的相关问题。

5.3.1 串级控制的结构和原理

原料气加热炉出口温度控制系统如图 5-10 所示。原料气出口温度是通过控制燃油调节阀的开度（也就是控制燃料油流量 f_b）来实现的，即系统被控量（原料气出口温度）是通过控制燃料油流量（被控的物理量）来实现的，实际工程中，即使燃料油流量 f_b 保持恒定，但由于燃料油压力以及其热值的变化，也将影响原料气出口温度的恒定，也就是说，可以将燃料油压力及其热值的变化看作是施加到加热炉上的干扰 $N_2(s)$。通过分析可知，$N_2(s)$ 扰动和 $N_1(s)$ 的影响一样，反馈调节器要经历相当长的时间才能纠正由扰动 $N_2(s)$ 引起的被调量偏离给定值状态。为了及时纠正由 $N_2(s)$ 引起的被调量偏差，最好的办法是对燃油压力这一被调量进行调节。这样就构成了如图 5-11 所示的串级控制系统。

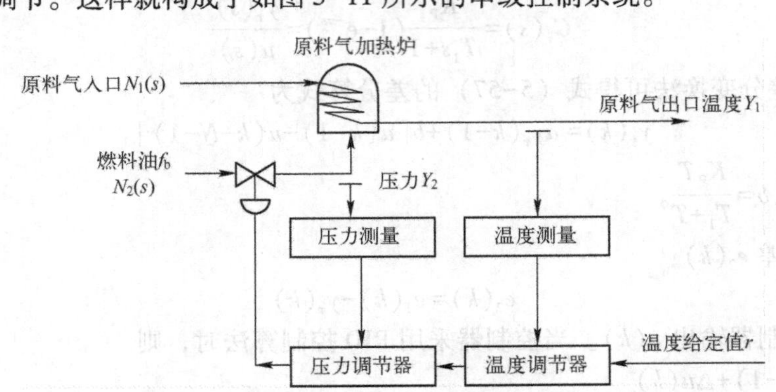

图 5-10 原料气加热炉出口温度控制系统

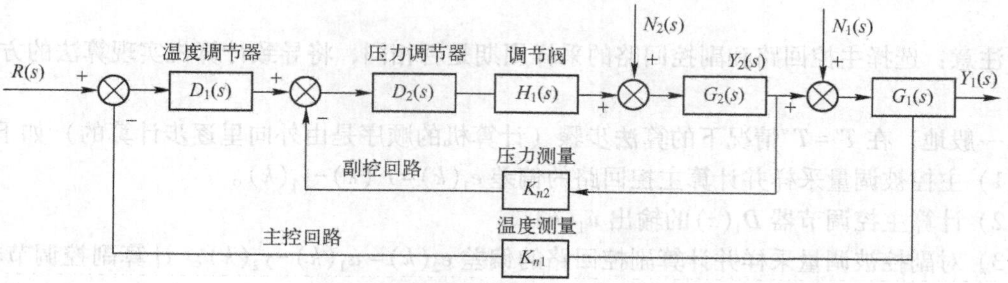

图 5-11　计算机串级控制系统结构

由图中可知，串级控制系统中有内、外两个闭环回路。其中由 $D_2(z)$ 副控调节器和 $G_2(s)$ 副控对象［$Y_2(s)$ 为副控被调量］组成的内闭环称为副控回路；由 $D_1(z)$ 主控调节器和 $G_1(s)$ 主控对象［$Y_1(s)$ 为主控被调量］形成的外闭环称为主控回路。由于主、副控制器串联，副控回路串联在主控回路之中，故称为串级控制系统。

在串级控制系统中引入副控回路后，由于副控回路的快速响应作用，有效地克服了副控回路的扰动影响，系统的动态特性得到了改善，从而提高了系统的控制性能。

为了使串级控制系统的性能得到发挥，在设计时必须注意以下几点：

1）必须正确确定一个可测、可控的中间变量作为副控被调量（该中间变量也必须是控制主控对象的控制量）。

2）系统中的主要扰动应包含在副控回路中，使得该扰动在影响主控被调量前得到有效的抑制。

3）副控回路应尽可能包含积分环节，以便减少该积分环节引起的相位滞后，有利于改善系统的调节品质。

5.3.2　数字串级控制算法

主控制器 $D_1(z)$ 通常应该选择数字 PID 算法，使系统具有高控制精度和反应灵敏的性能；副控制器 $D_2(z)$，一般选用比例控制或数字 PI 算法，使副控回路具有快速反应的性能。计算机串级控制系统的原理如图 5-12 所示。

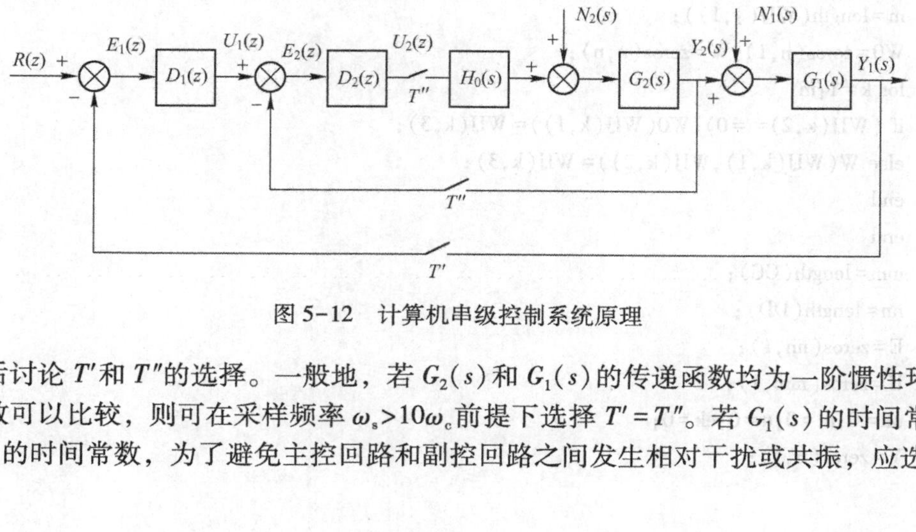

图 5-12　计算机串级控制系统原理

最后讨论 T' 和 T'' 的选择。一般地，若 $G_2(s)$ 和 $G_1(s)$ 的传递函数均为一阶惯性环节，且时间常数可以比较，则可在采样频率 $\omega_s>10\omega_c$ 前提下选择 $T'=T''$。若 $G_1(s)$ 的时间常数远大于 $G_2(s)$ 的时间常数，为了避免主控回路和副控回路之间发生相对干扰或共振，应选择 $T'\geqslant$

$3T''$。

注意：选择主控回路和副控回路的采样周期是否相同，将导致计算机实现算法的方式也不同。

一般地，在 $T'=T''$情况下的算法步骤（计算机的顺序是由外向里逐步计算的）如下：

1）主控被调量采样并计算主控回路的偏差 $e_1(k)=r(k)-y_1(k)$。

2）计算主控调节器 $D_1(z)$的输出 $u_1(k)$。

3）对副控被调量采样并计算副控回路的偏差 $e_2(k)=u_1(k)-y_2(k)$。计算副控调节器 $D_2(z)$的输出。

5.4 利用 MATLAB 设计最少拍系统

本节通过采样控制系统的仿真实例来学习利用 MATLAB 语言设计最少拍系统。

【例 5-8】 采样控制系统如图 5-13 所示，数字控制器 $D(z)$按有纹波最少拍系统设计，取采样周期 $T=1\,s$，外部输入信号为单位阶跃函数 $r(t)=1(t)$，仿真该系统的动态响应过程。其中有纹波最少拍系统为

$$D(z)=\frac{2.72-z^{-1}}{1+0.717z^{-1}}$$

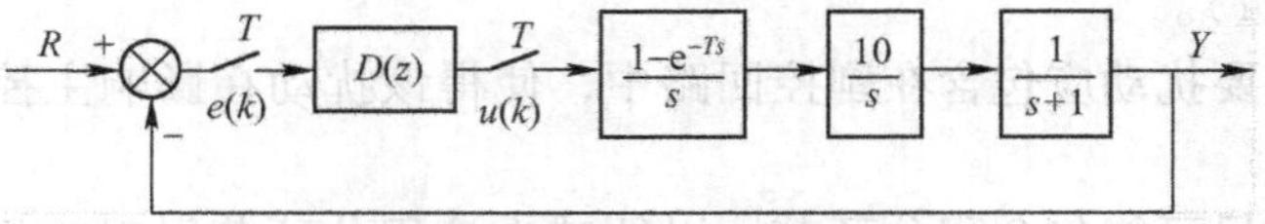

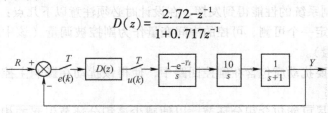

图 5-13　采样控制系统结构图

解： 仿真该采样控制系统可以采用连续部分按环节离散化处理的方法，对数字控制器的仿真仍然采用离散化处理，后面连续的被控对象按连续系统的离散相似法仿真。

1）根据结构图编写如下的 MATLAB 程序，保存为 CSS5. M。

```
A=diag(P(:,1));B=diag(P(:,2));
C=diag(P(:,3));D=diag(P(:,4));
m=length(WIJ(:,1));
W0=zeros(n,1);W=zeros(n,n);
for k=1:m
if (WIJ(k,2)==0);W0(WIJ(k,1))=WIJ(k,3);
else W(WIJ(k,1),WIJ(k,2))=WIJ(k,3);
end
end
mm=length(CC);
nn=length(DD);
E=zeros(nn,1);
U=zeros(mm,1);
uk=0;ut=0;tt=0;ek=0;
Y=zeros(n,1);
```

```
N=round(Tf/T);
for s=1:N
ek=R-Y(nout);
E=[ek;E(1:nn-1)];
uk=-CC*U+DD*E;
Y0=uk;
for i=1:n
if (A(i,i)==0);
FI(i)=1;
FIM(i)=h*C(i,i)/B(i,i);
FIJ(i)=h*h*C(i,i)/B(i,i)/2;
FIC(i)=1;FID(i)=0;
if (D(i,i)~=0);
FID(i)=D(i,i)/B(i,i);
else
end
else
FI(i)=exp(-h*A(i,i)/B(i,i));
FIM(i)=(1-FI(i))*C(i,i)/A(i,i);
FIJ(i)=h*C(i,i)/A(i,i)-FIM(i)*B(i,i)/A(i,i);
FIC(i)=1;FID(i)=0;
if (D(i,i)~=0);
FIC(i)=C(i,i)/D(i,i)-A(i,i)/B(i,i);
FID(i)=D(i,i)/B(i,i);
else
end
end
end
X=Y;y=0;Uk=zeros(n,1);Ub=Uk;t=0;
M=round(T/(h*L1));
for k=1:M
for l=1:L1
Ub=Uk;
Uk=W*Y+W0*Y0;
Udot=(Uk-Ub)/h;
Uf=2*Uk-Ub;
X=FI'.*X+FIM'.*Uk+FIJ'.*Udot;
Y=FIC'.*X+FID'.*Uf;
end
y=[y,Y(nout)];
t=[t,t(k)+h*L1];
end
U=[Y0;U(1:mm-1)];
```

```
ut=[ut,uk];
tt=[tt,s*T];
end
[tt',ut']
figure(1);
plot(tt',ut')
[t',y']
figure(2);
plot(t,y)
```

2）输入数据。

① 离散部分 $D(z)$ 的参数：CC=0.717;DD=[2.72,-1]。

② 连续部分：P=[0,1,10,0;1,1,1,0];WIJ=[1,0,1;2,1,1]。

③ 其他运行参数：T=1；T0=0；Tf=10；R=1。n=2；h=0.01；L1=5；nout=2。

3）在 MATLAB 命令窗口将上述数据输入，运行 CSS5 程序，可得到仿真结果如图 5-14 所示。

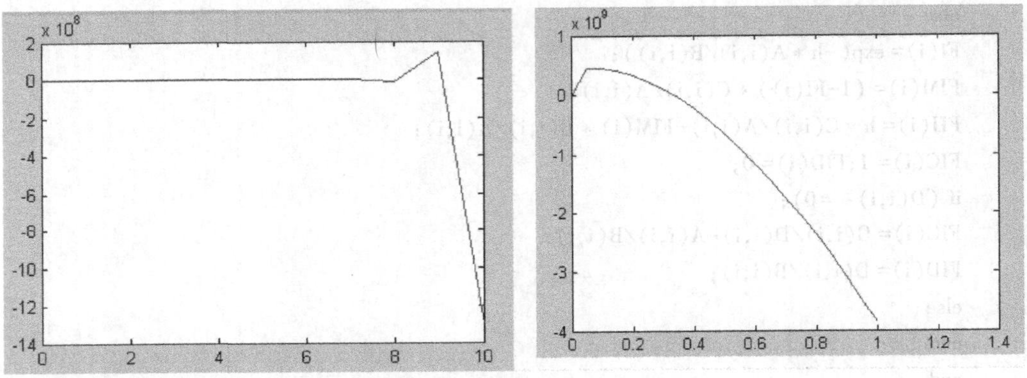

图 5-14　仿真结果

本章小结

本章对计算机控制系统复杂控制规律的最少拍控制器、纯滞后控制、串级控制技术进行详细的讲解，进行典型输入下的最少拍控制系统分析的同时列出其限制条件，对纯滞后控制技术解析，进行 Smith 预估控制，介绍串级控制的结构和原理，并指出其数字串级控制算法。

最少拍系统也称为最快响应系统，其任务是设计数字控制器，使系统对于某一典型输入具有最快的响应速度并且静态误差为零；大多数工业控制对象有较大的纯滞后时间，会降低系统的稳定性，增加超调量，可以合理选用大林算法来解决。

所谓振铃（Ringing）现象，是指数字控制器的输出 $u(kT)$ 以 1/2 采样频率的大幅度衰减的振荡。这与前面介绍的最少拍有纹波系统中的纹波是不一样的。最少拍有纹波系统是由于系统输出达到给定值后，控制器还存在振荡，影响到系统的输出有纹波，而振铃现象中的振荡是衰减的。由于被控对象中惯性环节的低通特性，使得这种振荡对系统的输出几乎无任何影响，但是振荡现象却会增加执行机构的磨损；在存在耦合的多回路控制系统中，还有可能影响到系统的稳定性。

Smith 预估控制原理：在控制回路内部引入一个补偿环节 G_τ 与被控对象并联，用来补偿被控对象的纯滞后部分，该环节称为 Smith 预估补偿器。

串级控制是在单参数、单回路 PID 调节基础上首先发展起来的一种控制方式。它可以解决几个因素影响同一个被控变量的相关问题。

本章最后利用 MATLAB 语言最少拍控制系统进行了设计。

习题

5-1　设最少拍系统如图 5-15 所示，试设计分别在单位阶跃输入及单位速度输入作用下，不同采样周期的最少拍无纹波的 $D(z)$，并计算输出响应 $y(k)$、控制信号 $u(k)$ 和误差 $e(k)$，画出它们对时间变化的波形。

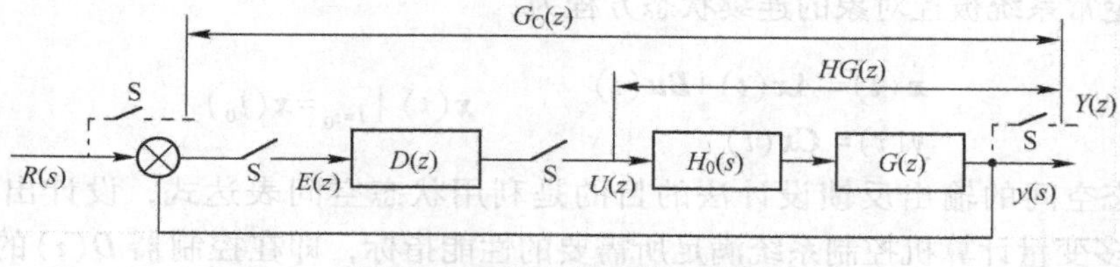

图 5-15　最少拍系统原理图

已知条件：

（1）采样周期分别为 ①$T=1$s；②$T=0.5$s。

（2）对象模型为 $G(s)=\dfrac{10}{s(0.1s+1)}$。

（3）保持器模型为　　　$H_0(s)=\dfrac{1-e^{-Ts}}{s}$。

5-2　已知被控对象传递函数为 $G(s)=\dfrac{e^{-s}}{(s+1)}$，采样周期 $T=1$s。

（1）试用大林算法设计 $D(z)$，判断是否会出现振铃现象，如何消除？

（2）采用 Smith 预估控制求取控制器的输出 $u(k)$。

5-3　设数字控制器 $D(z)=\dfrac{1}{1+0.4z^{-1}}$，试求 RA。

5-4　设数字控制器 $D(z)=\dfrac{1}{1-z^{-1}}$，试求 RA。

5-5　已知某被控对象的特性为 $G(s)=\dfrac{4e^{-\theta s}}{1+2s}$，试用大林算法设计该系统的数字控制器 $D(z)$。

5-6　什么是振铃？振铃是如何引起的？怎样消除振铃？

第 6 章　计算机控制系统的现代控制技术

在经典控制理论中，用传递函数模型来设计和分析单输入单输出系统，但传递函数模型只能反映出系统的输出变量与输入变量之间的关系，而不能反映系统内部的变化情况。在现代理论中，用状态空间模型来设计和分析多输入多输出系统，便于计算机求解，同时也为多变量系统的分析和研究提供了有力的工具。

6.1 采用状态空间的输出反馈设计法

设线性定常系统被控对象的连续状态方程为

$$\begin{cases}\dot{\boldsymbol{x}}(t)=\boldsymbol{A}\boldsymbol{x}(t)+\boldsymbol{B}\boldsymbol{u}(t)\\ \boldsymbol{y}(t)=\boldsymbol{C}\boldsymbol{x}(t)\end{cases}\qquad \boldsymbol{x}(t)\big|_{t=t_0}=\boldsymbol{x}(t_0) \tag{6-1}$$

采用状态空间的输出反馈设计法的目的是利用状态空间表达式，设计出数字控制器 $D(z)$，使得多变量计算机控制系统满足所需要的性能指标，即在控制器 $D(z)$ 的作用下，系统输出 $\boldsymbol{y}(t)$ 经过 N 次采样（N 拍）后，跟踪参考输入函数 $\boldsymbol{r}(t)$ 的瞬变响应时间为最小，如图 6-1 所示。

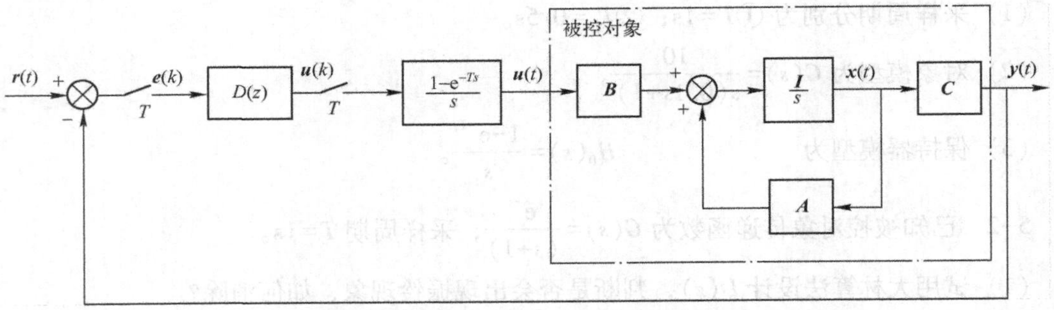

图 6-1　具有输出反馈的多变量计算机控制系统的闭环结构图

6.1.1 连续状态方程的离散化

在 $\boldsymbol{u}(t)$ 的作用下，式（6-1）的解为

$$\boldsymbol{x}(t)=\mathrm{e}^{\boldsymbol{A}(t-t_0)}\boldsymbol{x}(t_0)+\int_{t_0}^{t}\mathrm{e}^{\boldsymbol{A}(t-\tau)}\boldsymbol{B}\boldsymbol{u}(\tau)\mathrm{d}\tau \tag{6-2}$$

若已知被控对象的前面有一个零阶保持器，即

$$\boldsymbol{u}(t)=\boldsymbol{u}(k),kT\leqslant t<(k+1)T \tag{6-3}$$

式中，T 为采样周期。现在要求将连续被控对象模型连同零阶保持器一起进行离散化。在式（6-2）中，若令 $t_0=kT$，$t=(k+1)T$，同时考虑到零阶保持器的作用，则式（6-2）变为

$$x[(k+1)T] = e^{AT}x(kT) + \int_{kT}^{(k+1)T} e^{A(kT+T-\tau)}\mathrm{d}\tau Bu(\tau) \tag{6-4}$$

若令 $t=kT+T-\tau$，则式（6-4）可进一步化为离散状态方程

$$\begin{cases} x(k+1)=Fx(k)+Gu(k) \\ y(k)=Cx(k) \end{cases} \tag{6-5}$$

$$F=e^{AT}, G=\int_0^T e^{A\tau}\mathrm{d}\tau B \tag{6-6}$$

式（6-5）便是式（6-2）的等效离散状态方程。可见离散化的关键是式（6-6）中矩阵指数及其积分的计算。

6.1.2 最少拍无纹波系统的跟踪条件

根据控制系统的反馈输入是被控对象的状态还是被控对象的输出，控制系统分成状态反馈控制器和输出反馈控制器两种形式。

1. 输出反馈

将系统的输出量 $y(k)$ 乘以相应的反馈系数矩阵后馈送到输入端与参考输入相加，作为系统的反馈控制规律。

2. 任务

利用状态空间表达式，设计数字控制器 $D(z)$，使多变量计算机控制系统满足所需要的性能，即在控制器 $D(z)$ 的作用下，系统输出 $y(t)$ 经 N 次采样（N 拍）后，跟踪参考输入函数 $r(t)$ 的输出响应的静差为 0（无纹波，包括采样点上及采样点之间）。闭环结构如图 6-1 所示。

设参考输入为 m 维阶跃型向量输入，即 $r(t)=r_0 1(t), r_0=[r_{01}, r_{02}, \cdots, r_{0m}]^{\mathrm{T}}$ 为常数向量。

其中被控对象状态方程为

$$\begin{cases} \dot{x}=Ax+Bu \\ y=Cx \end{cases}$$

$$\begin{cases} x(k+1)=Fx(k)+Gu(k) \\ y(k)=Cx(k) \end{cases}$$

3. 设计方法

1）连续对象离散化。

2）根据最少拍无纹波设计要求和系统结构，求计算机调节模型 $D(z)$ 的输出序列 $u(k)$，从而得到 $U(z)$。

3）由比较环节求出 $D(z)$ 的输入序列 $e(k)$，得到 $E(z)$。

4）由 $D(z)=U(z)/E(z)$ 得 $D(z)$。

4. 无纹波系统的要求

$e(t)=0$ 为连续条件，为设计 $D(z)$，将其转变为等价的离散条件：

1）跟踪条件（m 个）。

$e(k)=0$，$k\geqslant N$ 或 $y(k)=Cx(k)=r_0(k\geqslant N)$。

由式（6-1）系统输出方程可知，$y(t)$ 以最少的 N 拍跟踪参考输入 $r(t)$，必须满足条件

$$y(N)=Cx(N)=r_0 \tag{6-7}$$

2）附加跟踪条件（n 个）。

仅按式（6-7）设计的系统，将是有纹波系统，为设计无纹波系统，还必须满足条件

$$x(N)=0 \tag{6-8}$$

5. 最少拍数 N 的确定方法

条件 1：跟踪条件为 m 个；

条件 2：附加跟踪条件为 n 个。

因此控制向量 $u(0),\cdots,u(N)$ 共 $N+1$ 个 r 维向量至少应提供 $m+n$ 个控制参数，即有 $(N+1)r\geqslant m+n$，N 取满足此式的最小整数，即

$$N\geqslant 取整\left(\frac{m+n}{r}-1\right)$$

6.1.3 输出反馈设计法的设计步骤

1. 将连续状态方程进行离散化

对于由式（6-1）给出的被控对象的连续状态方程，用采样周期 T 对其进行离散化，通过计算式（6-6），可求得离散状态方程式（6-5）。

2. 求满足跟踪条件和附加条件的 $U(z)$

$$x(N)=Ax(N)+Bu(N)=0$$

$$\sum_{j=0}^{N-1}AF^{N-j-1}Gu(j)+Bu(N)=0$$

$$U(z)=\sum_{k=0}^{\infty}u(k)z^{-k}=\left[\sum_{k=0}^{N-1}P(k)z^{-k}+P(N)\sum_{k=N}^{\infty}z^{-k}\right]r_0$$

$$=\left[\sum_{k=0}^{N-1}P(k)z^{-k}+\frac{P(N)z^{-N}}{1-z^{-1}}\right]r_0 \tag{6-9}$$

3. 求取误差序列 $\{e(k)\}$ 的 z 变换 $E(z)$

设误差向量为

$$e(k)=r(k)-y(k)=r_0-Cx(k) \tag{6-10}$$

假定 $x(0)=0$，将式（6-2）代入式（6-10）可得

$$e(k)=r_0-\sum_{j=0}^{k-1}CF^{k-j-1}Gu(j) \tag{6-11}$$

再将 $u(j)=P(j)r_0(j=0,1,\cdots,N)$ 代入式（6-11），则

$$e(k)=\left[I-\sum_{j=0}^{k-1}CF^{k-j-1}GP(j)\right]r_0 \tag{6-12}$$

误差序列 $\{e(k)\}$ 的 z 变换为

$$E(z)=\sum_{k=0}^{\infty}e(k)z^{-k}=\sum_{k=0}^{N-1}e(k)z^{-k}+\sum_{k=N}^{\infty}e(k)z^{-k} \tag{6-13}$$

式中，$\sum_{k=0}^{N-1}e(k)=0$ 满足跟踪条件及其附加条件，即当 $k\geqslant N$ 时误差消失，因此

$$E(z)=\sum_{k=0}^{N-1}e(k)z^{-k}=\sum_{k=0}^{N-1}\left[I-\sum_{j=0}^{k-1}CF^{k-j-1}GP(j)\right]r_0z^{-k} \tag{6-14}$$

4. 求控制器的脉冲传递函数 $D(z)$

$$D(z)=\frac{U(z)}{E(z)} \tag{6-15}$$

【例 6-1】二阶单输入单输出系统，其状态方程为

$$\begin{cases}\dot{x}(t)=Ax(t)+Bu(t)\\ y(t)=Cx(t)\end{cases}$$

$$A=\begin{bmatrix}-1 & 0\\ 1 & 0\end{bmatrix}\quad B=\begin{bmatrix}1\\ 0\end{bmatrix}\quad C=[0\quad 1]$$

采样周期 $T=1\,\mathrm{s}$，试设计最少拍无纹波控制器 $D(z)$。

解：1）对象的离散化

$$\begin{cases}x(k+1)=Fx(k)+Gu(k)\\ y(k)=Cx(k)\end{cases}$$

$$F=\begin{bmatrix}0.368 & 0\\ 0.632 & 1\end{bmatrix},G=\begin{bmatrix}0.632\\ 0.368\end{bmatrix}$$

2）最少拍拍数的确定

由 $(N+1)r\geqslant m+n$ 得 $N=2$ 满足此式。

3）式 $U(z)$

$$\begin{bmatrix}GFG & FG & 0\\ AFG & AG & B\end{bmatrix}\begin{bmatrix}u(0)\\ u(1)\\ u(2)\end{bmatrix}=\begin{bmatrix}r_0\\ 0\\ 0\end{bmatrix}$$

即

$$\begin{bmatrix}0.768 & 0.368 & 0\\ -0.232 & -0.632 & 1\\ 0.232 & 0.632 & 0\end{bmatrix}\begin{bmatrix}u(0)\\ u(1)\\ u(2)\end{bmatrix}=\begin{bmatrix}r_0\\ 0\\ 0\end{bmatrix}$$

解得

$$\begin{bmatrix}u(0)\\ u(1)\\ u(2)\end{bmatrix}=\begin{bmatrix}P(0)\\ P(1)\\ P(2)\end{bmatrix}r_0=\begin{bmatrix}1.58\\ -0.58\\ 0\end{bmatrix}r_0$$

所以

$$\begin{aligned}U(z)&=\left[\sum_{k=0}^{N-1}P(k)z^{-k}+\frac{P(N)z^{-N}}{1-z^{-1}}\right]r_0\\ &=[P(0)+P(1)z^{-1}+P(2)z^{-2}]r_0\\ &=(1.58-0.58z^{-1})r_0\end{aligned}$$

4）求 $E(z)$

$$\begin{aligned}E(z)&=\sum_{k=0}^{N-1}\left[I-\sum_{j=0}^{k-1}CF^{k-j-1}GP(j)\right]r_0z^{-k}\\ &=\{I+[I-CGP(0)]z^{-1}\}r_0\\ &=(1+0.418z^{-1})r_0\end{aligned}$$

5）求 $D(z)$

$$D(z)=\frac{U(z)}{E(z)}=\frac{1.58-0.58z^{-1}}{1+0.418z^{-1}}$$

6.2 采用状态空间的极点配置设计法

在计算机控制系统中，除了使用输出反馈控制外，还较多地使用状态反馈控制，因为由状态输入就可以确定系统的未来行为。计算机控制系统的典型结构如图 6-2 所示。

前面讨论了连续的被控对象同零阶保持器一起进行离散化的问题，忽略数字控制器的量化效应，则图 6-2 简化为图 6-3 所示的离散系统。

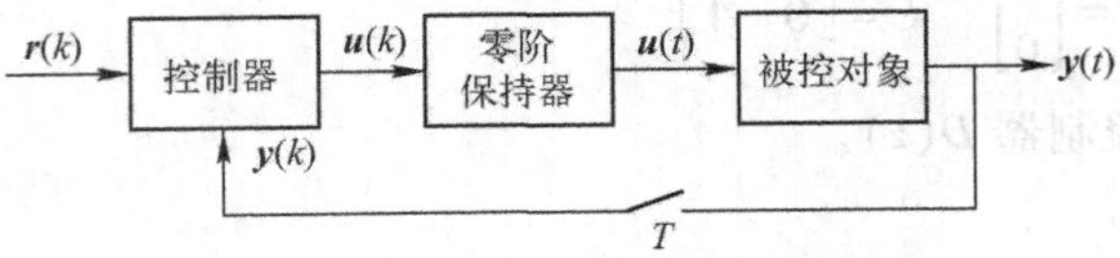

图 6-2　计算机控制系统的典型结构

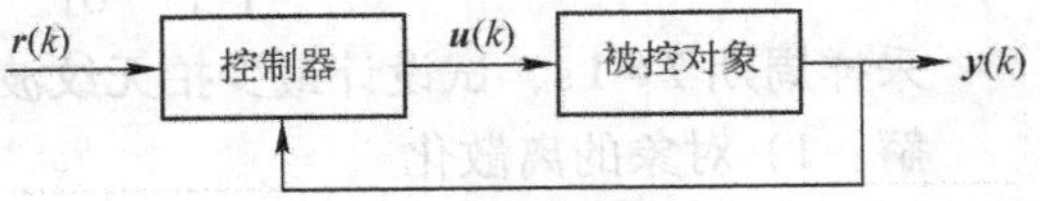

图 6-3　离散系统结构

极点配置问题就是通过对状态反馈矩阵的选择，将闭环系统的极点配置在 z 平面上所需要的位置，从而达到一定性能指标的要求。系统通过状态反馈能够实现任意配置极点的充要条件是系统是完全可控的。本节假定系统完全可控，并且系统的所有状态都可以直接测量。

利用状态空间的极点配置方法设计的控制器通常由两部分组成：一部分是状态观测器，它根据所测量到的输出量 $\boldsymbol{y}(k)$ 重构出状态 $\hat{\boldsymbol{x}}(k)$；另一部分是控制规律，它直接反馈重构的全部状态，从而得到调节系统（$\boldsymbol{r}(k)=\boldsymbol{0}$）中控制器的结构，如图 6-4 所示。

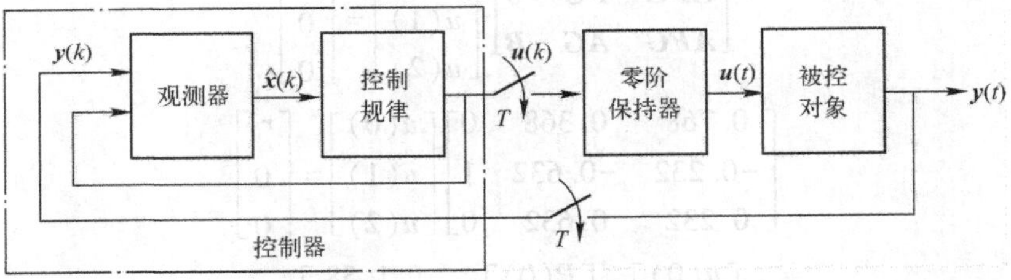

图 6-4　调节系统（$\boldsymbol{r}(k)=\boldsymbol{0}$）中控制器的结构

6.2.1 按极点配置设计控制规律

为了按极点配置设计控制规律，暂设控制规律反馈的是实际对象的全部状态，而不是重构状态，如图 6-5 所示，设计出反馈控制规律 $\boldsymbol{L}$，以使闭环系统具有所需要的极点配置。

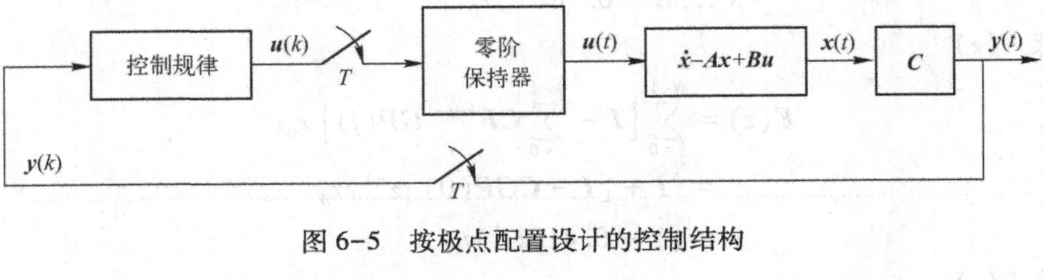

图 6-5　按极点配置设计的控制结构

若图 6-5 中的控制规律为线性状态反馈，即

$$\boldsymbol{u}(k)=-\boldsymbol{L}\boldsymbol{x}(k) \tag{6-16}$$

则设计出反馈控制规律 $\boldsymbol{L}$，以使闭环控制系统具有所需要的极点配置。

将式（6-16）代入式（6-5），得到闭环控制系统的状态方程为

$$\boldsymbol{x}(k+1)=(\boldsymbol{F}-\boldsymbol{GL})\boldsymbol{x}(k) \tag{6-17}$$

显然，闭环控制系统的特征方程为

$$\det(z\boldsymbol{I}-\boldsymbol{F}+\boldsymbol{GL})=0 \tag{6-18}$$

设给定所需要的闭环控制系统的极点为 $z_i(i=1,2,\cdots,n)$，则很容易求得所要求的闭环控制系统特征方程为

$$(z-z_1)(z-z_2)\cdots(z-z_n)=z^n+\beta_1 z^{n-1}+\cdots+\beta_n=0 \tag{6-19}$$

由式（6-17）和式（6-18）可知，反馈控制规律 $\boldsymbol{L}$ 满足如下方程：

$$\det(z\boldsymbol{I}-\boldsymbol{F}+\boldsymbol{GL})=\beta(z) \tag{6-20}$$

6.2.2 按极点配置设计状态观测器

前面讨论的按极点配置设计控制规律时，假定全部状态均可直接用于反馈，实际上这难以做到，因为有些状态无法量测。因此必须设计状态观测器，根据所量测的输出 $\boldsymbol{y}(k)$ 和 $\boldsymbol{u}(k)$ 重构全部状态。

常用的状态观测器有三种：预报观测器、现时观测器和降阶观测器。预报观测器如图 6-6 所示。

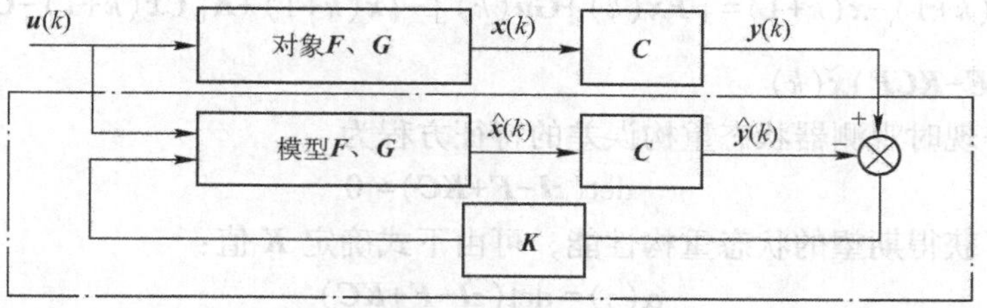

图 6-6　预报观测器

1. 预报观测器

常用的观测器方程为

$$\hat{\boldsymbol{x}}(k+1)=\boldsymbol{F}\boldsymbol{x}(k)+\boldsymbol{G}\boldsymbol{u}(k)+\boldsymbol{K}[\boldsymbol{y}(x)-\boldsymbol{G}\boldsymbol{x}(k)] \tag{6-21}$$

设计观测器的关键在于如何合理地选择观测器的增益矩阵 $\boldsymbol{K}$。定义状态重构误差为

$$\tilde{\boldsymbol{x}}=\boldsymbol{x}-\hat{\boldsymbol{x}} \tag{6-22}$$

则

$$\tilde{\boldsymbol{x}}(k+1)=\boldsymbol{x}(k+1)-\hat{\boldsymbol{x}}(k+1)$$

$$\tilde{\boldsymbol{x}}(k)=\boldsymbol{F}\boldsymbol{x}(k)+\boldsymbol{G}\boldsymbol{u}(k)+\boldsymbol{F}\hat{\boldsymbol{x}}(k)-\boldsymbol{G}\boldsymbol{u}(k)-\boldsymbol{K}[\boldsymbol{C}\boldsymbol{x}(k)-\boldsymbol{C}\hat{\boldsymbol{x}}(k)]$$

$$=(\boldsymbol{F}-\boldsymbol{KC})[\boldsymbol{x}(k)-\hat{\boldsymbol{x}}(k)]=(\boldsymbol{F}-\boldsymbol{KC})\tilde{\boldsymbol{x}} \tag{6-23}$$

因此如果选择 $\boldsymbol{K}$ 使系统式（6-23）渐近稳定，那么重构误差必定会收敛为零，即使系统式（6-5）是不稳定的，在重构中引入了观测量反馈，也能使误差趋于零。式（6-23）称为观测器的误差动态方程，该式表明，可以通过选择 $\boldsymbol{K}$，使状态重构误差动态方程的极点配置在期望的位置上。

如果出现期望的极点 $z_i(i=1,2,\cdots,n)$，那么求得观测器期望的特征方程为

$$(z-z_1)(z-z_2)\cdots(z-z_n)=z^n+\alpha_1 z^{n-1}+\cdots+\alpha_n=0 \tag{6-24}$$

由式（6-23）可得观测器的特征方程（即状态重构误差的特征方程）为

$$\det(z\boldsymbol{I}-\boldsymbol{F}+\boldsymbol{KC})=0 \tag{6-25}$$

为了获得期望的状态重构性能，由式（6-24）和式（6-25）可得

$$\alpha(z)=\det(z\boldsymbol{I}-\boldsymbol{F}+\boldsymbol{KC}) \tag{6-26}$$

对于单输入单输出系统，通过比较上式两边 z 的同次幂的系数，可求得 $\boldsymbol{K}$ 中的 n 个未知数。

2. 现时观测器

采用预报观测器时，现时的状态重构 $\hat{\boldsymbol{x}}(k)$ 只用了前一时刻的输出量 $\boldsymbol{y}(k-1)$，使得现时的控制信号 $\boldsymbol{u}(k)$ 中包含了前一时刻的输出量。当采样周期较长时，这种控制方式将影响系统的性能。为此可采用如下的观测器方程：

$$\begin{cases}\bar{\boldsymbol{x}}(k+1)=\boldsymbol{F}\hat{\boldsymbol{x}}(k)+\boldsymbol{G}\boldsymbol{u}(k)\\ \hat{\boldsymbol{x}}(k+1)=\bar{\boldsymbol{x}}(k+1)+\boldsymbol{K}[\boldsymbol{y}(k+1)-\boldsymbol{C}\bar{\boldsymbol{x}}(k+1)]\end{cases} \tag{6-27}$$

由于$(k+1)T$时刻的状态重构 $\hat{\boldsymbol{x}}(k+1)$ 用到了现时观测量 $\boldsymbol{y}(k+1)$，因此称式（6-27）为现时观测器。

由式（6-5）和式（6-27）可得状态重构误差为

$$\begin{aligned}\tilde{\boldsymbol{x}}(k+1)&=\boldsymbol{x}(k+1)-\hat{\boldsymbol{x}}(k+1)=[\boldsymbol{F}\boldsymbol{x}(k)+\boldsymbol{G}\boldsymbol{u}(k)]-\{\bar{\boldsymbol{x}}(k+1)+\boldsymbol{K}[\boldsymbol{C}\boldsymbol{x}(k+1)-\boldsymbol{C}\bar{\boldsymbol{x}}(k+1)]\}\\&=(\boldsymbol{F}-\boldsymbol{KCF})\tilde{\boldsymbol{x}}(k)\end{aligned} \tag{6-28}$$

由此可求得现时观测器状态重构误差的特征方程为

$$\det(z\boldsymbol{I}-\boldsymbol{F}+\boldsymbol{KC})=0 \tag{6-29}$$

同样，为了获得期望的状态重构性能，可由下式确定 $\boldsymbol{K}$ 值：

$$\alpha(z)=\det(z\boldsymbol{I}-\boldsymbol{F}+\boldsymbol{KC}) \tag{6-30}$$

和预报观测器的设计一样，系统必须完全能现时才能求得 $\boldsymbol{K}$。

3. 降阶观测器

预报观测器和现时观测器都是根据输出量重构全部状态，即观测器的阶数等于状态的个数，因此称为全阶观测器。实际系统中，所能量测到的 $\boldsymbol{y}(k)$ 中，已直接给出了一部分状态变量，这部分状态变量不必通过估计获得。因此，只要估计其余的状态变量就可以了，这种阶数低于全阶的观测器称为降阶观测器。

将原状态向量分成两部分，即

$$\boldsymbol{x}(k)=\begin{bmatrix}\boldsymbol{x}_a(k)\\ \boldsymbol{x}_b(k)\end{bmatrix} \tag{6-31}$$

据此，原被控对象的状态方程式（6-5）可以写成

$$\begin{bmatrix}\boldsymbol{x}_a(k+1)\\ \boldsymbol{x}_b(k+1)\end{bmatrix}=\begin{bmatrix}\boldsymbol{F}_{aa} & \boldsymbol{F}_{ab}\\ \boldsymbol{F}_{ba} & \boldsymbol{F}_{bb}\end{bmatrix}\begin{bmatrix}\boldsymbol{x}_a(k)\\ \boldsymbol{x}_b(k)\end{bmatrix}+\begin{bmatrix}\boldsymbol{G}_a\\ \boldsymbol{G}_b\end{bmatrix}\boldsymbol{u}(k) \tag{6-32}$$

式（6-32）展开并写成

$$\begin{cases}\boldsymbol{x}_b(k+1)=\boldsymbol{F}_{bb}\boldsymbol{x}_b(k)+[\boldsymbol{F}_{ba}\boldsymbol{x}_a+\boldsymbol{G}_b\boldsymbol{u}(k)]\\ \boldsymbol{x}_a(k+1)-\boldsymbol{F}_{aa}\boldsymbol{x}_a(k)-\boldsymbol{G}_a\boldsymbol{u}(k)=\boldsymbol{F}_{ab}\boldsymbol{x}_b(k)\end{cases} \tag{6-33}$$

参考预报观测器方程式（6-26）可以写出相当于式（6-33）的观测器方程

$$\hat{\boldsymbol{x}}_b(k+1)=\boldsymbol{F}_b\hat{\boldsymbol{x}}_b(k)+[\boldsymbol{F}_{ba}\boldsymbol{x}_a(k)+\boldsymbol{G}_b\boldsymbol{u}(k)]+$$

$$\boldsymbol{K}[\boldsymbol{x}_a(k+1)-\boldsymbol{F}_{aa}\boldsymbol{x}_a(k)-\boldsymbol{G}_a\boldsymbol{u}(k)-\boldsymbol{F}_{ab}\hat{\boldsymbol{x}}_b(k)] \tag{6-34}$$

由式（6-33）和式（6-34）可得状态重构误差为

$$\widetilde{\boldsymbol{x}}_b(k+1)=\boldsymbol{x}_b(k+1)-\hat{\boldsymbol{x}}_b(k+1)=(\boldsymbol{F}_{bb}-\boldsymbol{K}\boldsymbol{F}_{ab})[\boldsymbol{x}_b(k)-\hat{\boldsymbol{x}}_b(k)]$$

$$=(\boldsymbol{F}_{bb}-\boldsymbol{K}\boldsymbol{F}_{ab})\widetilde{\boldsymbol{x}}_b(k) \tag{6-35}$$

从而可以求得降阶观测器状态重构误差的特征方程为

$$|z\boldsymbol{I}-\boldsymbol{F}_{bb}+\boldsymbol{K}\boldsymbol{F}_{ab}|=0 \tag{6-36}$$

同样，为了获得期望的状态重构性能，由式（6-24）和式（6-36）可得

$$\alpha(z)=\det(z\boldsymbol{I}-\boldsymbol{F}_{bb}+\boldsymbol{K}\boldsymbol{F}_{ab}) \tag{6-37}$$

【例 6-2】 设被控对象的连续状态方程为

$$\begin{cases}\dot{\boldsymbol{x}}(t)=\boldsymbol{A}\boldsymbol{x}(t)+\boldsymbol{B}\boldsymbol{u}(t)\\ \boldsymbol{y}(t)=\boldsymbol{C}\boldsymbol{x}(t)\end{cases}$$

$$\boldsymbol{A}=\begin{bmatrix}0&1\\0&0\end{bmatrix}\quad \boldsymbol{B}=\begin{bmatrix}0\\1\end{bmatrix}\quad \boldsymbol{C}=[1\quad 0]$$

采样周期为 $T=0.1\text{s}$，要求确定 K。

1）设计预报观测器，并将观测器特征方程的两个极点配置在 $z_{1,2}=0.2$ 处。

2）设计现时预测器，并将观测器特征方程的两个极点配置在 $z_{1,2}=0.2$ 处。

解： 将连续对象离散化，得离散状态方程为

$$\begin{cases}\boldsymbol{x}(k+1)=\boldsymbol{F}\boldsymbol{x}(k)+\boldsymbol{G}u(k)\\ \boldsymbol{y}(k)=\boldsymbol{C}\boldsymbol{x}(k)\end{cases}$$

$$\boldsymbol{F}=\begin{bmatrix}1&0.1\\0&1\end{bmatrix},\boldsymbol{G}=\begin{bmatrix}0.005\\0.1\end{bmatrix}$$

$$\begin{bmatrix}\boldsymbol{C}\\ \boldsymbol{CF}\end{bmatrix}=\begin{bmatrix}1&0\\1&0.1\end{bmatrix}$$

$$\text{rank}\begin{bmatrix}\boldsymbol{C}\\ \boldsymbol{CF}\end{bmatrix}=2$$

系统的状态完全可观，观测器可以任意配置极点。

1）由观测器特征方程的两个极点 z_1，$2=0.2$ 得

$$\alpha^*(z)=(z-0.2)(z-0.2)=z^2-0.4z+0.04=0$$

$$\alpha(z)=\det[z\boldsymbol{I}-(\boldsymbol{F}-\boldsymbol{KC})]$$

$$=\left|\begin{bmatrix}z&0\\0&z\end{bmatrix}-\begin{bmatrix}1&0.1\\0&1\end{bmatrix}+\begin{bmatrix}k_1\\k_2\end{bmatrix}(1\quad 0)\right|$$

$$=z^2-(2-k_1)z+1-k_1+0.1k_2=0$$

令 $\alpha(z)=\alpha^*(z)$，有

$$\begin{cases}2-k_1=0.4\\ 1-k_1+0.1k_2=0.04\end{cases}$$

解得$\begin{cases}k_1=1.6\\k_2=6.4\end{cases}$，即$\boldsymbol{K}=\begin{bmatrix}1.6\\6.4\end{bmatrix}$，$\boldsymbol{F}-\boldsymbol{KC}=\begin{bmatrix}-0.6&0.1\\-6.4&1\end{bmatrix}$。

因此观测器的方程为

$$\begin{aligned}\hat{\boldsymbol{x}}(k+1)&=(\boldsymbol{F}-\boldsymbol{KC})\hat{\boldsymbol{x}}(k)+\boldsymbol{Gu}(k)+\boldsymbol{Ky}(k)\\&=\begin{bmatrix}-0.6&0.1\\-6.4&1\end{bmatrix}\hat{\boldsymbol{x}}(k)+\begin{bmatrix}0.005\\0.1\end{bmatrix}\boldsymbol{u}(k)+\begin{bmatrix}1.6\\6.4\end{bmatrix}\boldsymbol{y}(k)\end{aligned}$$

2）期望特征多项式同上

$$\begin{aligned}\alpha(z)&=\det[z\boldsymbol{I}-(\boldsymbol{F}-\boldsymbol{KCF})]\\&=\left|\begin{bmatrix}z&0\\0&z\end{bmatrix}-\begin{bmatrix}1&0.1\\0&1\end{bmatrix}+\begin{bmatrix}k_1\\k_2\end{bmatrix}\begin{bmatrix}1&0\end{bmatrix}\begin{bmatrix}1&0.1\\0&1\end{bmatrix}\right|\\&=z^2+(k_1+0.1k_2-2)z+1-k_1=0\end{aligned}$$

令$\alpha(z)=\alpha^*(z)$，有

$$\begin{cases}k_1+0.1k_2-2=-0.4\\1-k_1=0.04\end{cases}$$

解得$\begin{cases}k_1=0.96\\k_2=6.4\end{cases}$，即$\boldsymbol{K}=\begin{bmatrix}0.96\\6.4\end{bmatrix}$。

$$\boldsymbol{F}-\boldsymbol{KCF}=\begin{bmatrix}0.04&0.004\\-6.4&0.36\end{bmatrix}$$

$$\boldsymbol{G}-\boldsymbol{KCG}=\begin{bmatrix}0.0002\\0.068\end{bmatrix}$$

$$\begin{aligned}\hat{\boldsymbol{x}}(k+1)&=(\boldsymbol{F}-\boldsymbol{KCF})\hat{\boldsymbol{x}}(k)+(\boldsymbol{G}-\boldsymbol{KCG})\boldsymbol{u}(k)+\boldsymbol{Ky}(k+1)\\&=\begin{bmatrix}0.04&0.004\\-6.4&0.36\end{bmatrix}\hat{\boldsymbol{x}}(k)+\begin{bmatrix}0.0002\\0.068\end{bmatrix}\boldsymbol{u}(k)+\begin{bmatrix}0.96\\6.4\end{bmatrix}\boldsymbol{y}(k+1)\end{aligned}$$

6.2.3 按极点配置设计控制器

前面分别讨论了按极点配置设计的控制规律和状态观测器，这两部分组成了状态反馈控制器，如图 6-4 所示的调节系统($\boldsymbol{r}(k)=\boldsymbol{0}$)的情况。

1. 控制器的组成

被控对象的离散状态方程为

$$\begin{cases}\boldsymbol{x}(k+1)=\boldsymbol{Fx}(k)+\boldsymbol{Gu}(k)\\\boldsymbol{y}(k)=\boldsymbol{Cx}(k)\end{cases}\tag{6-38}$$

设控制器由预报观测器和状态反馈控制规律组合而成，即

$$\begin{cases}\hat{\boldsymbol{x}}(k+1)=\boldsymbol{F}\hat{\boldsymbol{x}}(k)+\boldsymbol{Gu}(k)+\boldsymbol{K}[\boldsymbol{y}(k)-\boldsymbol{C}\hat{\boldsymbol{x}}(k)]\\\boldsymbol{u}(k)=-\boldsymbol{L}\hat{\boldsymbol{x}}(k)\end{cases}\tag{6-39}$$

2. 分离性原理

由式（6-38）和式（6-39）构成的闭环系统（见图 6-4）的状态方程可写成

$$\begin{cases}\boldsymbol{x}(k+1)=\boldsymbol{Fx}(k)-\boldsymbol{GL}\hat{\boldsymbol{x}}(k)\\\hat{\boldsymbol{x}}(k+1)=\boldsymbol{KCx}(k)+(\boldsymbol{F}-\boldsymbol{GL}-\boldsymbol{KC})\hat{\boldsymbol{x}}(k)\end{cases}\tag{6-40}$$

再将式（6-40）改写成

$$\begin{bmatrix} x(k+1) \\ \hat{x}(k+1) \end{bmatrix} = \begin{bmatrix} F & -GL \\ KC & F-GL-KC \end{bmatrix} \begin{bmatrix} x(k) \\ \hat{x}(k) \end{bmatrix} \tag{6-41}$$

由式（6-41）构成的闭环系统特征方程为

$$\begin{aligned} \gamma(z) &= \left| zI - \begin{bmatrix} F & -GL \\ KC & F-GL-KC \end{bmatrix} \right| \\ &= \begin{vmatrix} zI-F & GL \\ -KC & zI-F+GL+KC \end{vmatrix} \\ &= \begin{vmatrix} zI+F+GL & GL \\ zI-F+GL & zI-F+GL+KC \end{vmatrix} \\ &= \begin{vmatrix} zI-F+GL & GL \\ 0 & zI-F+KC \end{vmatrix} = |zI-F+GL| \cdot |zI-F+KC| \end{aligned} \tag{6-42}$$

$$=\beta(z)\alpha(z)=0 \tag{6-43}$$

即

$$\gamma(z)=\beta(z)\alpha(z)$$

由此可见，式（6-42）构成的闭环系统的 $2n$ 个极点由两部分组成：一部分是按状态反馈控制规律设计所给定的 n 个控制极点；另一部分是按状态观测器设计所给定的 n 个观测器极点，这就是“分离性原理”。分离性原理给这类控制系统的设计带来了很大的方便，根据这一原理，可以分别设计系统的控制规律和观测器，从而简化了控制器的设计。

利用这种闭环极点分离性原理可以将控制系统的设计分成两步进行：

第一步先按闭环系统性能的要求，确定（$F-GL$）的极点，根据极点配置的方法，求出为实现这一极点配置所需的状态反馈增益矩阵 L。

第二步当系统所有的状态不是全部可直接量测时，设计状态观测器。按对观测误差衰减速度的要求，确定（$F-KC$）的极点，从而利用 6.2.2 节的方法确定 K。通常我们希望的衰减速度，应当比 $x(k)$ 的收敛较快一些。因此在选择（$F-KC$）的极点时，应注意把它的极点的模选择得比（$F-GL$）的极点的模要小很多。

【例 6-3】 设被控对象的状态方程描述为

$$x(k+1)=\begin{bmatrix} 1 & 0.1 \\ 0 & 1 \end{bmatrix} x(k)+\begin{bmatrix} 0.005 \\ 0.1 \end{bmatrix} u(k)$$

$$y(k)=\begin{bmatrix} 1 & 0 \end{bmatrix} x(k)$$

假定系统的状态不可直接量测，试设计它的具有预报观测器的状态反馈极点配置控制器，使闭环系统的极点为（0.6，0.8），观测器的极点为（0.9±j0.1）。假定系统的外加输入 $v=0$。

解：系统的能控性矩阵

$$W_c=\begin{bmatrix} G & FG \end{bmatrix}=\begin{bmatrix} 0.005 & 0.015 \\ 0.1 & 0.1 \end{bmatrix}$$

系统是完全能控的。系统的能观测性矩阵

$$W_o=\begin{bmatrix} C \\ CF \end{bmatrix}=\begin{bmatrix} 1 & 0 \\ 1 & 0.1 \end{bmatrix}$$

系统是完全能观测的。设状态反馈矩阵

$$L=[l_1 \quad l_2],K=\begin{bmatrix}k_1\\k_2\end{bmatrix}$$

对于闭环系统极点，由

$$\begin{aligned}\beta(z)&=\det(z\boldsymbol{I}-\boldsymbol{A}+\boldsymbol{GL})\\&=\det\begin{bmatrix}z-1+0.005l_1 & -0.1+0.005l_2\\0.1l_1 & z-1+0.1l_2\end{bmatrix}\\&=z^2-(2-0.005l_1-0.1l_2)z+(1+0.005l_1-0.1l_2)\end{aligned}$$

和相应的闭环特征多项式

$$\beta^*(z)=(z-0.8)(z-0.6)=z^2-1.4z+0.48$$

由上两式中的 z 同次幂系数相同得

$$\begin{cases}2-0.005l_1-0.1l_2=1.4\\1+0.005l_1-0.1l_2=0.48\end{cases}$$

解得 $l_1=8$，$l_2=5.6$。

对于状态观测器，由

$$\begin{aligned}\alpha(z)&=\det(z\boldsymbol{I}-\boldsymbol{A}+\boldsymbol{KC})=\det\begin{bmatrix}z-1+k_1 & -0.1\\k_2 & z-1\end{bmatrix}\\&=z^2-(2-k_1)z+(1+0.1k_2-k_1)\end{aligned}$$

和相应的闭环特征多项式

$$\alpha^*(z)=(z-0.9+j0.1)(z-0.9-j0.1)=z^2-1.8z+0.82$$

由上两式中的 z 同次幂系数相同得

$$\begin{cases}2-k_1=1.8\\1+0.1k_2-k_1=0.82\end{cases}$$

解得 $k_1=0.2$，$k_2=0.2$。

$$\boldsymbol{L}=[8 \quad 5.6],\boldsymbol{K}=\begin{bmatrix}0.2\\0.2\end{bmatrix}$$

控制器为

$$\begin{aligned}\hat{\boldsymbol{x}}(k+1)&=(\boldsymbol{F}-\boldsymbol{KC})\hat{\boldsymbol{x}}(k)+\boldsymbol{Gu}(k)+\boldsymbol{Ky}(k)\\&=\begin{bmatrix}0.8 & 0.1\\-0.2 & 1\end{bmatrix}\hat{\boldsymbol{x}}(k)+\begin{bmatrix}0.005\\0.1\end{bmatrix}\boldsymbol{u}(k)+\begin{bmatrix}0.2\\0.2\end{bmatrix}\boldsymbol{y}(k)\\\boldsymbol{u}(k)&=-[8 \quad 5.6]\hat{\boldsymbol{x}}(k)\end{aligned}$$

3. 状态反馈控制器的设计步骤

采用状态反馈的极点配置法设计控制器的步骤如下：

1）根据闭环系统的性能要求给定几个控制极点。

2）根据极点配置设计状态反馈控制规律，并计算 $\boldsymbol{L}$。

3）合理地给定观测器的极点，并选择观测器的类型，计算观测器增益矩阵 $\boldsymbol{K}$。

4）根据所设计的控制规律和观测器，由计算机来实现。

4. 观测器及观测器类型选择

前面讨论了采用状态反馈控制器的设计，控制极点是按闭环系统的性能要求来设置的，因而控制极点成为整个系统的主导极点。观测器极点的设置应使状态重构具有较快的跟踪速度。如果量测输出中无大的误差或噪声，则可考虑观测器极点都设置在 z 平面的原点。如果量测输出中含有较大的误差或噪声，则可考虑按观测器极点所对应的衰减速度比控制极点对应的衰减速度快 4~5 倍的要求来设置。观测器的类型选择应考虑以下两点：

1）如果控制器的计算延时与采样周期处于同一数量级，则可考虑选用预报观测器，否则可用现时观测器。

2）如果量测输出比较准确，而且它是系统的一个状态，则可考虑用降阶观测器，否则用全阶观测器。

6.3 采用状态空间的最优化设计法

前面用极点配置法解决了系统的综合问题，其主要涉及参数是闭环极点的位置，而且仅限于说明单输入单输出系统。下面将讨论更一般的控制问题。假设过程对象是线性的，且可以是时变的并有多个输入和多个输出，另外，在模型中还加入了过程噪声和量测噪声，若性能指标是状态和控制信号的二次函数，则综合的问题被形式化为使此性能指标为最小的问题，由此得到的最优控制器是线性的，这样的问题称为线性二次型（Linear Quadratic，LQ）控制问题。如果在过程模型中考虑高斯随机扰动，则称为二次型高斯（Linear Quadratic Gaussian，LQG）控制问题。

6.3.1 LQ 最优控制器设计

1. 问题的描述

$$J = \boldsymbol{x}^{\mathrm{T}}(NT)\boldsymbol{Q}_0\boldsymbol{x}(NT) + \int_0^{NT}[\boldsymbol{x}^{\mathrm{T}}(t)\overline{\boldsymbol{Q}}_1\boldsymbol{x}(t) + \boldsymbol{u}^{\mathrm{T}}(t)\overline{\boldsymbol{Q}}_2\boldsymbol{u}(t)]\mathrm{d}t \tag{6-44}$$

$$\boldsymbol{u}(k) = -\boldsymbol{L}\boldsymbol{x}(t) \tag{6-45}$$

采用 LQ 最优控制器的调节系统如图 6-7 所示。

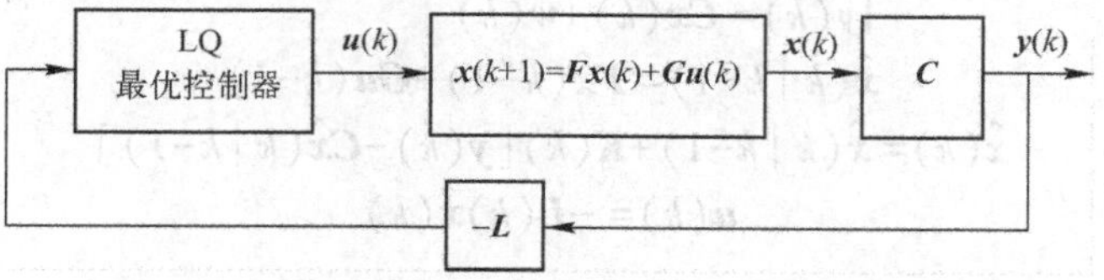

图 6-7　LQ 最优控制器的调节系统

2. 二次型性能指标函数的离散化

$$J = \boldsymbol{x}^{\mathrm{T}}(N)\boldsymbol{Q}_0\boldsymbol{x}(N) + \sum_{k=0}^{N-1}[\boldsymbol{x}^{\mathrm{T}}(k)\boldsymbol{Q}_1\boldsymbol{x}(k) + 2\boldsymbol{x}^{\mathrm{T}}(k)\boldsymbol{Q}_{12}\boldsymbol{u}(k) + \boldsymbol{u}^{\mathrm{T}}(k)\boldsymbol{Q}_2\boldsymbol{u}(k)] \tag{6-46}$$

式中

$$\boldsymbol{Q}_1 = \int_0^T \mathrm{e}^{A^{\mathrm{T}}t}\overline{\boldsymbol{Q}}_1\mathrm{e}^{At}\mathrm{d}t$$

$$\boldsymbol{Q}_{12} = \left[\int_0^T \mathrm{e}^{A^{\mathrm{T}}t}\overline{\boldsymbol{Q}}_1\left(\int_0^t \mathrm{e}^{A\tau}\mathrm{d}\tau\right)\mathrm{d}t\right]\boldsymbol{B}$$

$$\boldsymbol{Q}_2 = B^{\mathrm{T}}\left[\int_0^T\left(\int_0^t \mathrm{e}^{A^{\mathrm{T}}\tau}\mathrm{d}\tau\right)\overline{\boldsymbol{Q}}_1\left(\int_0^t \mathrm{e}^{A\tau}\mathrm{d}\tau\right)\mathrm{d}t\right]\boldsymbol{B} + \overline{\boldsymbol{Q}}_2 T \tag{6-47}$$

3. 最优控制规律计算

$$\boldsymbol{u}(k)=-\boldsymbol{L}(k)\boldsymbol{x}(k)$$
$$\boldsymbol{L}(k)=[\boldsymbol{Q}_2+\boldsymbol{G}^{\mathrm{T}}\boldsymbol{S}(k+1)\boldsymbol{G}]^{-1}[\boldsymbol{G}^{\mathrm{T}}\boldsymbol{S}(k+1)\boldsymbol{F}+\boldsymbol{Q}_{12}^{\mathrm{T}}]$$
$$\boldsymbol{S}(k)=[\boldsymbol{F}-\boldsymbol{G}\boldsymbol{L}(k)]^{\mathrm{T}}\boldsymbol{S}(k+1)[\boldsymbol{F}-\boldsymbol{G}\boldsymbol{L}(k)]+\boldsymbol{L}^{\mathrm{T}}(k)\boldsymbol{Q}_2\boldsymbol{L}(k)+\boldsymbol{Q}_1-\boldsymbol{L}^{\mathrm{T}}(k)\boldsymbol{Q}_{12}^{\mathrm{T}}-\boldsymbol{Q}_{12}\boldsymbol{L}(k)$$
$$\boldsymbol{S}(N)=\boldsymbol{Q}_0$$

6.3.2 LQG 最优控制器

采用 LQG 最优控制器的调节系统如图 6-8 所示。首先在所有的状态都可用的条件下导出 LQ 问题的最优控制规律，如果全部状态是不可测的，就必须估计它们，这可用状态观测器来完成。然后，对于随机扰动过程，可以求出使估计误差的方差为最小的最优估计器，它称为卡尔曼滤波器，这种估计器的结构与状态观测器相同，其增益矩阵 $\boldsymbol{K}$ 的确定方法是不同的，而且它一般为时变的。最后，根据分离性原理来求解 LQG 问题的最优控制，并采用卡尔曼滤波器来估计状态。

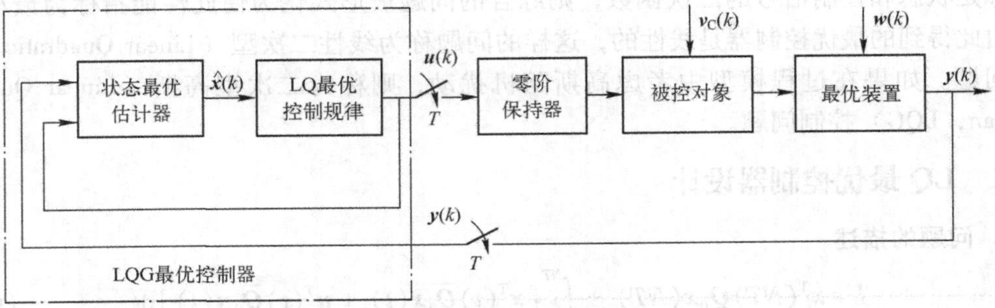

图 6-8 LQG 最优控制器的调节系统

$$\begin{cases}\boldsymbol{x}(k+1)=\boldsymbol{F}\boldsymbol{x}(k)+\boldsymbol{G}\boldsymbol{u}(k)+\boldsymbol{v}_{\mathrm{C}}(k)\\ \boldsymbol{y}(k)=\boldsymbol{C}\boldsymbol{x}(k)+\boldsymbol{w}(k)\end{cases}$$
$$\hat{\boldsymbol{x}}(k\mid k-1)=\boldsymbol{F}\hat{\boldsymbol{x}}(k-1)+\boldsymbol{G}\boldsymbol{u}(k-1)$$
$$\hat{\boldsymbol{x}}(k)=\hat{\boldsymbol{x}}(k\mid k-1)+\boldsymbol{K}(k)[\boldsymbol{y}(k)-\boldsymbol{C}\hat{\boldsymbol{x}}(k\mid k-1)]$$
$$\boldsymbol{u}(k)=-\boldsymbol{L}(k)\hat{\boldsymbol{x}}(k)$$

6.4 利用 MATLAB 设计现代控制系统

6.4.1 极点配置设计的 MATLAB 实现

在经典控制理论中，常用传递函数对单输入单输出系统进行计算、分析与设计，这是一种行之有效的方法。但是传递函数只能反映系统输入、输出之间的外部关系，不能确切地描述系统的内部结构特性。具有完全相同的传递函数或传递函数矩阵的系统可以具有完全不同的内部结构特性。这就表明，传递函数作为一种数学描述，对系统而言，是一种不完全的描述。

现代控制理论是在引入状态和状态空间概念的基础上发展起来的。状态空间方程考虑了系统的输入-状态-输出这一内部过程，因而它是系统动力学特性的完整描述，只有在此基础上，才有可能进一步揭示控制系统的许多内在规律。

1. 极点配置原理

基于状态反馈的极点配置法就是通过状态反馈将系统的闭环极点配置到期望的极点位置上，从而使闭环系统特性满足要求。

假设原系统的状态空间模型为

$$\dot{x}=Ax+Bu,y=Cx$$

若系统是完全可控的，则可引入状态反馈调节器，且

$$u=R-Kx$$

这时，闭环系统的状态空间模型为

$$\begin{cases}\dot{x}=(A-BK)x+BR\\ y=Cx\end{cases}$$

状态反馈系统如图 6-9 所示。

反馈增益 K 和期望极点向量应与状态变量 x 具有相同的维数。

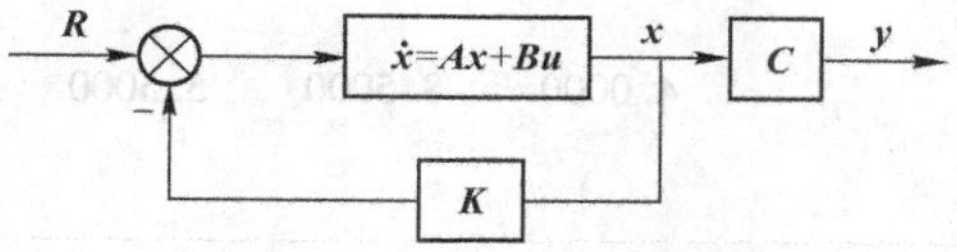

图 6-9　状态反馈系统

2. 极点配置的 MATLAB 函数

在 MATLAB 控制工具箱中，直接用于系统极点配置的函数有 acker( )和 place( )。

函数 acker( )是基于 Ackermann 算法求解反馈增益 K。一般仅用于单输入单输出系统，调用格式为

K=acker(A,B,P)

其中，A、B 为系统矩阵；P 为期望极点向量；K 为反馈增益向量。

函数 place( )用于单输入或多输入系统。在给定系统 A、B 和期望极点配置 P 的情况下，求反馈增益。该函数具有更好的鲁棒性，调用格式为

$$\begin{cases}\mathrm{K=place(A,B,P)}\\ \mathrm{[K,prec,message]=place(A,B,P)}\end{cases}$$

其中，prec 为实际极点偏离期望极点位置的误差；message 是当系统某一非零极点偏离期望位置大于 10% 时给出的警告信息。

利用极点配置法设计系统时，往往需要检验系统的可控性和可观测性。

3. 极点配置步骤

利用 MATLAB 进行极点配置的步骤如下：

1）获得系统闭环的状态空间方程。

2）根据系统性能要求，确定期望极点分布 P。

3）利用 MATLAB 极点配置设计函数求取系统反馈增益 K。

4）检验系统的性能。

4. 极点配置示例分析

【例 6-4】已知控制系统的系数矩阵为

$$A=\begin{bmatrix}-2.0 & -2.5 & -0.5\\ 1 & 0 & 0\\ 0 & 1 & 0\end{bmatrix},B=\begin{bmatrix}1\\0\\0\end{bmatrix}$$

闭环系统的极点为 $s=-1$、-2、-3，对其进行极点配置。

解：用 acker( ) 函数对系统进行极点配置，程序代码如下：

```
A=[-2,-2.5,-0.5;1,0,0;0,1,0];
B=[1,0,0]';
P=[-1,-2,-3];
K=acker(A,B,P)
Ac=A-B*K
eig(Ac)
```

程序运行结果如下：

```
K =

   4.0000     8.5000     5.5000


Ac =

   -6   -11   -6
    1     0    0
    0     1    0


ans =

  -3.0000
  -2.0000
  -1.0000
```

由运行结果可知，配置结果与题目要求相等，配置过程正确。所以状态反馈控制器为

$$K=[4\quad 8.5\quad 5.5]$$

【例 6-5】 已知控制系统的系数矩阵为

$$A=\begin{bmatrix}-0.1 & 5 & 0.1\\ -5 & -0.1 & 5\\ 0 & 0 & 10\end{bmatrix},B=\begin{bmatrix}0\\0\\10\end{bmatrix}$$

闭环系统的极点为 $s=-1\pm5j$、-10，对其进行极点配置。

解：用 place( ) 函数对系统进行极点配置，其程序代码如下：

```
A=[-0.1,5,0.1;-5,-0.1,5;0,0,-10];
B=[0,0,10]';
```

```
P=[-1-5j,-1+5j,-10];
K=place(A,B,P);
[K,prec,Message]=place(A,B,P)
```

程序运行结果如下：

```
K =

  -0.1404    0.3754    0.1800


prec =

    15


Message =

    ''
```

由运行结果可知，配置过程中没有出错和警告信息。

所以状态反馈控制器为

$$\boldsymbol{K}=[-0.1404 \quad 0.3754 \quad 0.18]$$

【例 6-6】 已知控制系统的传递函数为$\dfrac{Y(s)}{U(s)}=\dfrac{10}{s(s+1)(s+2)}$，试判别系统的可控性并设计反馈控制器，使得闭环系统的极点为-2、-1±j。

解：首先判别系统的可控性，其 MATLAB 程序代码如下：

```
n=10;
d=conv(conv([1,0],[1,1]),[1,2]);
[a,b,c,d]=tf2ss(n,d);n=3;
CAM=ctrb(a,b);
if det(CAM)~=0;
    rcam=rank(CAM);
if rcam==n
        disp('系统可控')
elseif rcam<n
        disp('系统不可控')
end
elseif det(CAM)==0
      disp('系统不可控')
end
```

程序运行结果如下：

```
系统可控
```

由于系统是可控的，所以可以任意配置系统的极点。配置极点的程序代码如下：

```
n=10;
d=conv(conv([1,0],[1,1]),[1,2]);
[a,b,c,d]=tf2ss(n,d);
p=[-2,-1+j,-1-j];
K=place(a,b,p);
[K,prec,Message]=place(a,b,p)
sys=ss(a-b*K,b,c,d);
poles=pole(sys);
step(sys/dcgain(sys),2);
```

程序运行结果如下：

```
K =

    1.0000     4.0000     4.0000


prec =

    15


Message =

    ''
```

并得到具有状态反馈系统的阶跃响应曲线，如图 6-10 所示。

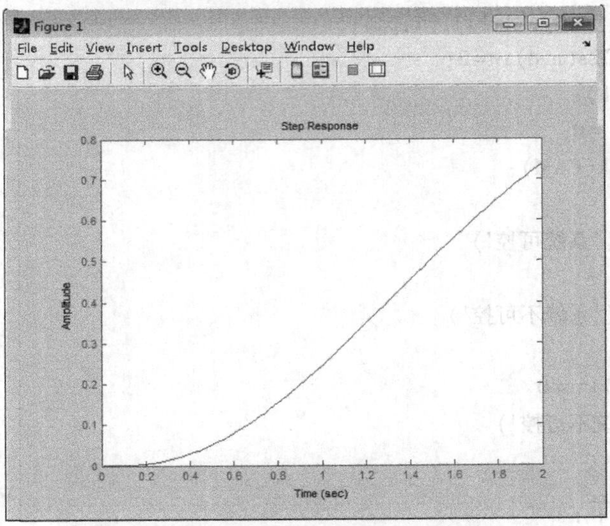

图 6-10　具有状态反馈系统的阶跃响应曲线

由运行结果可知，配置过程中没有出错和警告信息。由反馈系统的阶跃响应曲线可知，闭环系统的动态性能良好。

所以状态反馈控制器为

$$\boldsymbol{K}=[1\quad 4\quad 4]$$

6.4.2 LQ 最优控制器的 MATLAB 实现

1. 线性二次型最优控制器（LQ）简介

线性二次型最优控制设计是基于状态空间技术来设计一个优化的动态控制器。系统模型是用状态空间形式给出的线性系统，其目标函数是对象状态和控制输入的二次型函数。二次型问题就是在线性系统约束条件下选择控制输入使二次型目标函数达到最小。

线性二次型最优控制一般包括两个方面的问题：线性二次型最优控制问题（LQ 问题），具有状态反馈的线性最优控制系统——线性二次型 Gauss 最优控制问题，一般针对具有系统噪声和量测噪声的系统，用卡尔曼滤波器观测系统状态。限于篇幅在此只介绍线性二次型最优控制问题（LQ 问题），而线性二次型 Gauss 最优控制问题请读者参考其他相关资料。

2. 连续系统线性二次型最优控制

（1）连续系统线性二次型最优控制原理　假设线性连续定常系统的状态方程为

$$\dot{\boldsymbol{x}}(t)=\boldsymbol{A}\boldsymbol{x}(t)+\boldsymbol{B}\boldsymbol{u}(t)$$

要寻求控制向量 $\boldsymbol{u}^*(t)$ 使得二次型目标函数 $\boldsymbol{J}=\dfrac{1}{2}\int_0^\infty(\boldsymbol{x}^{\mathrm{T}}\boldsymbol{Q}\boldsymbol{x}+\boldsymbol{u}^{\mathrm{T}}\boldsymbol{R}\boldsymbol{u})\mathrm{d}t$ 为最小。

式中　$\boldsymbol{Q}$——半正定实对称常数矩阵；

$\boldsymbol{R}$——正定实对称常数矩阵；

$\boldsymbol{Q}$、$\boldsymbol{R}$——分别为 $\boldsymbol{x}$ 和 $\boldsymbol{u}$ 的加权矩阵。

根据极值原理，可以导出最优控制律

$$\boldsymbol{u}^*=-\boldsymbol{R}^{-1}\boldsymbol{B}^{\mathrm{T}}\boldsymbol{P}\boldsymbol{x}=-\boldsymbol{K}\boldsymbol{x}$$

式中　$\boldsymbol{K}$——最优反馈增益矩阵；

$\boldsymbol{P}$——常值正定矩阵，其必须满足黎卡提（Riccati）代数方程 $\boldsymbol{PA}+\boldsymbol{A}^{\mathrm{T}}\boldsymbol{P}-\boldsymbol{PBR}^{-1}\boldsymbol{BP}+\boldsymbol{Q}=\boldsymbol{0}$。因此，系统设计归结于求解黎卡提方程的问题。

（2）连续系统二次型最优控制的 MATLAB 函数　在 MATLAB 工具箱中，提供了求解连续系统二次型最优控制函数：lqr( )、lqr2( )与 lqry( )。其调用格式为

```
[K,S,E]=lqr(A,B,Q,R,N)
[K,S]=lqr2(A,B,Q,R,N)
[K,S,E]=lqry(sys,Q,R,N)
```

其中，A 为系统的状态矩阵；B 为系统的输出矩阵；Q 为给定的半正定实对称常数矩阵；R 为给定的正定实对称常数矩阵；N 代表更一般化性能指标中交叉乘积项的加权矩阵；K 为最优反馈增益矩阵；S 为对应黎卡提方程的唯一正定解 P（若矩阵 A-BK 是稳定矩阵，则总有正定解 P 存在）；E 为矩阵 A-BK 的特征值。

lqry( ) 函数用于求解二次型状态调节器的特例，是用输出反馈代替状态反馈，即其性能指标为 $\boldsymbol{J}=\dfrac{1}{2}\int_0^\infty(\boldsymbol{y}^{\mathrm{T}}\boldsymbol{Q}\boldsymbol{y}+\boldsymbol{u}^{\mathrm{T}}\boldsymbol{R}\boldsymbol{u})\mathrm{d}t$。这种二次型输出反馈控制叫作次优控制。

此外，上述问题要有解，必须满足三个条件：

①（$\boldsymbol{A}$，$\boldsymbol{B}$）是稳定的。

② $\boldsymbol{R}>0$ 且 $\boldsymbol{Q}-\boldsymbol{N}\boldsymbol{R}^{-1}\boldsymbol{N}^{\mathrm{T}}\geqslant 0$。

③（$\boldsymbol{Q}-\boldsymbol{N}\boldsymbol{R}^{-1}\boldsymbol{N}^{\mathrm{T}},\boldsymbol{A}-\boldsymbol{B}\boldsymbol{R}^{-1}\boldsymbol{N}^{\mathrm{T}}$）在虚轴上不是非能观模式。

当上述条件不满足时，则二次型最优控制无解，函数会显示警告信号。

(3) 连续系统二次型最优控制示例

【例 6-7】设系统状态空间表达式为

$$\dot{\boldsymbol{x}}=\begin{bmatrix}0 & 1 & 0\\ 0 & 0 & 1\\ -1 & -4 & -6\end{bmatrix}\boldsymbol{x}+\begin{bmatrix}0\\ 0\\ 1\end{bmatrix}\boldsymbol{u}$$

$$\boldsymbol{y}=\begin{bmatrix}1 & 0 & 0\end{bmatrix}\boldsymbol{x}$$

① 采用输入反馈，系统的性能指标为

$$\boldsymbol{J}=\frac{1}{2}\int_0^{\infty}(\boldsymbol{x}^{\mathrm{T}}\boldsymbol{Q}\boldsymbol{x}+\boldsymbol{u}^{\mathrm{T}}\boldsymbol{R}\boldsymbol{u})\,\mathrm{d}t,\text{取}\,\boldsymbol{Q}=\begin{bmatrix}1 & 0 & 0\\ 0 & 1 & 0\\ 0 & 0 & 1\end{bmatrix},\boldsymbol{R}=[1]$$

② 采用输出反馈，系统的性能指标为

$$\boldsymbol{J}=\frac{1}{2}\int_0^{\infty}(\boldsymbol{y}^{\mathrm{T}}\boldsymbol{Q}\boldsymbol{y}+\boldsymbol{u}^{\mathrm{T}}\boldsymbol{R}\boldsymbol{u})\,\mathrm{d}t,\text{取}\,\boldsymbol{Q}=1,\boldsymbol{R}=[1]$$

试设计 LQ 最优控制器，计算最优状态反馈矩阵 $\boldsymbol{K}=[k_1\quad k_2\quad k_3]$，并对闭环系统进行单位阶跃仿真。

解： ① 可以用 MATLAB 函数 lqr( )来求解 LQ 最优控制器，其程序代码如下：

```
A=[0,1,0;0,0,1;-1,-4,-6];
B=[0,0,1]';C=[1,0,0];D=0;
Q=diag([1,1,1]);R=1;
K=lqr(A,B,Q,R)
x=K(1);
Ac=A-B*K;Bc=B*x;Cc=C;Dc=D;
Step(Ac,Bc,Cc,Dc)
```

程序运行结果如下：

```
K =

    0.4142    0.7486    0.2046
```

同时，得到闭环系统阶跃响应曲线，如图 6-11 所示。

由图 6-11 可知，闭环系统单位阶跃响应曲线略微超调后立即单调衰减，仿真曲线是很理想的，反映了最优控制的结果。

② 可以用 MATLAB 函数 lqry( )来求解 LQ 最优控制器，其程序代码如下：

```
A=[0,1,0;0,0,1;-1,-4,-6];
B=[0,0,1]';C=[1,0,0];D=0;
```

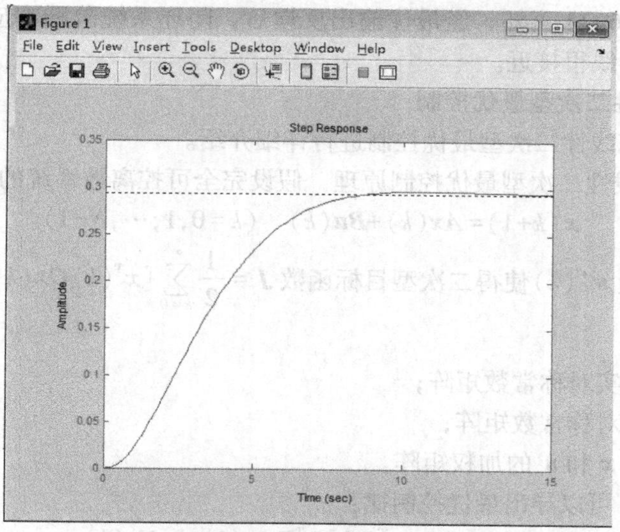

图 6-11　闭环系统阶跃响应曲线（一）

```
Q=1;R=1;
K=lqry(A,B,C,D,Q,R)
x=K(1);
Ac=A-B*K;Bc=B*x;Cc=C;Dc=D;
Step(Ac,Bc,Cc,Dc)
```

程序运行结果如下：

```
K =

0.4142    0.6104    0.1009
```

同时得到闭环系统阶跃响应曲线，如图 6-12 所示。

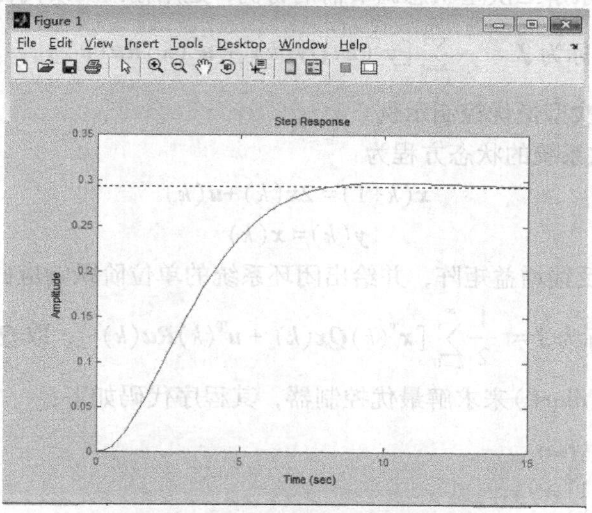

图 6-12　闭环系统阶跃响应曲线（二）

由图 6-10 和图 6-11 可知，经最优输出反馈后，闭环系统阶跃响应曲线与经最优状态反馈后的阶跃响应曲线很接近。

3. 离散系统线性二次型最优控制

下面对离散系统线性二次型最优控制进行详细介绍。

（1）离散系统线性二次型最优控制原理　假设完全可控离散系统的状态方程为

$$\dot{\boldsymbol{x}}(k+1)=\boldsymbol{A}\boldsymbol{x}(k)+\boldsymbol{B}\boldsymbol{u}(k)\quad (k=0,1,\cdots,N-1)$$

要寻求控制向量 $\boldsymbol{u}^*(k)$ 使得二次型目标函数 $\boldsymbol{J}=\dfrac{1}{2}\sum\limits_{k=0}^{\infty}[\boldsymbol{x}^{\mathrm{T}}(k)\boldsymbol{Q}\boldsymbol{x}(k)+\boldsymbol{u}^{\mathrm{T}}(k)\boldsymbol{R}\boldsymbol{u}(k)]$ 为最小。

式中，$\boldsymbol{Q}$——半正定实对称常数矩阵；

$\boldsymbol{R}$——正定实对称常数矩阵；

$\boldsymbol{Q}$、$\boldsymbol{R}$——分别为 $\boldsymbol{x}$ 和 $\boldsymbol{u}$ 的加权矩阵。

根据极值原理，可以导出最优控制律：

$$\boldsymbol{u}^*=-[\boldsymbol{R}+\boldsymbol{B}^{\mathrm{T}}\boldsymbol{P}\boldsymbol{B}]\boldsymbol{B}^{\mathrm{T}}\boldsymbol{P}\boldsymbol{A}\boldsymbol{x}(k)=-\boldsymbol{K}\boldsymbol{x}(k)$$

式中，$\boldsymbol{K}$——最优反馈增益矩阵；

$\boldsymbol{P}$——常值正定矩阵，其必须满足黎卡提代数方程 $\boldsymbol{PA}+\boldsymbol{A}^{\mathrm{T}}\boldsymbol{P}-\boldsymbol{PBR}^{-1}\boldsymbol{BP}+\boldsymbol{Q}=\boldsymbol{0}$。

因此，系统设计归结于求解黎卡提方程的问题，并求出反馈增益矩阵 $\boldsymbol{K}$。

（2）离散系统二次型最优控制的 MATLAB 函数　在 MATLAB 工具箱中，提供了求解离散系统二次型最优控制的函数 dlqr( ) 与 dlqry( )。其调用格式为

[K,S,E]=dlqr(A,B,Q,R,N)

[K,S,E]=dlqry(sys,Q,R,N)

其中，A 为系统的状态矩阵；B 为系统的输出矩阵；Q 为给定的半正定实对称常数矩阵；R 为给定的正定实对称常数矩阵；N 代表更一般化性能指标中交叉乘积项的加权矩阵；K 为最优反馈增益矩阵；S 为对应黎卡提方程的唯一正定解 P（若矩阵 A-BK 是稳定矩阵，则总有正定解 P 存在）；E 为矩阵 A-BK 的特征值。

dlqry( ) 函数用于求解二次型状态调节器的特例，是用输出反馈代替状态反馈，即 $\boldsymbol{u}(k)=-\boldsymbol{K}\boldsymbol{y}(k)$，则其性能指标为 $\boldsymbol{J}=\dfrac{1}{2}\sum\limits_{k=0}^{\infty}[\boldsymbol{y}^{\mathrm{T}}(k)\boldsymbol{Q}\boldsymbol{y}(k)+\boldsymbol{u}^{\mathrm{T}}(k)\boldsymbol{R}\boldsymbol{u}(k)]$。

（3）离散系统二次型最优控制示例

【例 6-8】 设离散系统的状态方程为

$$\boldsymbol{x}(k+1)=2\boldsymbol{x}(k)+\boldsymbol{u}(k)$$
$$\boldsymbol{y}(k)=\boldsymbol{x}(k)$$

试计算稳态最优反馈增益矩阵，并给出闭环系统的单位阶跃响应曲线。

解： 设定性能指标为 $\boldsymbol{J}=\dfrac{1}{2}\sum\limits_{k=0}^{\infty}[\boldsymbol{x}^{\mathrm{T}}(k)\boldsymbol{Q}\boldsymbol{x}(k)+\boldsymbol{u}^{\mathrm{T}}(k)\boldsymbol{R}\boldsymbol{u}(k)]$，取 $\boldsymbol{Q}=\begin{bmatrix}1000 & 0\\ 0 & 1\end{bmatrix}$，$\boldsymbol{R}=[1]$。

用 MATLAB 函数 dlqr( ) 来求解最优控制器，其程序代码如下：

```
x=2;y=1;z=1;f=0;
q=[1000,0;0,1];r=1;
a=[x,0;-z*x,1];
```

```
b=[y;-z*y];
Kx=dlqr(a,b,q,r)
k2=-Kx(2);k3=Kx(1);
ax=[(x-y*k3),y*k2;(-z*x+z*y*k3),(1-z*y*k2)];
bx=[0;1];cx=[1,0];dx=0;
dstep(ax,bx,cx,dx,1,100)
```

程序运行后得到系统最优状态反馈增益矩阵 $\boldsymbol{K}_x$ 为

```
Kx =

   1.9981   -0.0310
```

以及闭环系统的阶跃响应曲线，如图 6-13 所示。

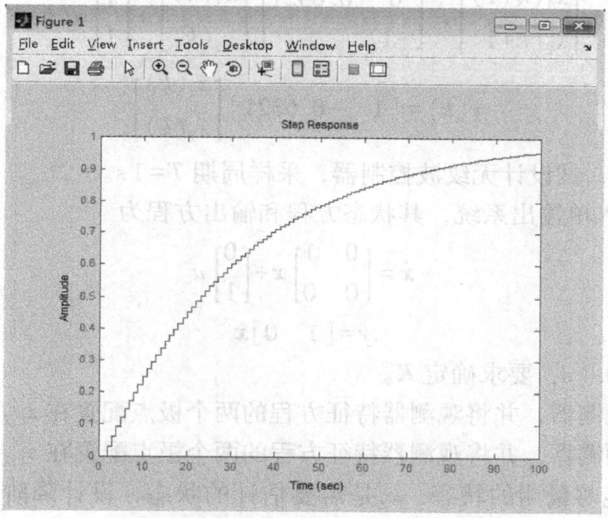

图 6-13　闭环系统阶跃响应曲线（三）

本章小结

本章介绍了计算机控制系统的现代控制技术，介绍了采用状态空间的输出反馈设计方法及步骤，状态空间的极点配置设计法，按极点配置设计控制规律、按极点配置设计状态观测器、按极点配置设计控制器，及采用状态空间的最优化设计法。

在经典控制理论中，用传递函数模型来设计和分析单输入单输出系统，但传递函数模型只能反映出系统的输出变量与输入变量之间的关系，而不能反映系统内部的变化情况。在现代理论中，计算机的广泛普及和应用为状态空间分析法提供了有力的手段。用状态空间模型来设计和分析多输入多输出系统，便于计算机求解，同时也为多变量系统的分析和研究提供了有力的工具。

本章着重利用 MATLAB 语言对极点配置及 LQ 最优控制器进行了设计。

习题

6-1 “基于状态空间法的极点配置设计法”的设计指标是什么？

6-2 试比较“最小拍设计”和“无纹波响应设计”的异同点。

6-3 已知二阶系统的状态空间表达式为

$$\dot{\boldsymbol{x}}=\begin{bmatrix}-1 & 0\\ 1 & 0\end{bmatrix}\boldsymbol{x}+\begin{bmatrix}1\\0\end{bmatrix}u$$

$$y=\begin{bmatrix}0 & 1\end{bmatrix}\boldsymbol{x}$$

输入为阶跃函数，试设计无纹波控制器，采样周期 $T=1\,\mathrm{s}$，使用零阶保持器。

6-4 已知二阶系统的状态空间表达式为

$$\begin{bmatrix}x_1(k+1)\\ x_2(k+1)\end{bmatrix}=\begin{bmatrix}0 & 0.6321\\ -1 & 1\end{bmatrix}\begin{bmatrix}x_1(k)\\ x_2(k)\end{bmatrix}+\begin{bmatrix}1\\1\end{bmatrix}u(k)$$

$$y(k)=\begin{bmatrix}1 & -0.6321\end{bmatrix}\begin{bmatrix}x_1(k)\\ x_2(k)\end{bmatrix}$$

输入为阶跃函数，试设计无纹波控制器，采样周期 $T=1\,\mathrm{s}$。

6-5 二阶单输入单输出系统，其状态方程和输出方程为

$$\dot{\boldsymbol{x}}=\begin{bmatrix}0 & 1\\ 0 & 0\end{bmatrix}\boldsymbol{x}+\begin{bmatrix}0\\1\end{bmatrix}u$$

$$y=\begin{bmatrix}1 & 0\end{bmatrix}\boldsymbol{x}$$

采样周期取 $T=0.1\,\mathrm{s}$，要求确定 $\boldsymbol{K}$。

（1）设计预报观测器，并将观测器特征方程的两个极点配置在 $z_{1,2}=0.2$ 处。

（2）设计现时预测器，并将观测器特征方程的两个极点配置在 $z_{1,2}=0.2$ 处。

（3）假定 x_1 是能够量测的状态，x_2 是需要估计的状态，设计降阶观测器，并将观测器特征方程的极点配置在 $z=0.2$ 处。

6-6 设一阶单输入单输出系统的状态方程为

$$\begin{cases}\dot{\boldsymbol{x}}(t)=\boldsymbol{A}\boldsymbol{x}(t)+\boldsymbol{B}\boldsymbol{u}(t)\\ y(t)=\boldsymbol{C}\boldsymbol{x}(t)\end{cases}$$

采样周期为 T，试设计最少拍无纹波控制器 $D(z)$。

6-7 被控对象的传递函数为

$$G(s)=\frac{1}{s(1+0.1s)}$$

采样周期 $T=0.1\,\mathrm{s}$，采用零阶保持器。按极点配置方法设计状态反馈控制规律 $\boldsymbol{L}$，使闭环控制系统的极点配置在 z 平面 $z_{1,2}=0.8\pm\mathrm{j}0.25$ 处，求 $\boldsymbol{L}$ 和 $\boldsymbol{u}(k)$。

第7章　控制系统的仿真原理及算法

系统仿真是进行系统设计、分析和实验研究中经常采用的一门技术，它以模型实验代替实际系统进行仿真研究，通过计算机的处理获得实际系统在给定信号作用下的运行状况，从而对系统进行整体性能的评价。本章主要介绍系统仿真的算法，以数值积分法和离散相似法为例，分析其原理、特点和应用，并对线性系统、非线性系统、采样系统的仿真过程进行讨论。通过本章的学习，读者应掌握以下内容：

- 数值积分法的基本原理及其主要内容
- 快速仿真算法的基本原理及其主要内容
- 离散相似法的基本原理及其仿真应用
- 线性系统的仿真方法
- 非线性系统的仿真方法
- 采样控制系统的仿真方法

7.1　数值积分法

控制系统的数字仿真是利用数字计算机作为仿真工具，采用数学上的各种数值算法求解控制系统运动的微分方程，从而得到被控物理量的运动规律。

通常，计算机模拟被控对象是用一定的仿真算法来实现被控对象的运动规律，这是基于被控对象的数学模型来完成的。控制系统的数学模型大多数为常微分方程的表达形式，在实际应用中通常是通过计算机采用数值计算的方法来求取其数值解。目前高级仿真软件（例如 MATLAB）已提供了功能十分强大，且能保证相应精度的数值求解的功能函数，使用者仅需按规定的语言规则调用即可。

计算机集成仿真环境包括设计、分析、编制系统模型，编写仿真程序，创建仿真模型，运行、控制、观察仿真实验，记录仿真数据，分析仿真结果，校验仿真模型等，给控制系统的仿真处理带来极大的方便。由于计算机仿真的优点明显，普及应用迅速，受到大家的欢迎。

在仿真分析和设计中要合理选择和使用相应的系统仿真方法，以获得控制系统满足要求的数值结果。一般情况下，系统仿真中最常用、最基本的求解常微分方程数值解的方法主要是数值积分法。

设某系统的常微分方程为

$$\begin{cases}\dfrac{\mathrm{d}y}{\mathrm{d}t}=f(t,y)\\ y(t_0)=y_0\end{cases}\tag{7-1}$$

式中　$f(t,y)$——包含时间 t 和函数 y 的表达式；

y_0——函数 y 在初始时刻 t_0 时的对应初值。

求解方程式（7-1）中函数 $y(t)$ 的问题即称为常微分方程数值求解问题。

数值求解就是要在时间区间 $[a,b]$ 中取若干离散点 $t_k(k=0,1,2,\cdots,N)$，且

$$a=t_0<t_1<\cdots<t_N=b$$

设法求出式（7-1）的函数 $y(t)$ 在这些时刻上的近似值 $y_0,y_1,\cdots,y_N$，即求取

$$y_k=y(t_k)\quad(k=0,1,2,\cdots,N)$$

从上可知，常微分方程数解法的基本出发点就是将连续时间的求解区间 $[a,b]$ 分成若干离散时刻点 t_k，然后，直接求出各离散点上的解函数 $y(t_k)$ 的近似值 y_k，而不必求出解函数 $y(t)$ 的解析表达式。为了方便计算，可以取求解区间 $[a,b]$ 的等分点，即 $h=(b-a)/N$，称为等间隔时间计算步长，也常称为仿真步长。

连续系统的数学模型大多可以采用一个高阶微分方程描述，在求解其值时要用到一些基本的算法，数值积分法就是利用数字计算机构造 n 次数值积分运算，来对系统的微分方程进行数值求解。常用的形式有欧拉法、梯形法和龙格-库塔法等，下面分别进行讨论。

7.1.1 欧拉（Euler）法

1. 欧拉公式的推导

将式（7-1）在小区间 $[t_k,t_{k+1}]$ 上进行积分可得

$$y_{k+1}-y_k=\int_{t_k}^{t_{k+1}}f(t,y)\,\mathrm{d}t$$

又由导数定义知

$$\frac{\mathrm{d}y}{\mathrm{d}t}=\lim_{\Delta t\to 0}\frac{y(t+\Delta t)-y(t)}{\Delta t}$$

在 $t=t_k$ 时刻，取计算步长 $h=\Delta t=t_{k+1}-t_k$，显然有 $y_{k+1}=y(t+\Delta t),y_k=y(t)$。设 h 足够小，使得 $\frac{\mathrm{d}y}{\mathrm{d}t}=f(t_k,y_k)\approx\frac{y_{k+1}-y_k}{h}$ 成立，于是有

$$y_{k+1}-y_k=hf(t_k,y_k)$$

可见，$hf(t_k,y_k)$ 近似代替了积分部分，即

$$\int_{t_k}^{t_{k+1}}f(t,y)\,\mathrm{d}t\approx hf(t_k,y_k)$$

其几何意义是把 $f(t,y)$ 在 $[t_k,t_{k+1}]$ 区间内的曲边面积用矩形面积近似代替，如图 7-1 所示。

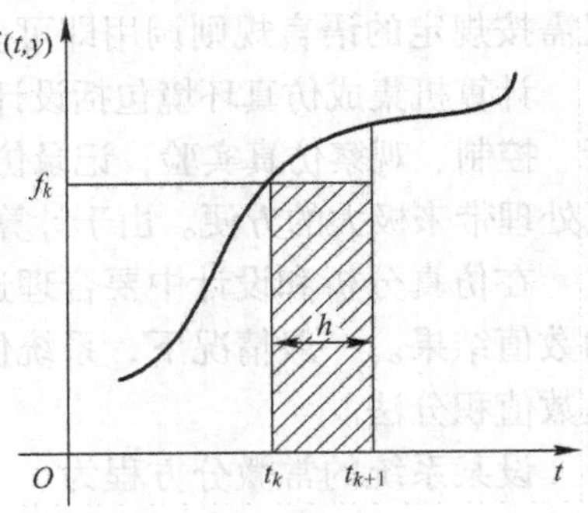

图 7-1 欧拉法数值积分

当 h 很小时，可以认为造成的误差是允许的。因此有

$$y_{k+1}=y_k+hf(t_k,y_k)\tag{7-2}$$

式（7-2）称为欧拉公式。

若取 $k=0,1,2,\cdots,N$，即可从 t_0 开始，逐点递推求得 t_1 时的 y_1，t_2 时的 y_2，…，直至 t_N 时的 y_N，这就是最简单的数值积分求解递推算法。

2. 欧拉法的特点

欧拉法具备以下特点：

1）欧拉法实际上是采用折线代替了实际曲线，也称为折线法。

2）欧拉法计算简单，容易实现。由前一点值 y_k 进一步递推就可以求出后一点值 y_{k+1}，因此称为单步法。

3）欧拉法计算只要给定初始值 y_0，即可开始进行递推运算，不需要其他信息，因此它属于自启动模式。

4）欧拉法是一种近似的处理，存在计算误差，因此系统的计算精度较低。

3. 欧拉法与泰勒级数展开式的关系

由高等数学知识可知，根据泰勒级数展开式有

$$y(t+\Delta t)=y(t)+y'(t)\Delta t+\frac{1}{2!}y''(t)(\Delta t)^2+\cdots$$

当 $t=t_k$，且取 $h=\Delta t$ 时的对应式 $y_{k+1}=y_k+hy'_k+\frac{1}{2!}h^2y''_k(t)+\cdots$ 中的一阶近似展开式相同，即

$$y_{k+1}=y_k+hy'_k+e(h^2)\approx y_k+hy'_k$$

其误差 $e(h^2)$ 与 h^2 是同一数量级，常称该式具有一阶精度，显然精度较低。虽然如此，但欧拉法仍是非常重要的，许多高精度的数值积分法都是以它为基础推导而得出的。

7.1.2 梯形法

1. 梯形公式

为了弥补欧拉法计算精度较低的不足，可以采用梯形面积公式来代替曲线下的定积分计算，如图 7-2 所示。

依然对式（7-1）进行求解，采用梯形法做相应近似处理之后，其输出为

$$y_{k+1}=y_k+\frac{h}{2}[f(t_k,y_k)+f(t_{k+1},y_{k+1})] \tag{7-3}$$

式（7-3）称为梯形积分公式，也叫作亚当姆斯（Adams）公式。从中可以看到，在计算 y_{k+1} 时，其右端函数中也含有 y_{k+1}，这种公式称为隐式公式，不能靠自身解决，需要采用迭代方法来启动，称为多步法。

其基本处理方法就是采用欧拉公式进行预报，采用梯形公式进行校正。即

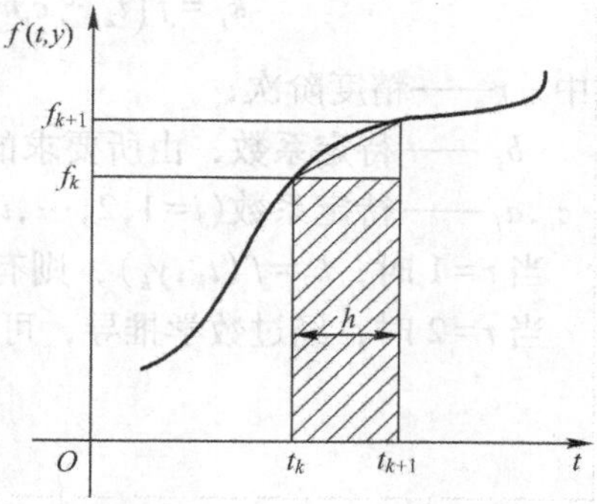

图 7-2　梯形法数值积分

$$\begin{cases} y_{k+1}^{(0)}=y_k+hf(t_k,y_k) \\ y_{k+1}=y_k+\frac{1}{2}h[f(t_k,y_k)+f(t_{k+1},y_{k+1}^{(0)})] \end{cases} \tag{7-4}$$

式（7-4）称为亚当姆斯预报-校正公式。

2. 梯形法的特点

梯形法具备以下特点：

1）采用梯形代替欧拉法的矩形来计算积分面积，其计算精度要高于欧拉法。

2）采用预报-校正公式，每求一个 y_k，计算量要比欧拉法多一倍，因此计算速度较慢。

3）梯形公式中的右端函数含有未知数，不能直接计算左端的变量值，这是一种隐式处理，要利用迭代法求解。即梯形法不能自启动，要靠多步法来实现计算。

7.1.3 龙格-库塔（Runge-Kutta）法

1. 龙格-库塔公式

由于欧拉法和梯形法的计算精度都较低，为了得到较高的数值积分精度，龙格（Runge）和库塔（Kutta）两人先后提出用函数值$f(t_k,y_k)$的线性组合来代替$f(t_k,y_k)$的高阶导数项，这样既可避免计算高阶导数，又可提高数值积分精度。

设$y(t)$为式（7-1）的解，将其在t_k附近以h为变量展开为泰勒级数：

因为

$$y_{k+1}=y_k+hy'(t_k)+\frac{h^2}{2!}y''(t_k)+\cdots$$

$$y'(t_k)=f(t_k,y_k)=f_k$$

$$y''(t_k)=\left.\frac{\mathrm{d}f(t,y)}{\mathrm{d}t}\right|_{\substack{t=t_k\\ y=y_k}}=f'_{t_k}+f'_{y_k}f_k$$

于是
$$y_{k+1}=y_k+hy'(t_k)+\frac{h^2}{2!}(f'_{t_k}+f'_{y_k}f_k)+\cdots$$

上式中f'_{t_k}、f'_{y_k}等各阶导数不容易计算，用k_i的线性组合来表示，可变为

$$y_{k+1}=y_k+h\sum_{i=1}^{r}b_ik_i$$

$$k_i=f\left(t_k+c_ih,y_k+h\sum_{j=1}^{r}a_jk_j\right)\quad(i=1,2,3,\cdots,r)$$

式中　r——精度阶次；

b_i——待定系数，由所要求的精度确定；

c_i,a_j——待定系数$(j=1,2,\cdots,i-1)$，一般取$c_1=0$。

当$r=1$时，$k_1=f(t_k,y_k)$，则有$y_{k+1}=y_k+hf(t_k,y_k)$。该式即为欧拉公式。

当$r=2$时，经过数学推导，可得如下表达式：

$$\begin{cases}y_{k+1}=y_k+\dfrac{h}{2}(k_1+k_2)\\ k_1=f(t_k,y_k)\\ k_2=f(t_k+h,y_k+hk_1)\end{cases}\tag{7-5}$$

式（7-5）称为二阶龙格-库塔公式。由于泰勒级数展开时只取到h、h^2两项，而h^3以上的高阶项略去了，因此这种递推公式的截断误差正比于h^3。

若要进一步提高计算精度，可以将展开的泰勒级数保留到h^4项，使其截断误差正比于h^5，则可得到四阶龙格-库塔公式。

当$r=4$时，经过数学推导，可得如下表达式：

$$
\begin{cases}
y_{k+1}=y_k+\dfrac{h}{6}(k_1+2k_2+2k_3+k_4)\\
k_1=f(t_k,y_k)\\
k_2=f\left(t_k+\dfrac{h}{2},y_k+\dfrac{h}{2}k_1\right)\\
k_3=f\left(t_k+\dfrac{h}{2},y_k+\dfrac{h}{2}k_2\right)\\
k_4=f(t_k+h,y_k+hk_3)
\end{cases}
\tag{7-6}
$$

式（7-6）称为四阶龙格-库塔公式。

龙格-库塔公式的基本思想是，在 $t_k \sim t_{k+1}$之间计算多个点的斜率值，将多个点的斜率值加权后作为平均斜率的近似值，这样可以得到比欧拉法与梯形法精度更高的计算公式。

2. 龙格-库塔法的特点

龙格-库塔法具备以下特点：

1）龙格-库塔法为单步法，后一步的计算仅利用前一步的计算结果，并且可自启动。

2）改变仿真计算步长比较方便，可根据系统的精度要求而定。

3）仿真计算量与仿真步长 h 的大小密切相关，h 值越小计算精度越高，但所需仿真时间也就越长。

4）龙格-库塔法计算公式由两部分组成：前一步的计算结果 y_k 的值；t_k 至 t_{k+1} 时刻中对函数 $f(t_k,y_k)$ 的积分，它是仿真步长 h 乘上各点斜率的加权平均值。若展开成泰勒级数时只取 h 的一次项，即为欧拉法计算公式；若取到 h^2 项，则为二阶龙格-库塔法计算公式；若取到 h^4 项，则为四阶龙格-库塔法计算公式。

3. 计算四阶龙格-库塔法系数的思路

为了在程序中实现四阶龙格-库塔法，引入一个有 4 个分量的一维数组向量 $\boldsymbol{H}$，即

$$
\boldsymbol{H}(4)=\left[0,\frac{h}{2},\frac{h}{2},h\right]
$$

当仿真模型为 $\dot{\boldsymbol{X}}=\boldsymbol{AX}+\boldsymbol{B}u$，即 $f_i(x,t,u)=\boldsymbol{AX}+\boldsymbol{B}u$ 时，按四阶龙格-库塔法计算公式，其中 4 个系数 k_{i1}、k_{i2}、k_{i3}、k_{i4} 可通过计算右端函数求出，将 4 组计算系数的公式归纳为

$$
k_{ij}=\sum_{i=1}^{n}a_{i,j}(x_{j,k}+h_jk_{j-1,i})+b_iu(t_k+h_i)
\tag{7-7}
$$

式中，$i=1,2,\cdots,n;j=1,2,3,4$。

根据式（7-7）的描述，只要计算出 k_{ij} 的系数值，再代入右端函数表达式即可求出仿真结果的值。

7.1.4　数值积分公式的应用

【例 7-1】 已知一阶系统的微分方程为 $\dfrac{\mathrm{d}y}{\mathrm{d}t}+2y=10$，初始条件 $y(t_0)=y_0=1$，取仿真步长 $h=0.1$，分别用欧拉法、梯形法和龙格-库塔法计算该系统仿真第一步的值。

解： 原方程可变为 $\dfrac{\mathrm{d}y}{\mathrm{d}t}=10-2y$，即 $\begin{cases}f(t_k,y_k)=10-2y_k\\ y_0=1\end{cases}$。

1）用欧拉法计算。根据欧拉公式，将函数表达式及其初始值代入后，可得该系统仿真第一步的值：

$$y_1=y_0+hf(t_0,y_0)=1+0.1\times(10-2\times1)=1.8$$

2）用梯形法计算。根据预报-校正公式，将函数表达式及其初始值代入后，可得仿真第一步的值。

用预报公式求起始值：

$$y_1^{(0)}=y_0+hf(t_0,y_0)=1+0.1\times(10-2\times1)=1.8$$

再用校正公式可到系统仿真第一步的值：

$$\begin{aligned}y_1&=y_0+\frac{1}{2}h[f(t_0,y_0)+f(t_1,y_1^{(0)})]\\&=1+\frac{1}{2}\times0.1\times[(10-2\times1)+(10-2\times1.8)]=1.72\end{aligned}$$

3）用二阶龙格-库塔法计算。根据公式先计算出两个系数，再计算仿真第一步的值：

$$k_1=f(t_0,y_0)=10-2\times y_0=10-2\times1=8$$

$$k_2=f(t_0+h,y_0+hk_1)=10-2\times(y_0+hk_1)=10-2\times(1+0.1\times8)=6.4$$

则系统仿真第一步的值为

$$y_1=y_0+\frac{h}{2}(k_1+k_2)=1+\frac{1}{2}\times0.1\times(8+6.4)=1.72$$

4）用四阶龙格-库塔公式计算。根据公式先计算出4个系数，再计算仿真第一步的值：

$$k_1=f(t_0,y_0)=10-2y_0=10-2\times1=8$$

$$\begin{aligned}k_2&=f\left(t_0+\frac{h}{2},y_0+\frac{h}{2}k_1\right)=10-2\times\left(y_0+\frac{h}{2}k_1\right)\\&=10-2\times\left(1+\frac{1}{2}\times0.1\times8\right)=7.2\end{aligned}$$

$$\begin{aligned}k_3&=f\left(t_0+\frac{h}{2},y_0+\frac{h}{2}k_2\right)=10-2\times\left(y_0+\frac{h}{2}k_2\right)\\&=10-2\times\left(1+\frac{1}{2}\times0.1\times7.2\right)=7.28\end{aligned}$$

$$\begin{aligned}k_4&=f(t_0+h,y_0+hk_3)=10-2\times(y_0+hk_3)\\&=10-2\times(1+0.1\times7.28)=6.544\end{aligned}$$

则系统仿真第一步的值为

$$\begin{aligned}y_1&=y_0+\frac{h}{6}(k_1+2k_2+2k_3+k_4)\\&=1+\frac{1}{6}\times0.1\times(8+2\times7.2+2\times7.28+6.544)=1.725067\end{aligned}$$

从上述结果可以看出，对于同一个系统进行仿真计算时，其值的精度是随着数值积分公式的变化而改变的，其中欧拉法计算精度最低，其次为梯形法和二阶龙格-库塔法，四阶龙格-库塔法计算精度最高。

【例 7-2】已知某二阶系统的微分方程为$\frac{d^2y}{dt^2}+0.5\frac{dy}{dt}-2y=0$，初始条件为$y(0)=1$，$\dot{y}(0)=0$，取积分步长$h=0.1$，采用欧拉法和二阶龙格-库塔法分别计算系统第一步的仿真值。

解：由于数值积分公式是按一阶微分方程推导而得到的，对于二阶以上系统则应化为若干个一阶微分方程组的形式。

引入两个状态变量，令：

$$\begin{cases} y_1=y \\ \frac{dy_1}{dt}=\frac{dy}{dt}=y_2 \\ \frac{dy_2}{dt}=\frac{d^2y}{dt^2} \end{cases}$$

则有

$$\begin{cases} \frac{dy_1}{dt}=y_2 \\ \frac{dy_2}{dt}=2y_1-0.5y_2 \end{cases}$$

初始条件：

$$\begin{cases} y_{10}=y(0)=1 \\ y_{20}=\left.\frac{dy}{dt}\right|_{t=0}=0 \end{cases}$$

将原二阶系统写成两个一阶微分方程形式，即

$$f_1(t_k,y_k)=y_2$$
$$f_2(t_k,y_k)=2y_1-0.5y_2$$

1）用欧拉法计算。根据欧拉公式，对方程$f_1(t_k,y_k)$来讲，将初始值代入得

$$y_{11}=y_{10}+hf_1(t_0,y_{10},y_{20})=1+0.1\times0=1$$

对方程$f_2(t_k,y_k)$来讲，将初始值代入有

$$y_{21}=y_{20}+hf_2(t_0,y_{10},y_{20})=0+0.1\times2=0.2$$

2）用二阶龙格-库塔法计算。根据式（7-5），对方程$f_1(t_k,y_k)$，先计算出两个系数，再计算仿真第一步的值：

$$k_{11}=f_1(t_0,y_{10},y_{20})=y_{20}=0$$
$$k_{12}=f_1(t_0+h,y_{10}+hk_{11}y_{20}+hk_{11})=y_{20}+hk_{11}$$
$$=0+0.1\times0=0$$

则系统仿真第一步的值为

$$y_{11}=y_{10}+\frac{h}{2}(k_{11}+k_{12})=1+\frac{1}{2}\times0.1\times(0+0)=1$$

对方程 $f_2(t_k, y_k)$，先计算出两个系数，再计算仿真第一步的值：

$$k_{21}=f_2(t_0, y_{10}, y_{20})=2y_{10}-0.5y_{20}$$

$$=2\times1-0.5\times0=2$$

$$k_{22}=f_2(t_0+h, y_{10}+hk_{21}, y_{20}+hk_{21})=2(y_{10}+hk_{21})-0.5(y_{20}+hk_{21})$$

$$=2\times(1+0.1\times2)-0.5\times(0+0.1\times2)=2.3$$

则系统仿真第一步的值为

$$y_{21}=y_{20}+\frac{h}{2}(k_{21}+k_{22})=0+\frac{1}{2}\times0.1\times(2+2.3)=0.215$$

从上可看出，引入两个状态变量后，使二阶微分方程变成两个一阶微分方程，两个变量对函数值都有影响。结果表明，二阶龙格-库塔法计算出的仿真精度高于欧拉法。尤其当积分步数增加后，其积累误差会更加明显。

7.1.5 仿真精度与系统稳定性

采用计算机对控制系统进行动态仿真时首先要考虑系统的稳定性，只有稳定的系统其仿真结果才有意义，此外系统仿真还要达到用户规定的精度要求。下面对仿真精度与系统的稳定性进行分析。

1. 仿真过程的误差

系统仿真的最终精度与现场原始数据的采集、使用的计算机设备档次、仿真计算时的数值积分公式等均有相应的关系。可以分为以下三种情况：

（1）初始误差　在对系统仿真时，要采集现场的原始数据，而计算时要提供初始条件，这样由于数据的采集不一定很准，会造成仿真过程中产生一定的误差，此类误差称为初始误差。要消除或减小初始误差，就应对现场数据进行准确的检测，也可以多次采集，以其平均值作为参考初始数据。

（2）舍入误差　系统仿真大都采用计算机程序处理和数值计算，由于计算机的字长有限，不同档次的计算机其计算结果的有效值不一致，导致仿真过程出现舍入误差。一般情况下，要降低舍入误差应选择档次高些的计算机，其字长越长，仿真数值结果尾数的舍入误差就越小。

（3）截断误差　当仿真步距确定后，采用的数值积分公式的阶次将导致系统仿真时产生截断误差，阶次越高，截断误差越小。一般仿真时多采用四阶龙格-库塔法，其原因就是这种计算公式的截断误差较小。

2. 仿真过程的稳定性

由于系统仿真时存在误差，对仿真结果会产生影响。若计算结果对系统仿真的计算误差反应不敏感，则称为算法稳定；否则称为算法不稳定。对于不稳定的算法，误差会不断积累，最终可能导致仿真计算达不到系统要求而失败。

（1）系统的稳定性与仿真步长的关系　一个数值解是否稳定，取决于该系统微分方程的特征根是否满足稳定性要求，而不同的数值积分公式具有不同的稳定区域，在仿真时要保证稳定就要合理选择仿真步长，使微分方程的解处于稳定区域之中。

【例 7-3】 已知一阶系统的微分方程式为 $T\frac{\mathrm{d}y}{\mathrm{d}t}+y=u$，其中 u 为输入量，y 为输出量，T

为系统惯性时间常数。讨论该系统稳定时仿真步长的选择。

解：该方程可写为

$$\frac{\mathrm{d}y}{\mathrm{d}t}=\frac{1}{T}(-y+u)$$

按欧拉公式有

$$y_{k+1}=y_k+hf(t_k,y_k)=y_k+h\,\frac{1}{T}(-y_k+u_k)=\left(1-\frac{h}{T}\right)y_k+\frac{h}{T}u_k$$

此式为差分方程，按照控制原理，对其两端取 z 变换得

$$zY(z)=\left(1-\frac{h}{T}\right)Y(z)+\frac{h}{T}U(z)$$

移项后为

$$\left(z+\frac{h}{T}-1\right)Y(z)=\frac{h}{T}U(z)$$

其脉冲传递函数为

$$G(z)=\frac{Y(z)}{U(z)}=\frac{h/T}{z+h/T-1}$$

脉冲传递函数的特征方程为

$$D(z)=z+\frac{h}{T}-1=0$$

特征根为

$$z=1-\frac{h}{T}$$

根据采样控制系统的稳定条件，要求特征根位于 z 平面的单位圆内，即 $|z|<1$，也就是 $\left|1-\frac{h}{T}\right|<1$，解此不等式有

$$h<2T$$

此结果表明，当仿真步长 h 取小于 $2T$ 值时，可以保证系统的仿真计算过程是稳定的。

（2）积分步长的选择　由于积分步长直接与系统的仿真精度和稳定性密切相关，因此应合理地选择积分步长 h 的值。通常遵循两个原则：

1）使仿真系统的算法稳定。当已知系统最小时间常数 t 时，根据经验公式，采用欧拉法仿真要选择 $h<2T$，采用四阶龙格-库塔法仿真应选择 $h<2.78T$。

2）使仿真系统具备一定的计算精度。仿真步长 h 值不宜选得太小，因为这样会加大计算量，但也不能选得过大，否则会导致仿真系统不稳定或误差积累过大。

一般掌握的原则是，在保证计算稳定性及计算精度的要求下，尽可能选较大的仿真步长。由于工程系统的仿真处理采用四阶龙格-库塔法居多，因此选择仿真积分步长可参考以下公式：

时域内：$h\leqslant\frac{t_s}{40}$

频域内：$h\leqslant\frac{1}{5\omega_c}$

式中　t_s——系统过渡过程调节时间；

ω_c——系统的开环截止频率。

7.2 快速仿真算法

系统仿真经常会碰到较高阶次的控制系统，由于采用的计算机档次不高会影响到仿真计算速度，占用较长的机时；在参数寻优时需要对控制系统进行反复的仿真计算，也将使计算过程加长；对系统实时仿真时也会要求较高的仿真速度；前面分析的数值积分法中单纯加大仿真步长会影响到系统仿真的精度和稳定性问题。因此，需要给定一些快速仿真算法来编制仿真计算子程序，弥补数值积分法仿真在速度上的缺陷，达到提高系统仿真速度的最终目的。本节介绍几种常用的快速仿真方法。

7.2.1 时域矩阵法

时域矩阵法是一种在时域内采用无穷矩阵进行系统仿真的算法，它每一步的计算量较小，而且与系统阶次无关，适合于系统的快速仿真。

1. 时域矩阵的概念

如图 7-3 所示的开环采样控制系统，设系统的传递函数为 $G(s)$，初始条件为零，T 为采样周期。

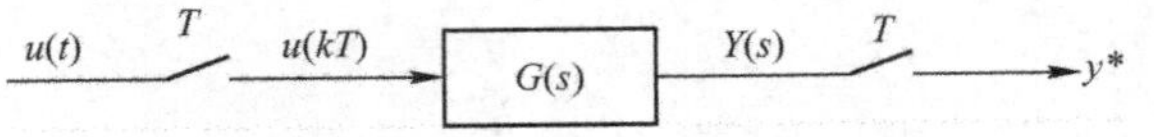

图 7-3　开环采样控制系统结构图

对 $G(s)$ 取拉普拉斯反变换可得到系统的脉冲过渡函数：

$$g(t)=L^{-1}[G(s)]$$

将其离散化处理可得

$$g(kT)=[g(t)]_{t=kT}$$

利用卷积定理，求出系统的输出与输入的关系式为

$$y(kT)=\sum_{n=0}^{k} g[(k-n)T]u(nT)$$

为分析方便，设定采样周期为 $T=1\text{s}$，则上式可写成

$$y(t)=\sum_{n=0}^{k} g(k-n)u(n) \tag{7-8}$$

将式（7-8）展开后有

$$\begin{cases} y(0)=g(0)u(0) \\ y(1)=g(1)u(0)+g(0)u(1) \\ y(2)=g(2)u(0)+g(1)u(1)+g(0)u(2) \\ \quad\vdots \\ y(k)=g(k)u(0)+g(k-1)u(1)+\cdots+g(0)u(k) \end{cases}$$

采用矩阵表示为

$$Y=GU$$

式中　Y——给定系统采样时刻的输出矩阵；

G——时域矩阵；

U——采样时刻的输入变量离散序列。

Y 与 U 为输出与输入变量的离散序列，它们之间的关系由时域矩阵 G 确定。若已知时域矩阵 G 和采样时刻的输入变量离散序列 U，则可求出系统在任意采样时刻的输出 Y。

2. 时域矩阵的求取

根据系统的传递函数 $G(s)$，经过拉普拉斯变换求出 $g(t)$，再求出特定采样时刻的 $g(kT)$，即可组成时域矩阵 G。

【例 7-4】 已知惯性环节的传递函数为 $G(s)=\dfrac{1}{s+1}$，求其时域矩阵 G 和单位阶跃响应的输出值。

解：对惯性环节的传递函数取拉普拉斯变换得其脉冲响应为

$$g(t)=L^{-1}\left[\frac{1}{s+1}\right]=\mathrm{e}^{-t}$$

在特定时刻的采样值为 $g(k)=\mathrm{e}^{-kT}$，取采样周期 $T=1\ \mathrm{s}$。

则惯性环节的时域矩阵为

$$G=\begin{bmatrix}1 & 0 & 0 & \cdots & 0\\ \mathrm{e}^{-1} & 1 & 0 & \cdots & 0\\ \mathrm{e}^{-2} & \mathrm{e}^{-1} & 1 & \cdots & 0\\ \vdots & \vdots & \vdots & & \vdots\\ \mathrm{e}^{-k} & \mathrm{e}^{-(k-1)} & \mathrm{e}^{-(k-2)} & \cdots & 1\end{bmatrix}$$

输入单位阶跃信号 $u(t)=1(t)$，其输出响应为 $Y=GU$，即

$$\begin{bmatrix}y(0)\\ y(1)\\ y(2)\\ \vdots\\ y(k)\end{bmatrix}=G\times\begin{bmatrix}1\\ 1\\ 1\\ \vdots\\ 1\end{bmatrix}=\begin{bmatrix}1\\ \mathrm{e}^{-1}+1\\ \mathrm{e}^{-2}+\mathrm{e}^{-1}+1\\ \vdots\\ \vdots\end{bmatrix}=\begin{bmatrix}1\\ 1.3679\\ 1.5302\\ \vdots\\ \vdots\end{bmatrix}$$

上式即为给定的惯性环节在各采样时刻的单位阶跃响应输出值。

3. 求解闭环系统的动态响应

利用系统的时域矩阵，可以分析闭环系统在特定信号的作用下，其输出的最终响应状态，从而讨论系统的动态性能。闭环系统的结构如图 7-4 所示，采用时域矩阵法求其动态响应。

由图 7-4 可知，信号之间的传递关系采用矩阵表达为

$$E=R-C,C=GE$$

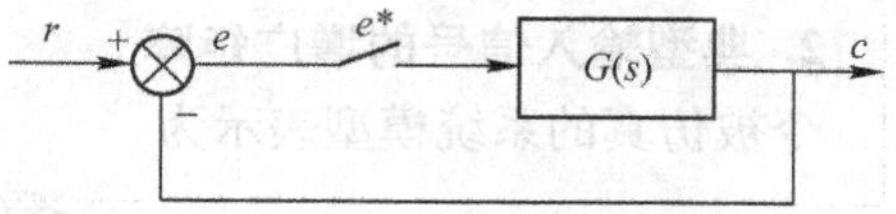

图 7-4　闭环采样控制系统结构图

式中　E——误差时间序列矩阵；

R——输入离散序列矩阵；

C——输出离散序列矩阵；

G——时域矩阵。

时域矩阵法求解闭环系统动态响应的基本思想：在特定输入信号作用下，即 R 是已知的；而系统在前一时刻的采样值，即初始条件是已知的，这样即可求出 $E=R-C$。在求出误差时间序列矩阵 E 以后，由系统给定的传递函数 $G(s)$ 求其脉冲过渡函数 $g(t)$，再求出系统的时域矩阵 G，最后利用 $C=GE$ 求出系统的最终输出响应。

4. 时域矩阵法的特点

从以上分析可知，用时域矩阵法来分析和讨论系统的动态性能具备下述特点：

1）时域矩阵法多用于采样控制系统，由于采用脉冲过渡函数 $g(t)$ 来计算系统的闭环响应，不会因系统阶次的增加而加大计算工作量，从而提高了仿真速度；但有时求解高阶系统的脉冲过渡函数 $g(t)$ 会有一定的难度。

2）由于每个采样时刻的 $g(k)$ 是准确计算出来的，所以采用时域矩阵法仿真时系统的采样周期（或仿真步距）可以选得大些。

3）时域矩阵法可推广到非线性系统的快速仿真。

7.2.2 增广矩阵法

增广矩阵法是将系统的控制变量增广到状态变量中，使原来的非齐次常微分方程变为一个齐次方程。

1. 基本思想

已知连续系统的状态方程为

$$\dot{x}=Ax+Bu$$

其解为

$$x(t)=e^{At}x(0)+\int_0^t e^{A(t-\tau)}Bu(\tau)d\tau$$

这是自由项+强制项两个部分的组合。若把控制变量 $u(t)$ 增广到状态变量中去，就可以变成齐次方程，然后再利用 $\dot{x}=ax$ 求出其解为 $x(t)=e^{At}x(0)$。

按照级数理论有

$$e^{At}=1+At+\frac{A^2t^2}{2!}+\frac{A^3t^3}{3!}+\cdots+\frac{(At)^N}{N!}$$

当选择步距 T 后，只取 e^{At} 的前 5 项有

$$x(nT)=\left(\frac{A^2T^2}{2}+\frac{A^3T^3}{6}+\frac{A^4T^4}{24}\right)\times[(n-1)T] \tag{7-9}$$

由于系数矩阵 A 是可求出的，这就使仿真计算变成每次只做一个十分简单的乘法运算，从而提高了系统的仿真速度。

2. 典型输入信号的增广矩阵

令被仿真的系统模型表示为

$$\begin{cases}\dot{x}(t)=Ax(t)+Bu(t)\\ y(t)=Cx(t)\\ x(0)=x_0\end{cases}$$

式中，$\boldsymbol{A}$ 为$(n\times n)$的方阵，即有 n 个状态变量。下面讨论给定不同的输入信号时系统的增广矩阵。

1）给定阶跃输入信号 $u(t)=u_0\cdot 1(t)$。定义第 $n+1$ 个状态变量为

$$\begin{cases}x_{n+1}(t)=u(t)=u_0\cdot 1(t)\\ \dot{x}_{n+1}(t)=0\end{cases}$$

则系统增广后的状态方程为

$$\begin{bmatrix}\dot{x}(t)\\ \vdots\\ \dot{x}_{n+1}(t)\end{bmatrix}=\begin{bmatrix}\boldsymbol{A} & \boldsymbol{B}\\ \vdots & \vdots\\ 0 & 0\end{bmatrix}\begin{bmatrix}x(t)\\ \vdots\\ x_{n+1}(t)\end{bmatrix}$$

输出方程为

$$y(t)=[\boldsymbol{C}\quad\cdots\quad 0]\begin{bmatrix}x(t)\\ \vdots\\ x_{n+1}(t)\end{bmatrix}$$

系统初始条件为

$$\begin{bmatrix}x(0)\\ \vdots\\ x_{n+1}(0)\end{bmatrix}=\begin{bmatrix}x_0\\ \vdots\\ u_0\end{bmatrix}$$

2）给定斜坡输入信号 $u(t)=u_0(t)$。定义第 $n+1$、$n+2$ 个状态变量为

$$\begin{cases}x_{n+1}(t)=u(t)=u_0 t\\ x_{n+1}(t)=\dot{x}_{n+1}(t)=u_0\end{cases}$$

初始条件为

$$\begin{cases}x_{n+1}(0)=0\\ x_{n+2}(0)=u_0\end{cases}$$

则系统增广后的状态方程为

$$\begin{bmatrix}\dot{x}(t)\\ \vdots\\ \dot{x}_{n+1}(t)\\ x_{n+2}(t)\end{bmatrix}=\begin{bmatrix}\boldsymbol{A} & \boldsymbol{B} & 0\\ \vdots & \vdots & \vdots\\ 0 & 0 & 1\\ 0 & 0 & 0\end{bmatrix}\begin{bmatrix}x(t)\\ \vdots\\ x_{n+1}(t)\\ x_{n+2}(t)\end{bmatrix}$$

输出方程为

$$y(t)=[\boldsymbol{C}\quad\cdots\quad 0\quad 0]\begin{bmatrix}x(t)\\ \vdots\\ x_{n+1}(t)\\ x_{n+2}(t)\end{bmatrix}$$

系统初始条件为

$$\begin{bmatrix} x(0) \\ \vdots \\ x_{n+1}(0) \\ x_{n+2}(0) \end{bmatrix} = \begin{bmatrix} x(0) \\ \vdots \\ 0 \\ u_0 \end{bmatrix}$$

3）给定指数函数输入信号 $u(t)=u_0\mathrm{e}^{-t}$。定义第 $n+1$ 个状态变量为

$$\begin{cases} x_{n+1}(t)=u_0\mathrm{e}^{-t} \\ \dot{x}_{n+1}(t)=-u_0\mathrm{e}^{-t}=-x_{n+1}(t) \end{cases}$$

初始条件为

$$x_{n+1}(0)=u_0$$

则系统增广后的状态方程为

$$\begin{bmatrix} \dot{x}(t) \\ \vdots \\ \dot{x}_{n+1}(t) \end{bmatrix} = \begin{bmatrix} \boldsymbol{A} & \boldsymbol{B} \\ \vdots & \vdots \\ 0 & -1 \end{bmatrix} \begin{bmatrix} x(t) \\ \vdots \\ x_{n+1}(t) \end{bmatrix}$$

输出方程为

$$y(t)=[\boldsymbol{C} \quad \cdots \quad 0] \begin{bmatrix} x(t) \\ \vdots \\ x_{n+1}(t) \end{bmatrix}$$

系统初始条件为

$$\begin{bmatrix} x(0) \\ \vdots \\ x_{n+1}(0) \end{bmatrix} = \begin{bmatrix} x_0 \\ \vdots \\ u_0 \end{bmatrix}$$

4）给定加速度输入信号 $u(t)=\frac{1}{2}u_0t^2$。定义第 $n+1$、$n+2$、$n+3$ 个状态变量为

$$\begin{cases} x_{n+1}(t)=u(t)=\frac{1}{2}u_0t^2 \\ x_{n+2}(t)=\dot{x}_{n+1}(t)=u_0t \\ x_{n+3}(t)=\dot{x}_{n+2}(t)=u_0 \end{cases}$$

初始条件为

$$\begin{cases} x_{n+1}(0)=0 \\ x_{n+2}(0)=0 \\ x_{n+3}(0)=u_0 \end{cases}$$

则系统增广后的状态方程为

$$\begin{bmatrix} \dot{x}(t) \\ \vdots \\ \dot{x}_{n+1}(t) \\ \dot{x}_{n+2}(t) \\ \dot{x}_{n+3}(t) \end{bmatrix} = \begin{bmatrix} \boldsymbol{A} & \boldsymbol{B} & 0 & 0 \\ \vdots & \vdots & \vdots & \vdots \\ 0 & 0 & 1 & 0 \\ 0 & 0 & 0 & 1 \\ 0 & 0 & 0 & 0 \end{bmatrix} \begin{bmatrix} x(t) \\ \vdots \\ x_{n+1}(t) \\ x_{n+2}(t) \\ x_{n+3}(t) \end{bmatrix}$$

输出方程为

$$y(t)=[\boldsymbol{C} \quad \cdots \quad 0 \quad 0 \quad 0]\begin{bmatrix} x(t) \\ \vdots \\ x_{n+1}(t) \\ x_{n+2}(t) \\ x_{n+3}(t) \end{bmatrix}$$

系统初始条件为

$$\begin{bmatrix} x(0) \\ \vdots \\ x_{n+1}(0) \\ x_{n+2}(0) \\ x_{n+3}(0) \end{bmatrix}=\begin{bmatrix} x_0 \\ \vdots \\ 0 \\ 0 \\ u_0 \end{bmatrix}$$

7.2.3 替换法

1. 基本思想

对于高阶系统，如果能从它的传递函数 $G(s)$ 直接推导出与之相匹配且允许较大采样周期 T 的脉冲传递函数 $G(z)$，然后由 $G(z)$ 获得仿真模型，将会十分有利于提高仿真速度。相匹配的含义是指若 $G(s)$ 是稳定的，那么 $G(z)$ 也是稳定的，同时，输入相同外作用信号时，由 $G(z)$ 求出的响应和由 $G(s)$ 求出的响应具有相同的特征。

如果利用 s 与 z 的对应公式，将 $G(s)$ 中的 s 替换为 z，求得 $G(z)$ 的表达式，这种方法称为替换法。

2. 双线性替换公式（图士汀公式）

双线性替换公式（图士汀公式）是从梯形积分公式中推导出来的，按此公式进行替换，可以保证 $G(z)$ 的稳定性，同时也具有较高的仿真速度。

已知梯形公式为

$$x_{n+1}=x_n+\frac{T}{2}(\dot{x}_n+\dot{x}_{n+1})$$

采用 z 变换后有

$$(z-1)x=\frac{T}{2}(z+1)\dot{x}$$

即

$$s^{-1}=\frac{T}{2}\frac{z+1}{z-1} \quad 或 \quad s=\frac{2}{T}\frac{z-1}{z+1}$$

也可以写成

$$z=\frac{1+Ts/2}{1-Ts/2} \tag{7-10}$$

式（7-10）即为图士汀公式。

3. 双线性替换公式的稳定性讨论

将 $s=\sigma+\mathrm{j}\omega$ 代入图士汀公式中有

$$|z|=\frac{\left(1+\frac{\sigma T}{2}\right)^2+\left(\frac{\omega T}{2}\right)^2}{\left(1-\frac{\sigma T}{2}\right)^2+\left(\frac{\omega T}{2}\right)^2}$$

当 $\sigma<0$ 时，有 $|z|<1$；当 $\sigma=0$ 时，有 $|z|=1$；当 $\sigma>0$ 时，有 $|z|>1$。

根据采样控制系统稳定性的定义，z 平面上当特征根位于单位圆内时系统稳定。上述分析表明，采用图士汀公式替换后，z 平面上的单位圆映射到 s 平面上将是整个左半平面，当 $G(s)$ 稳定时，经替换后的 $G(z)$ 也一定稳定。

7.2.4 根匹配法

1. 基本思想

连续系统的动态特性取决于描述该系统的传递函数 $G(s)$ 中的开环增益及零点分布。系统传递函数为

$$G(s)=\frac{k(s-q_1)(s-q_2)\cdots(s-q_m)}{(s-p_1)(s-p_2)\cdots(s-p_n)} \tag{7-11}$$

为了实现系统的快速仿真，应构造一个 $G(z)$，它允许较大的采样周期 T，且能保证 $G(z)$ 在零点、极点分布上与 $G(s)$ 一致，动态响应也一致，这种方法称为根匹配法。即

$$G(z)=\frac{k_z(z-q_1')(z-q_2')\cdots(z-q_m')}{(z-p_1')(z-p_2')\cdots(z-p_n')} \tag{7-12}$$

2. 根匹配法的一般步骤

按照前面的分析，采用根匹配法构造 $G(z)$ 应满足以下条件：

1）$G(z)$ 与 $G(s)$ 具有相同数目的零点、极点。

2）$G(z)$ 与 $G(s)$ 的零点、极点相互匹配。

3）$G(z)$ 与 $G(s)$ 的终值应相等。

4）$G(z)$ 与 $G(s)$ 具有相同的动态响应。

利用根匹配法进行处理的一般步骤如下：

1）给定系统传递函数 $G(s)$，转换为式（7-11）的形式。

2）求出传递函数的零点、极点，即 q_i 和 p_j。

3）利用映射关系 $z=e^{Ts}$，将 q_i 和 p_j 映射到 z 平面上。

4）按零点、极点匹配的原则构造 $G(z)$。

5）用终值相等的原则确定 k_z。

6）附加零点的处理，即有 $n-m$ 个零点位于 z 平面的原点。

3. 应用举例

【例 7-5】 已知惯性环节的传递函数为 $G(s)=\dfrac{1}{s+5}$，利用根匹配法构造与之等价的脉冲传递函数 $G(z)$。

解： 根据给定惯性环节的传递函数 $G(s)$ 表达式，可知系统的开环增益为 $K=1$，有一个极点为 $p_1=-5$。

1）利用关系式 $z=e^{Ts}$ 将极点 $p_1=-5$ 映射到 z 平面上：

$$p_1' = e^{p_1 T} = e^{-5T}$$

2）按照零点、极点匹配原则构造传递函数：

$$G(z) = \frac{k_z}{z - e^{-5T}}$$

3）确定非零终值。由于给定的系统为 0 型系统，可以跟踪阶跃函数信号，为确定非零终值，采用阶跃函数作为系统的外部输入信号。

输入阶跃函数信号为

$$\begin{cases} u(t) = 1(t) \\ u(s) = \dfrac{1}{s} \\ u(z) = \dfrac{z}{z-1} \end{cases}$$

根据终值定理有：

由 $G(s)$ 得

$$y(\infty) = \lim_{s\to 0}[sG(s)U(s)] = \lim_{s\to 0}\left(s\frac{1}{s+5}\frac{1}{s}\right) = \frac{1}{5}$$

由 $G(z)$ 得

$$y(\infty) = \lim_{z\to 1}\left[\frac{z-1}{z}G(z)U(z)\right] = \lim_{z\to 1}\left[\frac{z-1}{z}\frac{k_z}{z-e^{-5T}}\frac{z}{z-1}\right] = \frac{k_z}{1-e^{-5T}}$$

4）按终值相等的原则求 k_z，因为

$$\frac{k_z}{1-e^{-5T}} = \frac{1}{5}$$

则有

$$k_z = \frac{1}{5}(1-e^{-5T})$$

5）求出与 $G(s)$ 等价的离散相似模型为

$$G(z) = \frac{1}{5}\frac{1-e^{-5T}}{z-e^{-5T}}$$

6）附加零点，由于 $n-m=1$，故有一个零点位于 z 平面的原点。令 $q_1'=0$，则有

$$G(z) = \frac{1}{5}\frac{z(1-e^{-5T})}{z-e^{-5T}}$$

【例 7-6】 已知二阶系统的传递函数为 $G(s)=\dfrac{s}{(s+1)^2}$，采用根匹配法构造与之等价的脉冲传递函数 $G(z)$ 的表达式。

解：从给定的传递函数 $G(s)$ 可知，系统的开环增益 $K=1$，有一个零点 $q_1=0$，有两个极点 $p_1=-1, p_2=-1$。

1）利用 $z=e^{Ts}$，将零点、极点分别映射到 z 平面：

$$\begin{cases} p_1' = e^{p_1 T} = e^{-T} \\ p_2' = e^{p_2 T} = e^{-T} \\ q_1' = e^{q_1 T} = e^0 = 1 \end{cases}$$

2）构造 $G(z)$，按零点、极点匹配原则有

$$G(z) = \frac{k_z(z-1)}{(z-e^{-T})^2}$$

3）确定非零终值。输入斜坡函数：

$$\begin{cases} u(t) = t \\ u(s) = \dfrac{1}{s^2} \\ u(z) = \dfrac{Tz}{(z-1)^2} \end{cases}$$

根据终值定理有：

由 $G(s)$ 得

$$y(\infty) = \lim_{s \to 0}\left[s \frac{s}{(s+1)^2} \frac{1}{s^2}\right] = 1$$

由 $G(z)$ 得

$$y(\infty) = \lim_{z \to 1}\left[\frac{z-1}{z} \frac{k_z(z-1)}{(z-e^{-T})^2} \frac{Tz}{(z-1)^2}\right] = \frac{k_z T}{(1-e^{-T})^2}$$

4）按终值相等的原则求 k_z：

$$k_z = \frac{(1-e^{-T})^2}{T}$$

5）与 $G(s)$ 等价的 $G(z)$ 为

$$G(z) = \frac{(z-1)(1-e^{-T})^2}{T(z-e^{-T})^2}$$

6）附加零点，系统有 $n-m=2-1=1$ 个零点位于 z 平面的原点。附加 1 个零点为

$$q_2' = 0$$

则有

$$G(z) = \frac{(1-e^{-T})^2}{T} \frac{z(z-1)}{(z-e^{-T})^2}$$

即为系统所求的等价脉冲传递函数。

7.3 离散相似法

采用数值积分法进行系统仿真的特点是直观、编程容易，但也存在着不足：一是系统阶次较高时，计算量比较大；二是在多步法求解过程中必须经若干次迭代，才取得一个时刻的变量数值，计算速度受影响；三是难以对环节中含有非线性特性的情况以及采样系统进行仿真。

利用计算机对连续系统进行仿真时，得到的仿真结果实际上是各状态变量在计算步距点上的数值，也就是时间离散点上的数值，这等效于将一个连续系统看作是时间离散系统，为此，引入离散相似法的有关概念。

7.3.1 仿真算法描述

所谓离散相似法就是将一个连续系统进行离散化处理，从而得到与之等价的系统离散模型。通常，此种方法是按系统的动态结构图来建立仿真模型，在计算过程中可以按各典型环节离散相似模型的输入来计算环节的输出。

1. 环节离散系数的求取

如果给定某环节的传递函数为 $\boldsymbol{G}(s)=\dfrac{\boldsymbol{Y}(s)}{\boldsymbol{U}(s)}$；输出为 $\boldsymbol{Y}(s)=\boldsymbol{G}(s)\boldsymbol{U}(s)$。根据状态空间法描述可写出该环节的状态方程和输出方程为

$$\begin{cases}\dot{\boldsymbol{x}}=\boldsymbol{A}\boldsymbol{x}+\boldsymbol{B}\boldsymbol{u}\\ \boldsymbol{y}=\boldsymbol{C}\boldsymbol{x}\end{cases}$$

将连续系统按图 7-5 所示对其进行离散化处理，在系统的输入、输出端加上虚拟采样开关，T 为采样周期。为保证输入信号复现原信号，在输入端加上一个保持器。

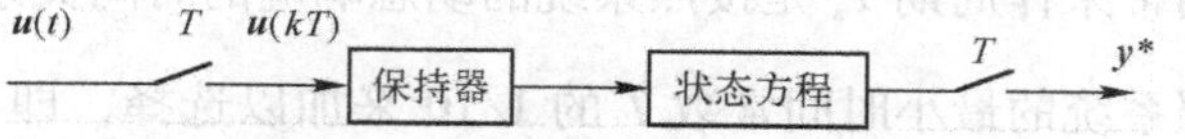

图 7-5　连续系统模型的离散化

对状态方程 $\dot{\boldsymbol{x}}=\boldsymbol{A}\boldsymbol{x}+\boldsymbol{B}\boldsymbol{u}$ 取拉普拉斯变换有

$$s\boldsymbol{X}(s)-\boldsymbol{X}(0)=\boldsymbol{A}\boldsymbol{X}(s)+\boldsymbol{B}\boldsymbol{U}(s)$$

整理得

$$\boldsymbol{x}(s)=(s\boldsymbol{I}-\boldsymbol{A})^{-1}\boldsymbol{X}(0)+(s\boldsymbol{I}-\boldsymbol{A})^{-1}\boldsymbol{B}\boldsymbol{U}(s)$$

令

$$\boldsymbol{\phi}(t)=L^{-1}[(s\boldsymbol{I}-\boldsymbol{A})^{-1}]=\mathrm{e}^{\boldsymbol{A}T}$$

称为系统状态转移矩阵。

经拉普拉斯反变换和卷积积分处理，可得状态方程的解为

$$\boldsymbol{x}(t)=\mathrm{e}^{\boldsymbol{A}T}\boldsymbol{x}(0)+\int_0^T \mathrm{e}^{\boldsymbol{A}(T-\tau)}\boldsymbol{B}\boldsymbol{u}(\tau)\,\mathrm{d}\tau \tag{7-13}$$

式（7-13）右边第一项代表初始条件的响应，第二项为输入信号 $\boldsymbol{u}(t)$ 的响应。将其在特定时刻采样，使用零阶保持器，可得到离散化状态方程的解为

$$\boldsymbol{x}(n+1)=\boldsymbol{\phi}(T)\boldsymbol{x}(n)+\boldsymbol{\phi}_{\mathrm{m}}(T)\boldsymbol{u}(n) \tag{7-14}$$

若使用三角保持器，离散化状态方程解的形式为

$$\boldsymbol{x}(n+1)=\boldsymbol{\phi}(T)\boldsymbol{x}(n)+\boldsymbol{\phi}_{\mathrm{m}}(T)\boldsymbol{u}(n)+\hat{\boldsymbol{\phi}}_{\mathrm{m}}(T)\dot{\boldsymbol{u}}(n) \tag{7-15}$$

式中

$$\begin{cases}\boldsymbol{\phi}(T)=\mathrm{e}^{AT}\\ \boldsymbol{\phi}_{\mathrm{m}}(T)=\int_0^T \mathrm{e}^{A(T-\tau)}\boldsymbol{B}\mathrm{d}\tau\\ \hat{\boldsymbol{\phi}}_{\mathrm{m}}(T)=\int_0^T \tau\mathrm{e}^{A(T-\tau)}\boldsymbol{B}\mathrm{d}\tau\end{cases}$$

称为环节的离散系数。

如果已知系统的 $\boldsymbol{A}$、$\boldsymbol{B}$ 系数矩阵后，可求出各环节的离散系数 $\boldsymbol{\phi}(T)$、$\boldsymbol{\phi}_{\mathrm{m}}(T)$、$\hat{\boldsymbol{\phi}}_{\mathrm{m}}(T)$，然后代入相应的差分方程，再根据状态变量的初值就可求出不同采样时刻各状态变量的数值。

2. 仿真算法的实现及离散模型精度和稳定性

将连续系统的动态结构图等效为各典型环节的组合，按前面讨论的典型环节离散系数 $\boldsymbol{\phi}(T)$、$\boldsymbol{\phi}_{\mathrm{m}}(T)$、$\hat{\boldsymbol{\phi}}_{\mathrm{m}}(T)$ 的表达式，事先将各环节的类型、参数、初始条件、各环节连接关系矩阵、输入输出连接矩阵等参量送入程序中，即可通过离散相似模型求出在特定信号作用下系统中各环节输出变量的变化情况，从而得到系统的仿真结果。

由于在离散化模型中引入了采样器和保持器，因此，要考虑影响系统仿真精度与离散化模型稳定性的相关因素。

1）采样周期对仿真精度的影响：引入了采样开关后，采样周期原则上应该满足香农采样定理：$f_{\mathrm{s}} \geqslant 2f_{\max}$。通常采样周期 T_{s} 是按照系统的动态响应的时间关系来选择的。按经验公式，采样周期 T_{s} 按照系统的最小时间常数 T 的 1/10 来加以选择，即 $T_{\mathrm{s}}=\frac{1}{10}T$。给定系统开环截止频率 ω_{c} 时，系统的采样周期也可以按 $T_{\mathrm{s}}=\frac{1}{(30\sim50)\omega_{\mathrm{c}}}$ 来选择。

2）保持器对仿真精度的影响：为了无失真地复现采样信号，要在系统中加入保持器。零阶保持器比较容易实现，但其精度较低。为了提高控制精度可以采用三角保持器，它复现信号的高频部分失真较小，并且无相位滞后，可以得到比较满意的结果。此外，为了提高精度还可以采用校正补偿措施，在离散模型中加入一个确定的校正环节，适当调整参数，可使离散模型尽可能地接近原型。

3）离散化模型的稳定性：离散化模型与原系统相比较，除了信号是离散的以外还多了一个保持器。保持器特性对离散化模型会带来一定的影响，例如，零阶保持器具有相位滞后，对系统的稳定性会带来不利影响，尤其是当系统由多个离散化模型组成时，这种相位滞后的影响更为严重。而三角保持器的特性对系统的稳定性影响不大，故常使用三角保持器。

7.3.2 典型环节的离散模型

为了方便后面的应用，将常见的典型环节由传递函数导出其离散系数及离散状态方程如下：

1. 积分环节

积分环节的传递函数为

$$G(s)=\frac{\boldsymbol{Y}(s)}{\boldsymbol{U}(s)}=\frac{K}{s}$$

环节离散系数为

$$\begin{cases}\phi(T)=1\\ \phi_m(T)=KT\\ \hat{\phi}_m(T)=\dfrac{1}{2}KT^2\end{cases}$$

离散方程为

$$\begin{cases}\boldsymbol{x}(n+1)=\boldsymbol{x}(n)+KT\boldsymbol{u}(n)+\dfrac{1}{2}KT^2\boldsymbol{u}(n)\\ \boldsymbol{y}(n+1)=\boldsymbol{x}(n+1)\end{cases} \tag{7-16}$$

2. 比例积分环节

比例积分环节的传递函数为

$$G(s)=\frac{\boldsymbol{Y}(s)}{\boldsymbol{U}(s)}=\frac{K(bs+1)}{s}$$

环节离散系数为

$$\begin{cases}\phi(T)=1\\ \phi_m(T)=KT\\ \hat{\phi}_m(T)=\dfrac{1}{2}KT^2\end{cases}$$

离散方程为

$$\begin{cases}\boldsymbol{x}(n+1)=\boldsymbol{x}(n)+KT\boldsymbol{u}(n)+\dfrac{1}{2}KT^2\boldsymbol{u}(n)\\ \boldsymbol{y}(n+1)=\boldsymbol{x}(n+1)+bK\boldsymbol{u}(n+1)\end{cases} \tag{7-17}$$

3. 惯性环节

惯性环节的传递函数为

$$G(s)=\frac{\boldsymbol{Y}(s)}{\boldsymbol{U}(s)}=\frac{K}{s+a}$$

环节离散系数为

$$\begin{cases}\phi(T)=e^{-aT}\\ \phi_m(T)=\dfrac{K}{a}(1-e^{-aT})\\ \hat{\phi}_m(T)=\dfrac{K}{a^2}(e^{-aT}-1)+\dfrac{K}{a}T\end{cases}$$

离散方程为

$$\begin{cases}\boldsymbol{x}(n+1)=e^{-aT}\boldsymbol{x}(n)+\dfrac{K}{a}(1-e^{-aT})\boldsymbol{u}(n)+\left[\dfrac{K}{a^2}(e^{-aT}-1)+\dfrac{K}{a}T\right]\dot{\boldsymbol{u}}(n)\\ \boldsymbol{y}(n+1)=\boldsymbol{x}(n+1)\end{cases} \tag{7-18}$$

4. 比例惯性环节

比例惯性环节的传递函数为

$$G(s)=\frac{\boldsymbol{Y}(s)}{\boldsymbol{U}(s)}=K\frac{s+b}{s+a}$$

环节离散系数与惯性环节相同，即

$$\begin{cases}\phi(T)=\mathrm{e}^{-aT}\\ \phi_{\mathrm{m}}(T)=\dfrac{K}{a}(1-\mathrm{e}^{-aT})\\ \hat{\phi}_{\mathrm{m}}(T)=\dfrac{K}{a^2}(\mathrm{e}^{-aT}-1)+\dfrac{K}{a}T\end{cases}$$

离散方程为

$$\begin{cases}\boldsymbol{x}(n+1)=\mathrm{e}^{-aT}\boldsymbol{x}(n)+\dfrac{K}{a}(1-\mathrm{e}^{-aT})\boldsymbol{u}(n)+\left[\dfrac{K}{a^2}(\mathrm{e}^{-aT}-1)+\dfrac{K}{a}T\right]\dot{\boldsymbol{u}}(n)\\ \boldsymbol{y}(n+1)=(b-a)\boldsymbol{x}(n+1)+K\boldsymbol{u}(n+1)\end{cases} \tag{7-19}$$

7.4 线性系统仿真

线性连续系统的仿真可以分别采用数值积分法和离散相似法来处理，下面对仿真处理过程进行讨论。

7.4.1 线性系统的数值积分法仿真

1. 面向系统方程的仿真原理分析

采用数值积分法仿真时，描述系统的数学模型通常可以用系统的微分方程或传递函数等形式，下面针对图 7-6 中所示的典型系统进行分析。

图 7-6 中的 $\boldsymbol{R}(s)$ 为参考输入，$\boldsymbol{E}(s)$ 为偏差量，$G(s)$ 为系统开环传递函数，v 是系统反馈系数，设其为一常系数，v 的大小反映了反馈量 $\boldsymbol{b}(t)$ 与输出量 $\boldsymbol{y}(t)$ 之间的比例关系。

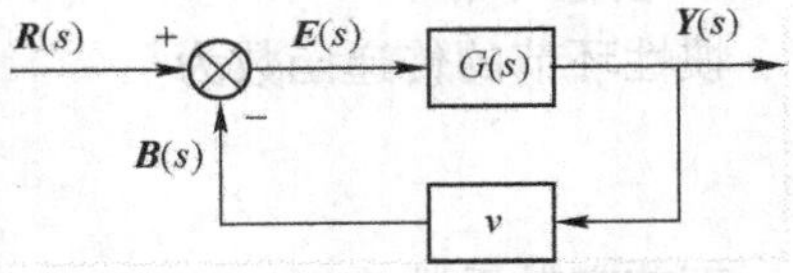

图 7-6 仿真系统模型结构

该系统的开环传递函数为

$$\boldsymbol{G}(s)=\frac{\boldsymbol{Y}(s)}{\boldsymbol{U}(s)}=\frac{c_0s^m+c_1s^{m-1}+\cdots+c_{m-1}s+c_m}{s^n+a_1s^{n-1}+\cdots+a_{n-1}s+a_n} \tag{7-20}$$

式中 c_0、c_1、…、c_{m-1}、c_m——开环传递函数分子各项系数；

a_0、a_1、…、a_{n-1}、a_n——开环传递函数分母各项系数。

系统的状态方程与输出方程可表示为

$$\begin{cases}\dot{\boldsymbol{x}}=\boldsymbol{A}\boldsymbol{x}+\boldsymbol{B}\boldsymbol{u}\\ \boldsymbol{y}=\boldsymbol{C}\boldsymbol{x}\end{cases}$$

误差信号作为输入，即 $\boldsymbol{u}=\boldsymbol{r}-v\boldsymbol{y}$ 代入状态方程中，则状态方程为

$$\dot{\boldsymbol{x}}=(\boldsymbol{A}-\boldsymbol{B}v\boldsymbol{C})\boldsymbol{x}+\boldsymbol{B}\boldsymbol{r} \tag{7-21}$$

根据上面的讨论，在图 7-6 系统结构基础上编制仿真计算程序，将传递函数中的分子和分母多项式系数、输入/输出变量初始值送入程序中，完成模型由传递函数向状态方程的转换；再根据系统仿真的要求，分别输入仿真步长、打印间隔和次数、外部输入信号幅值等，然后，调用数字积分子程序完成仿真计算，最后将仿真结果送到指定的设备输出。该仿真工作过程及逻辑结构示意于图 7-7 中。

面向方程的仿真程序由 4 个典型模块组成：

1）初始化程序块完成对各变量的初始值设定。

2）输入程序块实现仿真变量的数值输入，如仿真步长、打印间隔、打印次数、传递函数中的分子分母系数、外部输入函数的幅值等。

3）运行计算子程序完成四阶龙格-库塔法的各系数计算，以及系统状态变量和输出变量的计算。

4）输出程序块将仿真的计算结果输出。

2. 面向系统结构图的仿真原理分析

实际工程中常常遇到的是复杂结构形式的控制系统，它由若干典型环节按照一定规律连接而成。对于这类控制系统，可以采用面向结构图的仿真方法，该方法利用微分方程的数值解法和矩阵计算，可对每个环节进行仿真处理，便于研究某环节中的参数变化对性能的影响，也可获得整个系统的动态响应性能。

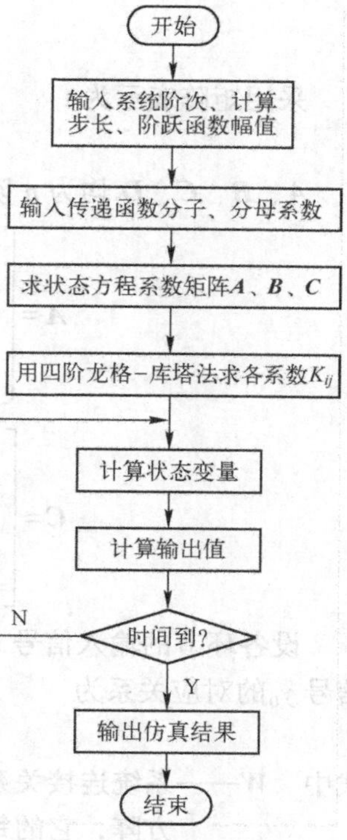

图 7-7　面向方程的线性系统仿真程序流程框图

面向结构图的线性系统仿真基本思想：把一个复杂的高阶线性系统化成由若干典型环节组成的模拟结构图表示；将各典型环节参数以及系统各环节的连接关系输入计算机；仿真程序将输入的系统模型自动转化为状态空间描述，即状态方程形式；调用数值积分法求解并输出仿真结果。

（1）典型环节的确定及算法描述　实际控制系统中比较常见的动态环节主要有以下 5 种。

1）积分环节：$G(s)=\dfrac{k}{s}$

2）比例积分环节：$G(s)=\dfrac{k_1 s+k_2}{s}$

3）惯性环节：$G(s)=\dfrac{k}{Ts+1}$

4）一阶超前（或滞后）环节：$G(s)=k\dfrac{T_1 s+1}{T_2 s+1}$

5）二阶振荡环节：$G(s)=\dfrac{k}{T^2 s^2+2\xi Ts+1}$

以上 5 种动态环节中，一阶超前（或滞后）环节最具代表性，即选用$\dfrac{C_i+D_i s}{A_i+B_i s}$作为典型环节，可表示出其余常见的动态模型。

设一阶超前（或滞后）环节的输入信号为 u_i，输出信号为 y_i。按输入、输出信号与传递函数的对应关系有

$$(A_i+B_i s)y_i=(C_i+D_i s)u_i \quad (i=1,2,\cdots,n)$$

上式为拉普拉斯变换描述，还原为微分方程形式可得

$$B_i \frac{\mathrm{d}y_i}{\mathrm{d}t}+A_i y_i=D_i \frac{\mathrm{d}u_i}{\mathrm{d}t}+C_i u_i$$

采用矩阵表示为

$$\boldsymbol{B}\dot{\boldsymbol{y}}+\boldsymbol{A}\boldsymbol{y}=\boldsymbol{D}\dot{\boldsymbol{u}}+\boldsymbol{C}\boldsymbol{u}$$

$\boldsymbol{A}$、$\boldsymbol{B}$、$\boldsymbol{C}$、$\boldsymbol{D}$ 均为 n 阶的对角方阵，表示各相应环节的系数。

$$\boldsymbol{A}=\begin{bmatrix} \boldsymbol{A}_1 & & & \boldsymbol{0} \\ & \boldsymbol{A}_2 & & \\ & & \ddots & \\ \boldsymbol{0} & & & \boldsymbol{A}_n \end{bmatrix};\quad \boldsymbol{B}=\begin{bmatrix} \boldsymbol{B}_1 & & & \boldsymbol{0} \\ & \boldsymbol{B}_2 & & \\ & & \ddots & \\ \boldsymbol{0} & & & \boldsymbol{B}_n \end{bmatrix}$$

$$\boldsymbol{C}=\begin{bmatrix} \boldsymbol{C}_1 & & & \boldsymbol{0} \\ & \boldsymbol{C}_2 & & \\ & & \ddots & \\ \boldsymbol{0} & & & \boldsymbol{C}_n \end{bmatrix};\quad \boldsymbol{D}=\begin{bmatrix} \boldsymbol{D}_1 & & & \boldsymbol{0} \\ & \boldsymbol{D}_2 & & \\ & & \ddots & \\ \boldsymbol{0} & & & \boldsymbol{D}_n \end{bmatrix}$$

设各环节的输入信号 u_i、输出信号 y_i 与系统各环节之间的连接关系 $\boldsymbol{W}$、$\boldsymbol{W}_0$ 以及外作用信号 y_0的对应关系为

$$\boldsymbol{u}=\boldsymbol{W}\boldsymbol{y}+\boldsymbol{W}_0\boldsymbol{y}_0$$

式中 $\boldsymbol{W}$——系统连接关系矩阵，它描述了 n 阶系统内部各环节的连接关系，是一个 $n\times n$ 的方阵，它的每一个元素定义为 W_{ij}，表示系统中第 j 个环节对第 i 个环节的连接系数，无连接关系时 $W_{ij}=0$；

$\boldsymbol{W}_0$——外作用信号连接矩阵，它描述了外部输入信号 y_0 对系统的作用关系，对于单输入系统，当外部输入信号 y_0 作用在系统第一个环节上时，$\boldsymbol{W}_0$ 为一个列矩阵。

将 $\boldsymbol{u}$ 的表达式代入矩阵表示式中，展开并简化为

$$\boldsymbol{Q}\dot{\boldsymbol{y}}=\boldsymbol{P}\boldsymbol{y}+\boldsymbol{V}_1\boldsymbol{y}_0+\boldsymbol{V}_2\dot{\boldsymbol{y}}_0$$

上式中各系数为

$$\begin{cases} \boldsymbol{Q}=\boldsymbol{B}-\boldsymbol{D}\boldsymbol{W} \\ \boldsymbol{P}=\boldsymbol{C}\boldsymbol{W}-\boldsymbol{A} \\ \boldsymbol{V}_1=\boldsymbol{C}\boldsymbol{W}_0 \\ \boldsymbol{V}_2=\boldsymbol{D}\boldsymbol{W}_0 \end{cases}$$

当矩阵 $\boldsymbol{Q}$ 有逆阵 $\boldsymbol{Q}^{-1}$存在时，有

$$\dot{\boldsymbol{y}}=\boldsymbol{Q}^{-1}\boldsymbol{P}\boldsymbol{y}+\boldsymbol{Q}^{-1}\boldsymbol{V}_1\boldsymbol{y}_0+\boldsymbol{Q}^{-1}\boldsymbol{V}_2\dot{\boldsymbol{y}}_0$$

这是一个标准的一阶常微分方程，利用数值积分法就可对其进行仿真处理，从而得到系统在特定信号作用下的仿真结果。

（2）系统仿真程序流程框图及其特点　面向结构图的线性系统仿真的逻辑结构示意于图 7-8 中。

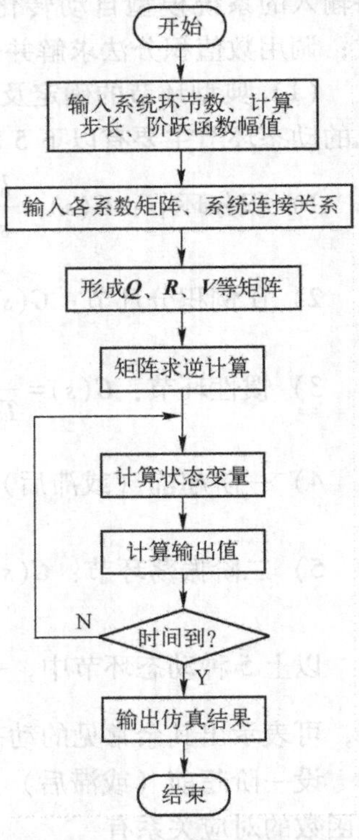

图 7-8　面向结构图的线性系统仿真程序流程框图

仿真处理的特点：面向系统动态结构图，可仿真较复杂的

线性系统在特定信号下的输出结果；系统中选$\frac{C+Ds}{A+Bs}$形式作为典型环节，并将各环节编号，系统各环节之间的关系采用连接矩阵 $\boldsymbol{W}$ 描述，外作用信号与环节的连接采用矩阵 $\boldsymbol{W}_0$ 描述，在程序中输入各环节参数及连接关系即可自动求得各系数矩阵；程序中调用四阶龙格-库塔法进行数值积分计算，可保证一定的仿真精度；仿真程序可根据要求任意输出某特定环节的仿真结果；矩阵求逆可以采用高斯-约当消去法。

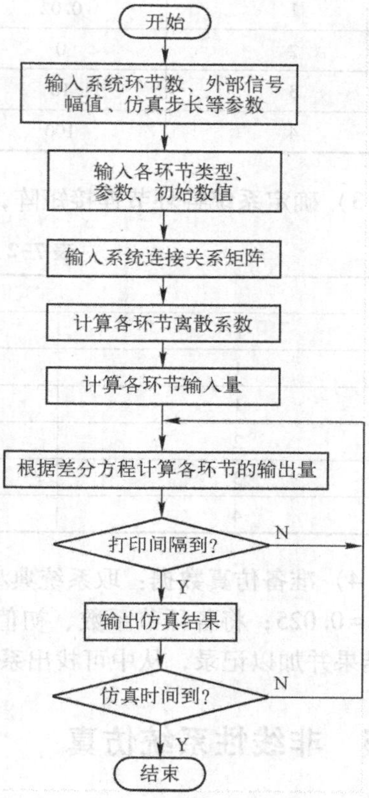

图 7-9　面向结构图的线性系统离散相似法仿真程序流程框图

7.4.2　线性系统的离散相似法仿真

1. 仿真原理及处理过程

采用离散相似法对线性系统进行仿真要面向控制系统的动态结构图，按控制系统的环节离散相似原则建立仿真模型。系统中各环节之间的关系由连接矩阵、输入矩阵和输出矩阵表示。程序中规定采用 4 种典型环节，即积分环节、比例积分环节、惯性环节和比例惯性环节，其余环节可经过转换得到典型描述。输入各环节类型、参数、初值和连接矩阵等，可求出特定信号作用下各环节的输出结果。

面向结构图的线性系统离散相似法仿真的逻辑结构示意于图 7-9 中。其程序可以采用高级程序设计语言来编制，此处略，读者可参考相关资料。

2. 应用实例分析

【例 7-7】 如图 7-10 所示的典型四阶系统，外部输入阶跃函数信号的幅值为 $R=10$，环节状态变量初始值为零，给定参数 $a_1=0.02, b_1=0.1, a_3=10, a_4=100$，采用离散相似法仿真此系统的动态响应。给典型环节编号，写出环节的系数表和系统各环节的连接关系矩阵。

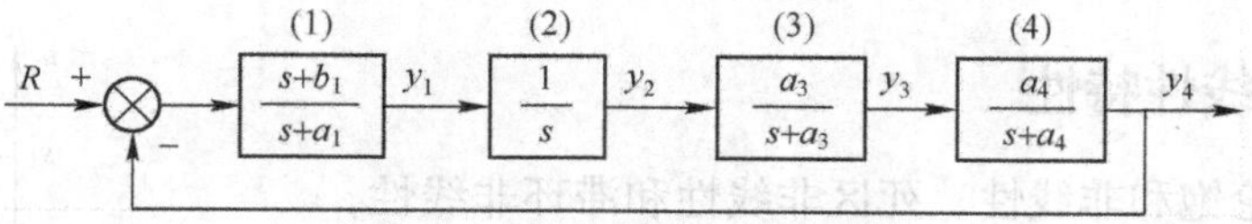

图 7-10　典型四阶系统结构图

解： 1）将系统中的各环节按$\frac{C+Ds}{A+Bs}$的形式进行典型环节编号，共有 4 个典型环节，各环节编号在图 7-10 中。

2）准备系统各环节系数，见表 7-1。

表 7-1　典型四阶系统给定环节的系数

环节编号	环节对应的系数			
	A	***B***	***C***	***D***
1	0.02	1	0.1	1
2	0	1	1	0
3	10	1	10	0
4	100	1	100	0

3）确定系统各环节连接矩阵，见表 7-2。

表 7-2　典型四阶系统各环节的连接关系

系统连接关系矩阵		
I	***J***	***W***
1	0	1
1	4	-1
2	1	1
3	2	1
4	3	1

4）准备仿真数据：取系统典型环节数目 $n=4$；外部阶跃函数幅值 $y_0=10$；仿真计算步长 $h=0.025$；将各环节系数、初值、连接关系等数据置入仿真程序中；运行程序后观察输出结果并加以记录，从中可找出系统的动态响应性能指标。

7.5　非线性系统仿真

在工程控制系统中常会碰到非线性系统，系统中包含一些典型的非线性特性，如饱和、限幅、死区、齿轮间隙、磁滞回环、继电、摩擦等，这些特性对系统性能有明显的影响。利用前面介绍的离散相似法仿真可以方便地处理非线性系统，该方法中仿真处理的每一步都要重新计算各环节的输入量和输出量，因此，很容易在系统某些环节的入口或出口处加入非线性特性，从而实现非线性系统的动态仿真。

7.5.1　典型非线性特性

下面主要讨论饱和非线性、死区非线性和滞环非线性，并分析其对控制系统性能的影响和仿真处理方法。

1. 饱和非线性

常见的饱和非线性特性如图 7-11 所示。

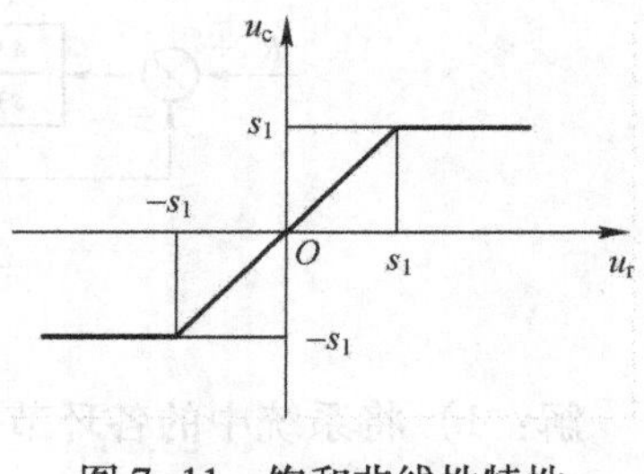

图 7-11　饱和非线性特性

饱和非线性特性的数学描述为

$$u_c=\begin{cases}-s_1 & u_r\leqslant -s_1\\ u_r & -s_1<u_r<s_1\\ s_1 & u_r\geqslant s_1\end{cases}\tag{7-22}$$

计算饱和非线性特性的子程序流程如图 7-12 所示。

饱和非线性特性对系统过渡过程的影响主要有以下三个：

1）使系统的稳定性变好。

2）过渡过程时间增长，快速性能降低。

3）超调量下降，动态的平衡性有所改善。

2. 死区非线性

死区非线性特性如图 7-13 所示。

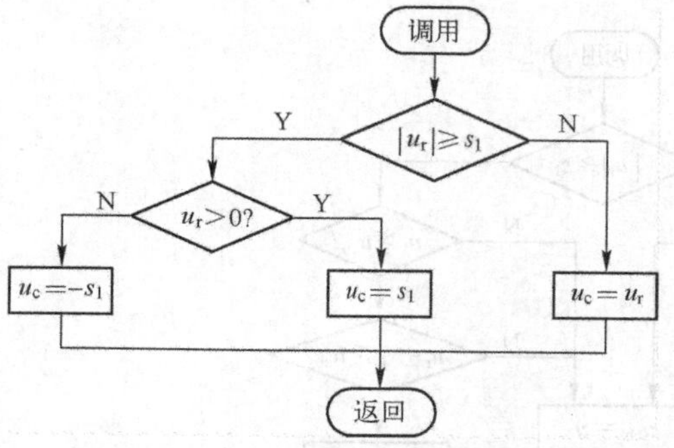

图 7-12 饱和非线性特性子程序计算框图

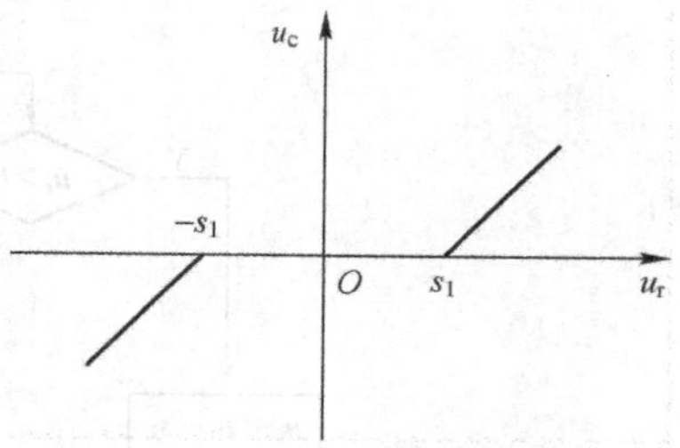

图 7-13 死区非线性特性

死区非线性特性的数学描述为

$$u_c=\begin{cases}u_r+s_1 & u_r\leqslant -s_1\\ 0 & -s_1<u_r<s_1\\ u_r-s_1 & u_r\geqslant s_1\end{cases} \tag{7-23}$$

计算死区非线性特性的仿真子程序流程如图 7-14 所示。

死区非线性对系统性能的影响主要有以下两个：

1）增大系统的稳态误差，降低了定位精度。

2）延长过渡过程时间，使动态性能下降。

3. 滞环非线性

滞环（齿轮间隙）非线性特性如图 7-15 所示。

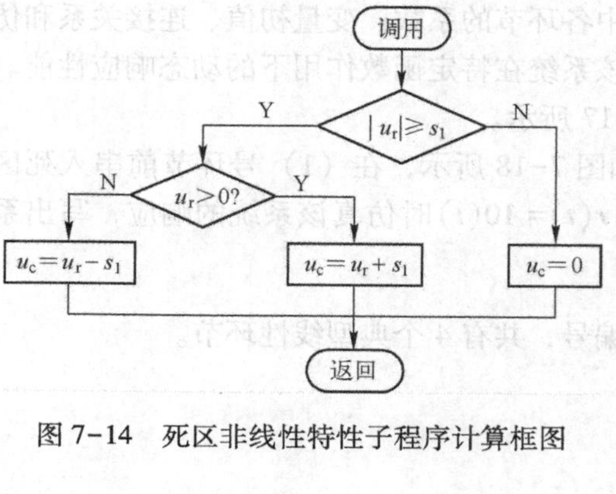

图 7-14 死区非线性特性子程序计算框图

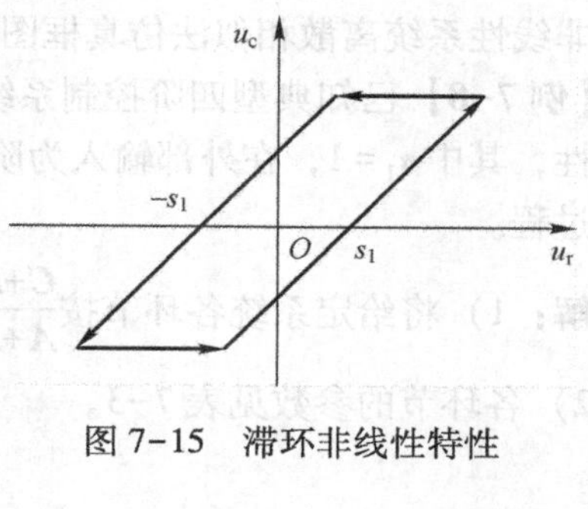

图 7-15 滞环非线性特性

滞环非线性特性的数学描述为

$$u_c=\begin{cases}u_r+s_1 & \dot{u}_r<0 \text{ 且 } \dot{u}_c<0\\ u_r-s_1 & \dot{u}_r>0 \text{ 且 } \dot{u}_c>0\\ \dot{u}_{cb} & \dot{u}_r<0 \text{ 且 } \dot{u}_c=0\\ u_{cb} & \dot{u}_r>0 \text{ 且 } \dot{u}_c=0\end{cases} \tag{7-24}$$

式中　u_{cb}——非线性特性前一次的输出值。

滞环非线性特性的计算子程序框图如图 7-16 所示。

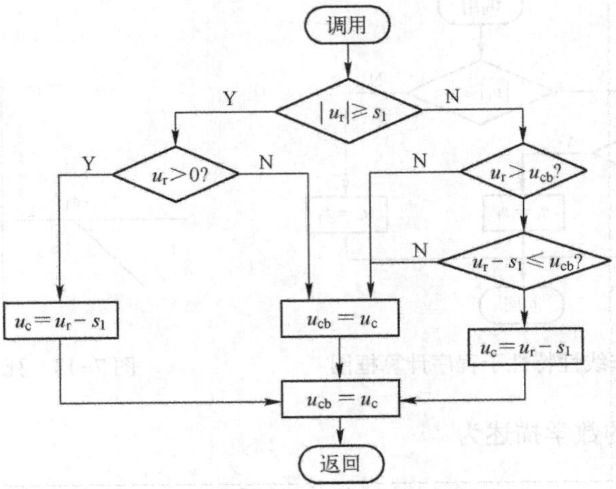

图 7-16　滞环非线性特性子程序框图

滞环非线性特性对系统的性能影响主要有以下两个：

1）增加系统静差，降低定位精度。

2）在稳态值附近以某一幅度进行振荡，产生自振，对系统的稳定性带来不利影响。

7.5.2　非线性系统的仿真过程及应用

面向系统结构图的非线性系统离散相似法仿真的基本思想：给定非线性系统的线性环节传递函数、非线性特性和系统连接情况，按照$\frac{C+Ds}{A+Bs}$典型环节的形式对线性部分进行编号，非线性特性从属于相应的线性环节，将系统中各环节的系数、变量初值、连接关系和仿真参数等数据置入程序中，通过离散相似法得出该系统在特定函数作用下的动态响应性能。

非线性系统离散相似法仿真框图如图 7-17 所示。

【例 7-8】已知典型四阶控制系统结构如图 7-18 所示，在（1）号环节前串入死区非线性特性，其中 $s_1=1$，在外部输入为阶跃函数 $r(t)=10(t)$ 时仿真该系统的响应，写出系统初始化过程。

解：1）将给定系统各环节按$\frac{C+Ds}{A+Bs}$形式编号，共有 4 个典型线性环节。

2）各环节的参数见表 7-3。

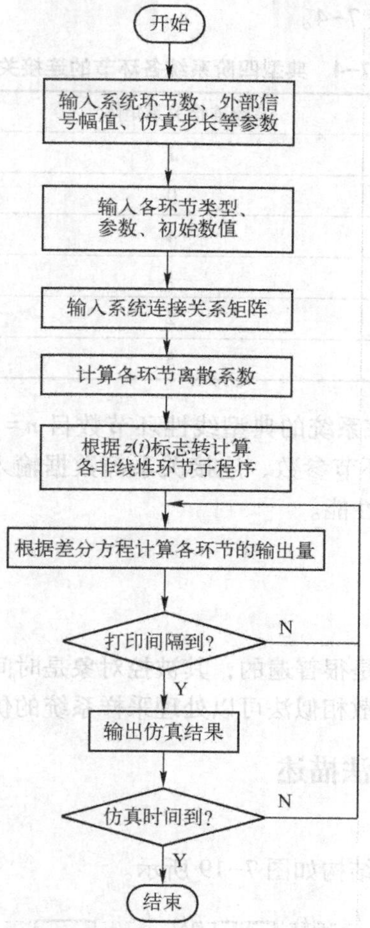

图 7-17　非线性系统离散相似法仿真程序流程框图

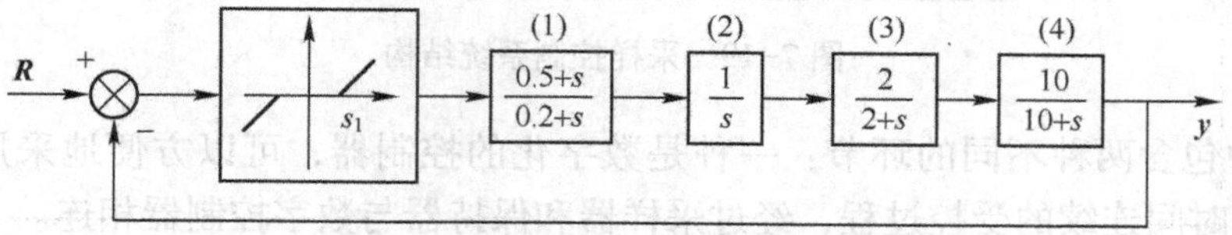

图 7-18　典型四阶系统结构

表 7-3　典型四阶系统各环节对应的参数

环节编号	各典型环节对应的参数					
	A	B	C	D	z	s
1	0.2	1	0.5	1	2	1
2	0	1	1	0	0	0
3	2	1	2	0	0	0
4	10	1	10	0	0	0

3）系统连接关系矩阵见表 7-4。

表 7-4　典型四阶系统各环节的连接关系

系统连接关系矩阵		
I	***J***	***W***
1	0	1
1	4	-1
2	1	1
3	2	1
4	3	1

4）选定仿真实验数据，该系统的典型线性环节数目 $n=4$，外部输入信号幅值 $y_0=10$，仿真计算步长 $h=0.05$，将各环节参数、连接关系等数据输入设计好的程序，运行程序后，从仿真结果可以讨论该系统的性能。

7.6　采样系统仿真

在工程控制中，采样系统是很普遍的，其被控对象是时间的连续函数，采用的控制器为离散化的数字控制器，利用离散相似法可以处理采样系统的仿真。

7.6.1　采样控制系统的算法描述

1. 系统差分方程的求解

典型的数字采样控制系统结构如图 7-19 所示。

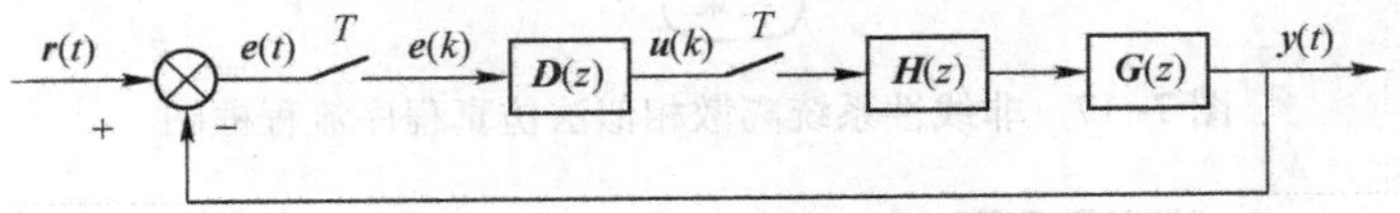

图 7-19　采样控制系统结构

该系统中包含两种不同的环节：一种是数字化的控制器，可以方便地采用计算程序模拟；另一种是时间连续的受控过程，经过采样器和保持器与数字控制器相连。

对于图 7-19，已知 $\boldsymbol{D}(z)=\dfrac{\boldsymbol{U}(z)}{\boldsymbol{E}(z)}$，则 $\boldsymbol{U}(z)=\boldsymbol{D}(z)\boldsymbol{E}(z)$。

$\boldsymbol{D}(z)$ 的表达式为

$$\boldsymbol{D}(z)=\frac{d_0+d_1z^{-1}+\cdots+d_rz^{-r}}{1+c_1z^{-1}+\cdots+c_lz^{-l}}$$

经过转换可得到

$$(1+c_1z^{-1}+\cdots+c_lz^{-l})\boldsymbol{U}(z)=(d_0+d_1z^{-1}+\cdots+d_rz^{-r})\boldsymbol{E}(z)$$

求 z 反变换，整理后得

$$u_k=-c_1u_{k-1}-\cdots-c_lu_{k-l}+d_0e_k+d_1e_{k-1}+\cdots+d_re_{k-r}$$

这相当于一个多步法递推算式，只要 u_k 和 e_k 的前若干步值已知，就可以递推得到 u_k。

同样，已知

$$G(s)=\frac{Y(s)}{U(s)}$$

可求出

$$G(z)=\frac{Y(z)}{U(z)}=Z\{H(s)G(s)\}=\frac{b_0+b_1z^{-1}+\cdots+b_mz^{-m}}{1+a_1z^{-1}+\cdots+a_nz^{-n}}$$

也能得到

$$y_k=-a_1y_{k-1}-\cdots-a_ny_{k-n}+b_0u_k+b_1u_{k-1}+\cdots+b_mu_{k-m}$$

再考虑到 $e_k=r_k-y_k$；就能按信号传递过程，从参考输入开始，逐步求得各部分解 e_k、u_k 和输出 y_k。

差分方程描述的是离散变量在采样时刻点上的相互关系和变化情况，因此当仿真步长取采样系统的实际采样周期 T 时，求取的结果无截断误差，从理论上说其算法是精确的。该方法简便易行，只要已知 $D(z)$、$G(z)$，就可以进行仿真处理。

2. 连续部分的离散化处理

当采样系统连续部分较复杂时，不必去化简和求取 $G(z)$，可以按照连续系统环节离散化仿真方法，将连续部分中各环节经离散化处理后与采样部分一并考虑进行仿真。

如图 7-20 所示，连续部分各环节之间虚设采样开关和保持器，按环节离散化方法建立模型，选取仿真步长 h 比采样周期 T 小，可以反映出连续系统在离散信号作用下各环节内在的细微变化。

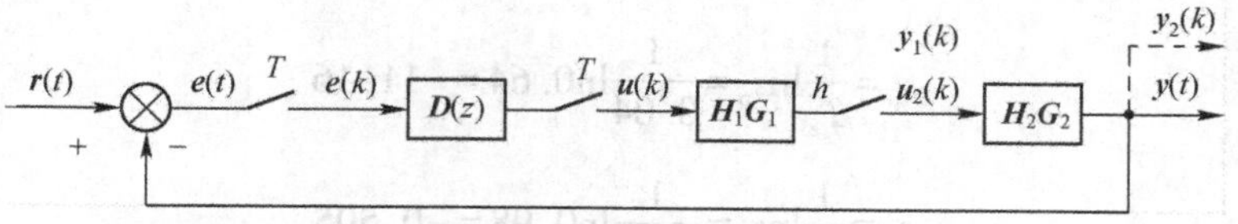

图 7-20　连续部分按环节离散化典型结构

一般取 $T\gg h$，且 T 为 h 的整倍数最便于处理。在每个采样周期 kT 时刻，离散信号的作用经实际采样开关传递到连续部分，并保持一个周期。在这段周期内以步长 $t=h$ 计算连续部分各环节的变化情况，直到下一采样周期 $t=(k+1)T$ 时刻，发生变化的新的离散信号再次传递给连续部分，如此循环，直至 $t=T_N$ 仿真过程结束。

7.6.2　采样周期与仿真步距的关系

仿真步距的选择应根据被控对象的结构、采样周期的大小、保持器的类型及仿真精度和速度的要求综合考虑。通常有以下三种情况。

1. 仿真步距 T 与采样周期 T_s 相等

若选择仿真步距与采样周期相等时，在系统仿真过程中，实际采样开关与虚拟采样开关是同步工作的，与连续系统仿真完全相同，从而可大大简化仿真模型，提高仿真速度。在仿真过程中，求出 $G(z)=Z[H(s)G(s)]$，得到一个差分方程，再计算 $D(z)$ 的差分方程，组合后可求出系统的输出响应 $y(t)$。

这种方式适用于采样周期 T_s 较小、系统阶次不高、仿真转变能满足要求的场合。

2. 仿真步距 T 小于采样周期 T_s

当采样周期受系统环境要求设置不变后，要提高仿真精度就要缩小仿真步距，使 $T<T_s$。在仿真模型中，离散部分的采样周期 T_s 和连续部分的仿真步距 T 通常选择 $T_s=NT$（其中 N 取正整数）。

此类系统的仿真分两步实现：对离散部分用采样周期 T_s 进行仿真；对连续部分用仿真步距 T 进行仿真。离散部分每计算一次差分模型，其输出保持，然后对连续部分的仿真模型计算 N 次，将第 N 次计算的结果作为连续部分该采样周期的输出。

3. 改变数字控制器的采样间隔

如果原来的数字控制器 $\boldsymbol{D}(z)$ 确定后，用于计算的采样周期 T_s 比较小，现要按较大的采样周期 T'_s 进行仿真，就需要改变原数字控制器的差分方程。其转换依据是，若两个脉冲传递函数映射到 s 平面上具有相同的零极点，并且有相同的稳态值，则两个系统等价。

转换过程：原采样系统数字控制器的传递函数为 $\boldsymbol{D}(z)$，采样周期为 T_s，首先将 $\boldsymbol{D}(z)$ 映射到 s 平面上相应的零极点，然后按新的采样周期 T'_s 再次映射到 z 平面上，求得新的数字控制器 $\boldsymbol{D}'(z)$，最后根据稳态值相等的原则确定 $\boldsymbol{D}'(z)$ 的增益，这样就实现了差分模型的转换工作。

【例 7-9】 已知某采样系统的数字控制器模型为 $D(z)=\dfrac{Y(z)}{U(z)}=\dfrac{2.62(z-0.98)}{z-0.64}$，采样周期为 $T_s=0.04\,\text{s}$，现要用采样周期 $T'_s=0.1\,\text{s}$ 进行系统仿真，求转换后的差分模型 $D'(z)$。

解： 1）$D(z)$ 在 z 平面上有一个极点 $z_p=0.64$，有一个零点 $z_z=0.98$。映射到 s 平面：

$$s_p=\frac{1}{T_s}\ln z_p=\frac{1}{0.04}\ln 0.64=-11.16$$

$$s_z=\frac{1}{T_s}\ln z_z=\frac{1}{0.04}\ln 0.98=-0.505$$

2）按零极点匹配的原则，在 $T'_s=0.1\,\text{s}$ 时，将 s_p、s_z 映射到 z 平面：

$$z'_p=e^{T'_s s_p}=e^{0.1\times(-11.16)}=0.3277$$

$$z'_z=e^{T'_s s_z}=e^{0.1\times(-0.505)}=0.9508$$

3）构造与之等价的 $D'(z)$：

$$D'(z)=\frac{k'_z(z-z'_z)}{z-z'_p}=\frac{k'_z(z-0.9508)}{z-0.3277}$$

4）按终值定理求稳态值：

输入单位阶跃信号

$$U(z)=\frac{z}{z-1}$$

由 $D(z)$ 得

$$y(\infty)=\lim_{z\to 1}\left[\frac{z-1}{z}D(z)U(z)\right]=\lim_{z\to 1}\left[\frac{z-1}{z}\,\frac{2.62(z-0.98)}{z-0.64}\,\frac{z}{z-1}\right]=0.14556$$

由 $D'(z)$ 得

$$y'(\infty)=\lim_{z\to 1}\left[\frac{z-1}{z}\frac{k'_z(z-0.9508)}{z-0.3277}\frac{z}{z-1}\right]=0.0732k'_z$$

5）按终值相等的原则确定 k'_z：

$$0.0732k'_z=0.14556$$

$$k'_z=\frac{0.14556}{0.0732}=1.989$$

6）变换后的仿真模型为

$$D'(z)=\frac{1.989(z-0.9508)}{z-0.3277}$$

7.6.3 采样系统的仿真应用

采样系统离散相似法仿真的处理过程、程序逻辑结构示意如图 7-21 所示。

下面分析如图 7-22 所示的采样控制系统，图中被控对象为一阶惯性延迟环节，$G_0(s)=\dfrac{k_0}{T_0s+1}\mathrm{e}^{-\tau s}$；采用零阶保持器 $G_h(s)=\dfrac{1-\mathrm{e}^{-T_ss}}{s}$，$T_s$ 为采样周期。现要求设计一个适当的数字控制器 $D(z)$，使采样系统在单位阶跃信号作用下的输出响应为最少拍系统。

1. 数字控制器 $D(z)$ 的确定

（1）采样系统中连续部分的等效处理　由于已知零阶保持器传递函数 $G_h(s)$ 和被控对象传递函数 $G_0(s)$，两者串联组合即为连续部分的等效传递函数。

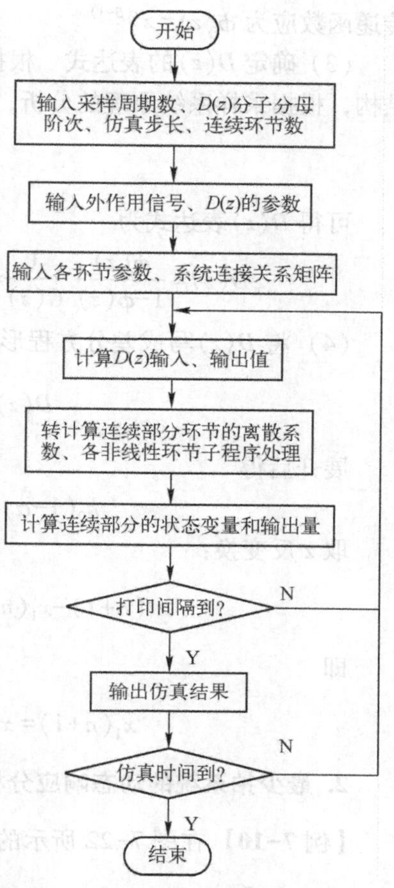

图 7-21　采样控制系统仿真程序流程框图

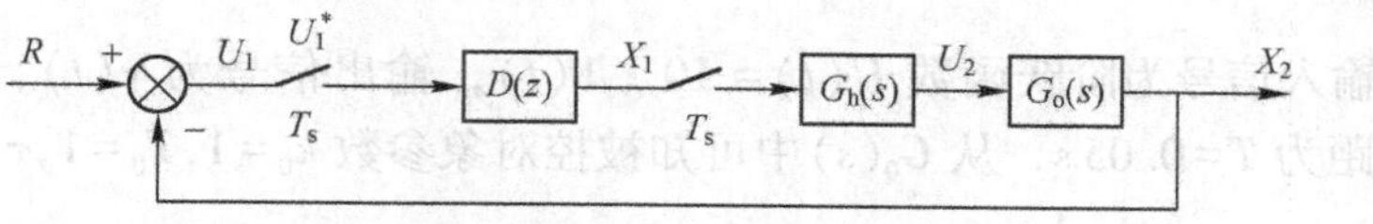

图 7-22　采样控制系统结构图

等效传递函数为

$$G(S)=G_h(s)G_0(s)=\frac{k_0(1-\mathrm{e}^{-T_ss})}{s(T_0s+1)}\mathrm{e}^{-\tau s}$$

设 $\tau=\beta T_s$，β 为正整数，对其取 z 变换得

$$G(z)=Z\left[\frac{k_0(1-\mathrm{e}^{-T_ss})}{s(T_0s+1)}\mathrm{e}^{-\tau s}\right]=Z\left[\frac{k_0(1-\mathrm{e}^{-T_ss})}{s(T_0s+1)}\mathrm{e}^{-\beta T_ss}\right]=k_0(1-\alpha)\frac{z^{-(\beta+1)}}{1-\alpha z^{-1}}$$

式中

$$\alpha=\mathrm{e}^{\frac{T_s}{T_0}}$$

（2）设计为最少拍系统　在单位阶跃信号作用下，最少拍系统能在最短的时间内完成调节，由于存在滞后作用，最快需要 $\beta+1$ 拍。按控制理论的分析，此时最少拍系统的闭环

传递函数应为 $\phi(z)=z^{-(\beta+1)}$。

(3) 确定 $D(z)$ 的表达式　根据上述讨论，已知 $G(z)$、$\phi(z)$ 可求出 $D(z)$。按图 7-22 的结构，根据采样系统原理的分析，其等效闭环脉冲传递函数为

$$\phi(z)=\frac{D(z)G(z)}{1+D(z)G(z)}$$

可得 $D(z)$ 表达式为

$$D(z)=\frac{\phi(z)}{1-\phi(z)}\frac{1}{G(z)}=\frac{z^{-(\beta+1)}}{1-z^{-(\beta+1)}}\frac{1-\alpha z^{-1}}{k_0(1-\alpha)z^{-(\beta+1)}}=\frac{1-\alpha z^{-1}}{k_0(1-\alpha)(1-z^{-(\beta+1)})}$$

(4) 将 $D(z)$ 写成差分方程形式　由于

$$D(z)=\frac{X_1(z)}{U_1(z)}=\frac{1-\alpha z^{-1}}{k_0(1-\alpha)(1-z^{-(\beta+1)})}$$

展开后得

$$k_0(1-\alpha)(1-z^{-(\beta+1)})X_1(z)=(1-\alpha z^{-1})U_1(z)$$

取 z 反变换：

$$x_1(n+1)-x_1(n+1-\beta-1)=\frac{1}{k_0(1-\alpha)}[u_1(n+1)-\alpha u_1(n)]$$

即

$$x_1(n+1)=x_1(n-\beta)+\frac{1}{k_0(1-\alpha)}[u_1(n+1)-\alpha u_1(n)]$$

2. 最少拍系统的动态响应分析

【例 7-10】 在图 7-22 所示的采样系统中，设被控对象为 $G_0(s)=\frac{1}{s+1}e^{-s}$；加零阶保持器 $G_h(s)=\frac{1-e^{-T_s s}}{s}$；按最少拍系统设计 $D(z)$ 表达式，要求分析在阶跃信号输入下其动态响应的特点。

解： 由于输入信号为阶跃函数 $U(t)=10\cdot 1(t)$，输出信号为 $y(t)$，采样周期为 $T_s=0.5\,\text{s}$，仿真步距为 $T=0.05\,\text{s}$，从 $G_0(s)$ 中可知被控对象参数 $k_0=1, T_0=1, \tau=1\,\text{s}$。

按前述分析有 $\beta=\frac{\tau}{T_s}=\frac{1}{0.5}=2;\beta+1=2+1=3$。即经过 3 拍后系统应达到稳态，其输出结果见表 7-5。

表 7-5　采样系统仿真输出结果

仿真时间	$D(z)$ 输出值	系统输出 $y(t)$
0	25.4149	0
0.25	25.4149	0
0.5	10	0
0.75	10	0
1.0	10	0
1.25	10	5.62177
1.5	10	10

（续）

仿真时间	$D(z)$输出值	系统输出 $y(t)$
1.75	10	10
2.0	10	10
⋮	⋮	⋮

从结果可知，过渡过程到达稳态的时间是 $t=1.5\,\text{s}$，即经过 3 拍结束过渡过程。

根据控制理论，按最少拍系统设计的系统过渡过程能较快地完成，但此类系统对系数的敏感性大，输出存在纹波，此外对扰动反应不理想。要想改进性能，需加入合适的补偿校正装置，相应内容请参阅其他资料。

本章小结

系统仿真是进行系统设计、分析和实验研究中经常采用的一门技术，它以模型实验代替实际系统进行仿真研究，通过计算机的处理获得实际系统在给定信号作用下的运行状况，从而对系统进行整体性能的分析和评价。合理地选择仿真算法、正确理解仿真原理及仿真过程具有重要的现实意义。

连续系统的数学模型大多可以采用高阶微分方程描述，数值积分法就是利用计算机构造 n 次数值积分运算来对系统的微分方程进行数值求解，常用的形式有欧拉法、梯形法和龙格-库塔法等。欧拉法计算简单，容易实现，只要给定初始值 y_0，即可开始进行递推运算，由前一点值 y_k 一步递推就可以求出后一点值 y_{k+1}，这是一种近似的处理，存在计算误差，因此系统计算精度较低；梯形法采用预报-校正公式，每求一个 y_k，计算量要比欧拉法多一倍，因此计算速度较慢，但计算精度要高于欧拉法；龙格-库塔法改变仿真计算步长比较方便，仿真步长越小，计算精度越高，但所需仿真时间也就越长，常用的是四阶龙格-库塔法计算公式。数值解是否稳定，取决于该系统微分方程的特征根是否满足稳定性要求，不同的数值积分公式具有不同的稳定区域，仿真时要合理选择仿真步长，使微分方程的解处于稳定区域之中，其原则是在保证计算稳定性及计算精度的要求下，尽可能选较大的仿真步长。

离散相似法是将连续系统模型离散化为与之等效的离散模型，根据系统结构图，按典型环节离散相似模型进行处理，根据环节的输入求其输出，既可对线性系统，也可对非线性系统及采样控制系统等进行仿真处理，在工程实际中得到了广泛的应用。

实际工程中常常遇到的是复杂结构形式的控制系统，它由若干典型环节按照一定规律连接而成。对于该类控制系统，可以采用面向结构图的仿真方法，把一个复杂的高阶系统化成由若干典型环节组成的模拟结构图表示，将典型环节参数以及系统的连接关系输入计算机，仿真程序将输入的系统模型自动转化为状态空间描述，再调用数值积分法或离散相似法求解，可以研究某环节中的参数变化对性能的影响，也可获得整个系统的动态响应性能，最终输出仿真结果。

习题

7-1　什么叫单步法？什么叫多步法？自启动的含义是什么？

7-2　比较欧拉法、梯形法、龙格-库塔法在仿真过程中的特点和计算精度的差别。

7-3　给定一阶系统微分方程为 $4\frac{dy}{dt}+y=8$，初始条件 $y(t_0)=y_0=1$，取系统的仿真步长 $h=0.01$，分别用欧拉法、梯形法和龙格-库塔法计算该系统仿真第一步的值。

7-4　已知某二阶系统的微分方程为 $\frac{d^2y}{dt^2}+2\frac{dy}{dt}-y=1$，初始条件 $y(0)=1, y'(0)=0$，取系统的仿真步长 $h=0.1$，分别用欧拉法和二阶龙格-库塔法计算该系统仿真第一步的值。

7-5　在仿真的过程中影响仿真精度的因素有哪些？如何采取相应的措施来减小仿真误差？为保证仿真系统的算法稳定，应该如何选择仿真计算步长？

7-6　已知惯性环节的传递函数为 $G(s)=\frac{10}{2s+1}$，求该环节的时域矩阵 $\boldsymbol{G}$ 和单位阶跃响应的输出值。

7-7　已知二阶系统的传递函数为 $G(s)=\frac{1}{(s+1)^2}$，采用根匹配法求出与之等价的脉冲传递函数 $G(z)$ 的表达式。

7-8　已知二阶系统的传递函数为 $G(s)=\frac{5s}{(s+1)^2}$，采用根匹配法求出与之等价的脉冲传递函数 $G(z)$ 的表达式。

7-9　已知单位负反馈系统的开环传递函数为 $G(s)=\frac{Y(s)}{U(s)}=\frac{100(5s+1)}{(10s+1)(s+1)(0.15s+1)}$，在单位阶跃函数作用下仿真系统的动态响应，分别取仿真步长 $h=0.005$ 和 $h=0.05$，讨论该系统的动态响应有何变化。设系统的状态变量初值为零。

7-10　已知某控制系统的动态结构图如图 7-23 所示，采用数值积分法仿真该系统在单位阶跃函数作用下的动态和稳态响应，对系统进行典型环节编号，写出各环节的参数表和系统的连接关系矩阵。

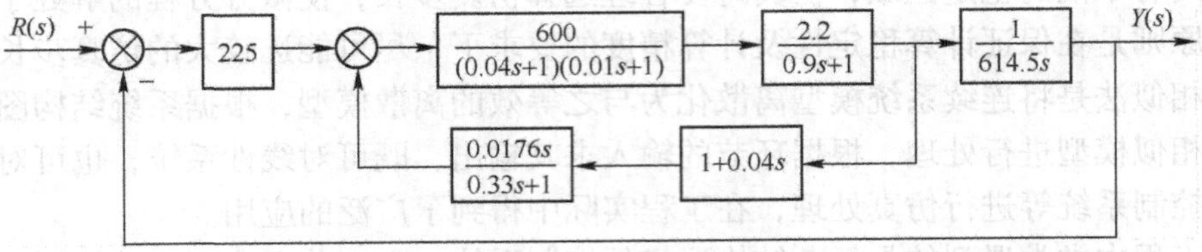

图 7-23　习题 7-10 图

7-11　已知惯性环节的传递函数为 $G(s)=\frac{Y(s)}{U(s)}=\frac{10}{s+2}$，计算该环节的离散系数和离散化状态方程。

7-12　某离散系统的数字控制器为 $D(z)=\frac{3.21-z^{-1}}{1-0.215z^{-1}}$，采样周期取 0.02s，现要求在 $T=0.1$ s 下进行仿真，求该系统转换后的仿真模型。

第8章　控制系统的数据处理技术

控制系统的数据处理从一般意义上说应该包括三方面内容：一是对传感器输出的信号进行放大、滤波、I/V 转换等处理，通常称为信号调理；二是对采集到计算机中的信号数据进行一些处理，如进行系统误差校正、数字滤波、逻辑判断、标度变换等处理，通常称为一次处理；三是对经过前两步得到的测量数据进行分析，寻找规律，判断事物性质，生成所需要的控制信号，此称为二次处理。信号调理都是由硬件完成的，而一次和二次处理一般由软件实现。通常所说的数据处理多指上述的一次处理。

本章主要介绍了数字滤波技术、标度变换、插值算法和越限报警处理等数据处理技术。

8.1　数字滤波

在工业过程控制系统中，由于被控对象所处环境比较恶劣，常存在干扰，如环境温度、电场、磁场等，使采样值偏离真实值。噪声有两大类：周期性噪声和不规则噪声。周期性的噪声如 50 Hz 的工频干扰，而不规则的噪声为随机信号。对于各种随机出现的干扰信号，可以通过数字滤波的方法加以削弱或滤除，从而保证系统工作的可靠性。所谓数字滤波，就是通过一定的计算程序或判断程序减少干扰在有用信号中的比重。数字滤波器与模拟滤波器相比，具有如下优点：

1）由于数字滤波采用程序实现，所以无须增加任何硬件设备，可以实现多个通道共享一个数字滤波程序，从而降低了成本。

2）由于数字滤波器不需增加硬件设备，所以系统可靠性高、稳定性好，各回路间不存在阻抗匹配问题。

3）可以对频率很低（如 0.01 Hz）的信号实现滤波，克服了模拟滤波器的缺陷。

4）可根据需要选择不同的滤波方法，或改变滤波器的参数。改变参数灵活、方便。

基于上述优点，数字滤波器受到相当的重视，并在许多的应用领域逐步代替了传统的模拟滤波器。数字滤波的方法有很多种，可以根据不同的测量参数进行选择。下面介绍几种常用的数字滤波方法及如何用 C 语言来实现相应的程序设计。

8.1.1　平均值滤波

（1）算术平均值滤波　算术平均值滤波是要寻找一个 Y，使该值与各采样值间误差的二次方和为最小，即

$$E = \min\left[\sum_{i=1}^{N} e_i^2\right] = \min\left[\sum_{i=1}^{N} (Y - x_i)^2\right] \tag{8-1}$$

由一元函数求极值原理，得

$$Y = \frac{1}{N}\sum_{i=1}^{N} x_i \tag{8-2}$$

式中　Y——N 个采样值的算术平均值；

x_i——第 i 次采样值；

N——采样次数。

式（8-1）是算术平均值法数字滤波公式。由此可见，算术平均值法滤波的实质即把 N 次采样值相加，然后再除以采样次数 N，得到接近于真值的采样值，其程序设计较简单。用 C 语言编写的算术平均值滤波程序如下：

```
int comp(int num)
{
    unsigned int result,i;
    result=0
    for(i=0;i<num;i++)
    result=result+val[i];
    return(result/num);
}
```

算术平均值滤波主要用于对压力、流量等周期脉动的参数采样值进行平滑加工，这种信号的特点是有一个平均值，信号在某一数值范围附近做上下波动，这种情况下取一个采样值作依据显然是准确的。但算术平均值滤波对脉冲性干扰的平滑作用尚不理想，因而它不适用于脉冲性干扰比较严重的场合。采样次数 N，取决于对参数平滑度和灵敏度的要求。随着 N 值的增大，平滑度将提高，灵敏度降低；N 较小时，平滑度低，但灵敏度高。

应视具体情况选取 N，以使其既少占用计算时间，又达到最好效果。通常对流量参数滤波时 $N=12$，对压力 $N=4$。

（2）加权算术平均值滤波　由式（8-2）可以看出，算术平均值法对每次采样值给出相同的加权系数，即 $1/N$，但实际上有些场合各采样值对结果的贡献不同，有时为了提高滤波效果，提高系统对当前所受干扰的灵敏度，将各采样值取不同的比例，然后再相加，此方法称为加权算术平均值滤波法。

N 次采样的加权平均公式为

$$Y=a_0x_0+a_1x_1+\cdots+a_Nx_N$$

式中　a_0、a_1、a_2、…、a_N——各次采样值的系数，它体现了各次采样值在平均值中所占的比例，可由具体情况决定。

一般采样次数越靠后，取的比例越大，这样可增加新的采样值在平均值中的比例。这种滤波方法可以根据需要突出信号的某一部分，抑制信号的另一部分。

（3）滑动平均值滤波　不管是算术平均值滤波，还是加权算术平均值滤波，都需连续采样 N 个数据，然后求算术平均值。这种方法适合于有脉动式干扰的场合。但由于必须采样 N 次，需要时间较长，故检测速度慢，这对采样速度较慢而又要求快速计算结果的实时系统就无法应用。为了克服这一缺点，可采用滑动平均值滤波。

滑动平均值滤波与算术平均值滤波和加权算术平均值滤波一样，首先采样 N 个数据放在内存的连续单元中组成采样队列，计算其算术平均值或加权算术平均值作为第 1 次采样值；接下来将采集队列向队首移动，将最早采集的那个数据丢掉，新采样的数据放在队尾，而后计算包括新采样数据在内的 N 个数据的算术平均值或加权平均值。这样，每进行一次采样，就可计算出一个新的平均值，从而大大加快了数据处理的速度。

滑动平均值滤波程序设计的关键是，每采样一次，移动一次数据块，然后求出新一组数据之和，再求平均值。值得说明的是，在滑动平均值滤波中开始时要先把数据采样 N 次，再实现滑动滤波。

8.1.2 中值滤波

中值滤波就是对某一个被测参数连续采样 N 次，然后把 N 次的采样值从大到小（或从小到大）排队，再取中间值为本次采样值。用 C 语言编写的、利用“冒泡”程序设计算法来实现中值滤波的程序如下：

```
int    comp(int num)
{
    Unsigned int temp,i,j;
    for(i=0;i<num-1;i++)
    for(j=0;j<num-1;j++)
    if(val[j]<val[j+1]                        /* 比较 A-D 值大小 */
        {
            temp=val[j];                      /* 反序则做“冒泡”处理 */
            val[j]=val[j+1];
            val[j+1]=temp;
        }
    return(val[num/2]);                       /* 返回中值结果 */
}
```

中值滤波对于去掉偶然因素引起的波动或传感器不稳定而造成的误差所引起的脉冲干扰比较有效。对缓慢变化的过程变量采用中值滤波效果比较好，但对快速变化的过程变量，如流量，则不宜采用。中值滤波对于采样点多于 3 次的情况不宜采用。

8.1.3 *RC* 低通数字滤波

常用的一阶 *RC* 低通模拟滤波器电路如图 8-1 所示。该模拟电路常用来滤掉较高频率信号，保留较低频率信号。当要实现低频干扰的滤波时，即通频带进一步变窄，则需要增加电路的时间常数。而时间常数越大，必然要求 R 值或 C 值增大，C 值增大其漏电流也随之增大，从而使 *RC* 网络的误差增大。为了提高滤波效果，可以仿照 *RC* 低通滤波器，用数字形式实现低通滤波。

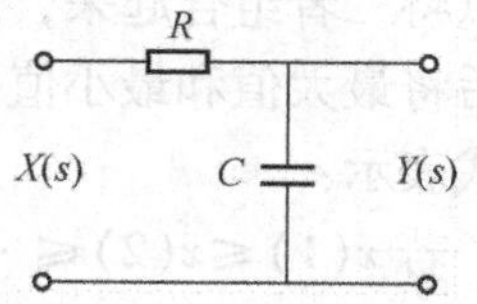

图 8-1 一阶 *RC* 低通模拟滤波器电路

由图 8-1 不难写出低通模拟滤波器的传递函数，即

$$G(s)=\frac{Y(s)}{X(s)}=\frac{1}{T_f\,s+1} \tag{8-3}$$

式中 T_f——*RC* 滤波器的时间常数，$T_f=RC$。

由式（8-3）可以看出，*RC* 低通滤波器实际上是一个一阶惯性环节，所以 *RC* 低通数字滤波也称为惯性滤波法。为了将式（8-3）的算法利用计算机实现，须将其转化为离散的表达式。首先将式（8-3）转化成微分方程的形式，再利用后向差分法将微分方程离散化，过程如下：

$$\frac{\mathrm{d}y(t)}{\mathrm{d}t}T_f+y(t)=x(t) \tag{8-4}$$

$$\frac{y(k)-y(k-1)}{T}T_f+y(k)=x(k) \tag{8-5}$$

式中　$x(k)$——第 k 次输入值；

$y(k-1)$——第 k-1 次滤波结果输出值；

$y(k)$——第 k 次滤波结果输出值；

T——采样周期。

式（8-5）整理得

$$y(k)=\frac{T}{T+T_f}x(k)+\frac{T}{T+T_f}x(k-1)=(1-\alpha)x(k)+\alpha y(k-1) \tag{8-6}$$

式中　α——滤波平滑系数，$\alpha=\frac{T_f}{T+T_f}$且 $0<\alpha<1$。

RC 低通数字滤波对周期性干扰具有良好的抑制作用，适用于波动频率较高的滤波，其不足之处是引入了相位滞后，灵敏度低。滞后程度取决于 α 值的大小。同时，它不能滤除掉频率高于采样频率二分之一（称为香农频率）以上的干扰信号。例如，采样频率为 100 Hz，则它不能滤去 50 Hz 以上的干扰信号。对于高于香农频率的干扰信号，应采用模拟滤波器。

8.1.4　复合数字滤波

为了进一步提高滤波效果，有时可以把两种或两种以上不同滤波功能的数字滤波器组合起来，组成复合数字滤波器，或称多级数字滤波器。例如，算术平均值滤波或加权算术平均值滤波，都只能对周期性的脉动采样值进行平滑加工，但对于随机的脉冲干扰，如电网的波动、变送器的临时故障等，则无法消除。然而，中值滤波却可以解决这个问题。因此，我们可以将二者组合起来，形成多功能的复合滤波。即把采样值先按从小到大的顺序排列起来，然后将最大值和最小值去掉，再把余下的部分求和并取其平均值。这种滤波方法的原理可由下式表示：

若 $x(1)\leqslant x(2)\leqslant \cdots \leqslant x(N)$，$3\leqslant N\leqslant 14$，则

$$y(k)=\frac{[x(2)+x(3)+\cdots+x(N-1)]}{N-2}=\frac{1}{N-2}\sum_{i=2}^{N-1}x(i) \tag{8-7}$$

式（8-7）也称作防脉冲干扰平均值滤波。该方法兼容了算术平均值滤波和中值滤波的优点，当采样点数不多时，它的优点尚不够明显，但在快、慢速系统中，它却都能削弱干扰，提高控制质量。当采样点数为 3 时，则为中值滤波。

8.1.5　各种数字滤波性能的比较

以上介绍了数字滤波方法，每种滤波程序都有其各自的特点，可根据具体的测量参数进行合理的选用。

（1）滤波效果　一般来说，对于变化比较慢的参数，如温度，可选用程序判断滤波及一阶滞后滤波方法。对那些变化比较快的脉冲参数，如压力、流量等，则可选择算术平均值

滤波和加权算术平均值滤波法，加权算术平均值滤波法的效果会更好。至于要求比较高的系统，需要用复合滤波法。在算术平均值滤波和加权算术平均值滤波中，其滤波效果与所选择的采样次数 N 有关。N 越大，则滤波效果越好，但花费的时间也越长。高通及低通滤波程序是比较特殊的滤波程序，使用时一定要根据其特点选用。

（2）滤波时间　在考虑滤波效果的前提下，应尽量采用执行时间比较短的程序，若计算机时间允许，采用效果更好的复合滤波程序。

注意，数字滤波在热工和化工过程控制系统中并非一定需要，需根据具体情况，经过分析、实验加以选用。不适当地应用数字滤波（例如，可能将待控制的波滤掉），反而会降低控制效果，以至失控，因此必须给予注意。

8.2　标度变换

生产中的各个参数都有着不同的量纲，如测温元件用的热电偶或热电阻，温度单位为℃。又如测量压力用的弹性元件膜片、膜盒及弹簧管等，其压力范围从几帕到几十兆帕。而测量流量则用节流装置，其单位为 m^3/h 等。在测量过程中，所有这些参数都经过变送器或传感器再利用相应的信号调理电路，将非电量转换成电量并进一步转换成 A-D 转换器所能接收的统一电压信号，又由 A-D 转换器将其转换成数字量送到计算机进行显示、打印等相关的操作。而 A-D 转换后的这些数字量并不一定等于原来带量纲的参数值，它仅仅与被测参数的幅值有一定的函数关系，所以必须把这些数字量转换为带有量纲的数据，以便显示、记录、打印、报警及操作人员对生产过程进行监视和管理。将 A-D 转换后的数字量转换成与实际被测量相同量纲的过程称为标度变换，也称为工程量转换。如热电偶测温，其标度变换说明如图 8-2 所示，要求显示被测温度值。其电压输出与温度之间的关系表示为 $u_1=f(T)$，温度与电压值存在一一对应的关系；经过放大倍数为 k_1 的线性放大处理后，$u_2=k_1u_1=k_1f(T)$，再经过 A-D 转换后输出为数字量 D_1，数字量 D_1 与模拟量成正比，其系数为 k_2，则 $D_1=k_1k_2f(T)$，这即为计算机接收到的数据，该数据只是与被测温度有一定函数关系的数字量，并不是被测温度，所以不能显示该数值。要显示的被测温度值需要利用计算机对其进行标度变换。即需推导出 T 与 D_1 的关系，再经过计算得到实际温度值。

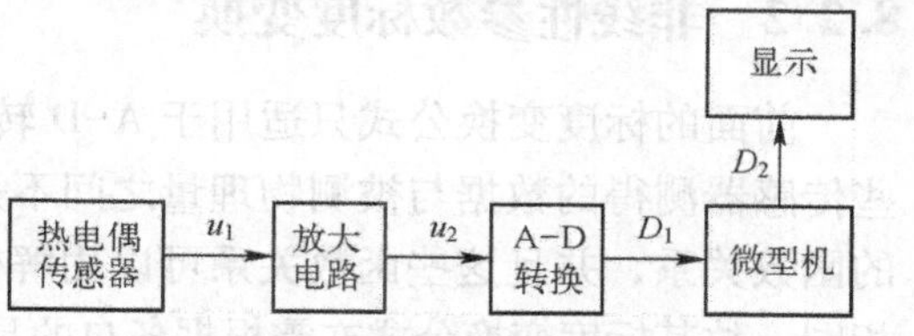

图 8-2　热电偶测温中的标度变换

标度变换有各种不同类型，它主要取决于被测参数测量传感器的类型，设计时应根据实际情况选择适当的标度变换方法。

8.2.1　线性参数标度变换

线性参数标度变换是最常用的标度变换，其前提条件是被测参数值与 A-D 转换结果为线性关系。设 A-D 转换结果 N 与被测参数 A 之间的关系如图 8-3 所示，则得到其线性标度变换的公式为

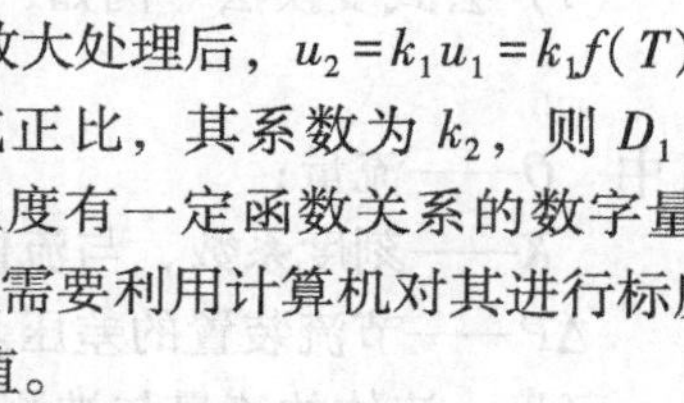

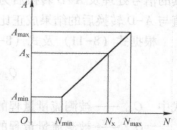

图 8-3　输入、输出呈线性关系

$$A_x=\frac{A_{max}-A_{min}}{N_{max}-N_{min}}(N_x-N_{min})+A_{min} \tag{8-8}$$

式中 A_{min}——被测参数量程的最小值；

A_{max}——被测参数量程的最大值；

A_x——被测参数值；

N_{max}——A_{max}对应的 A-D 转换后的数值；

N_{min}——A_{min}对应的 A-D 转换后的数值；

N_x——被测量 A_x对应的 A-D 转换后的数值。

当 $N_{min}=0$ 时，式（8-9）可以写成

$$A_x=\frac{A_{max}-A_{min}}{N_{max}}N_x+A_{min} \tag{8-9}$$

在许多测量系统中，被测参数量程的最小值 $A_{min}=0$，对应 $N_{min}=0$，则式（8-9）可以写成

$$A_x=\frac{A_{max}}{N_{max}}N_x \tag{8-10}$$

根据上述公式编写的程序称为标度变换程序。编写标度变换程序时，A_{min}、A_{max}、N_{min}、N_{max}为已知值，可将式（8-9）变换为 $A_x=A(N_x-N_{min})+A_{min}$，事先计算出 A 值，则计算过程包括一次减法、一次乘法和一次加法，比按式（8-9）直接计算要简单一些。

8.2.2 非线性参数标度变换

前面的标度变换公式只适用于 A-D 转换结果与被测量为线性关系的系统。但实际中有些传感器测得的数据与被测物理量之间不是线性关系，而是存在着由传感器测量方法所决定的函数关系，并且这些函数关系可以用解析式表示。一般而言，非线性参数的变化规律各不相同，故其标度变换公式亦需根据各自的具体情况建立。这时我们可以采用直接解析式计算。

（1）公式变换法 例如，在流量测量中，流量与差压间的关系式为

$$Q=K\sqrt{\Delta P} \tag{8-11}$$

式中 Q——流量；

K——刻度系数，与流体的性质及节流装置的尺寸相关；

ΔP——节流装置的差压。

可见，流体的流量与被测流体流过节流装置前后产生的差压的二次方根成正比。如果后续的信号处理及 A-D 转换后为线性转换，则 A-D 数字量输出与差压信号成正比，所以流量值与 A-D 转换后的结果成正比。

根据式（8-11）及式（8-9）可以推导出流量计算时的标度变换公式为

$$Q_x=\frac{Q_{max}-Q_{min}}{\sqrt{N_{max}}-\sqrt{N_{min}}}(\sqrt{N_x}-\sqrt{N_{min}})+Q_{min} \tag{8-12}$$

式中 Q_{min}——被测流量量程的最小值；

Q_{max}——被测流量量程的最大值；

Q_x——被测流体流量值。

实际测量中，一般流量量程的最小值为0，所以，式（8-12）可以简化为

$$Q_x = \frac{Q_{max}}{\sqrt{N_{max}} - \sqrt{N_{min}}}(\sqrt{N_x} - \sqrt{N_{min}}) \tag{8-13}$$

若流量量程的最小值对应的数字量 $N_{min}=0$，则式（8-13）进一步简化为

$$Q_x = Q_{max}\frac{\sqrt{N_x}}{\sqrt{N_{max}}} = \frac{Q_{max}}{\sqrt{N_{max}}}\sqrt{N_x} \tag{8-14}$$

根据上述公式编写标度变换程序时，Q_{min}、Q_{max}、N_{min}、N_{max} 为已知值，可将式（8-12）~式（8-14）变换为

$$Q_x = A_1(\sqrt{N_x} - \sqrt{N_{min}}) + Q_{min} \tag{8-15}$$

$$Q_x = A_2(\sqrt{N_x} - \sqrt{N_{min}}) \tag{8-16}$$

$$Q_x = A_3\sqrt{N_x} \tag{8-17}$$

式（8-15）~式（8-17）为常用的不同条件下的流量计算公式，编程时先计算出 A_1、A_2、A_3值，再按上述公式计算。

（2）其他标度变换法　许多非线性传感器并不像上面讲的流量传感器那样，可以写出一个简单的公式，或者虽然能够写出，但计算相当困难，这时可采用多项式插值法，也可以用线性插值法或查表法进行标度变换。

8.3　插值算法

实际系统中，一些被测参数往往是非线性参数，常常不便于计算和处理，有时甚至很难找出明确的数学表达式，需要根据实际检测值或采用一些特殊的方法来确定其与自变量之间的函数值；在某些时候，即使有较明显的解析表达式，但计算起来也相当麻烦。例如，在温度测量中，热电阻及热电偶与温度之间的关系，即为非线性关系，很难用一个简单的解析式来表达；而在流量测量中，流量孔板的差压信号与流量之间也是非线性关系，即使能够用公式 $Q=K\sqrt{\Delta P}$ 计算，但开方运算不但复杂，而且误差也比较大。另外，在一些精度及实时性要求比较高的仪表及测量系统中，传感器的分散性、温度的漂移，以及机械滞后等引起的误差在很大程度上都是不能允许的。诸如此类的问题，在模拟仪表及测量系统中，解决起来相当麻烦，甚至是不可能的。而在实际测量和控制系统中，都允许有一定范围的误差。因此，在实际系统中可以采用计算机处理，用软件补偿的办法进行校正。这样，不仅能节省大量的硬件开支，而且精度也大为提高。

8.3.1　线性插值法

计算机处理非线性函数应用最多的方法是线性插值法。线性插值法是代数插值法中最简单的形式。假设变量 y 和自变量 x 的关系如图8-4所示。为了计算出现自变量 x 所对应的变量 y 的数值，用直线$\overline{AB}$代替弧线$\overset{\frown}{AB}$由此可得直线方程

$$f(x) = ax + b \tag{8-18}$$

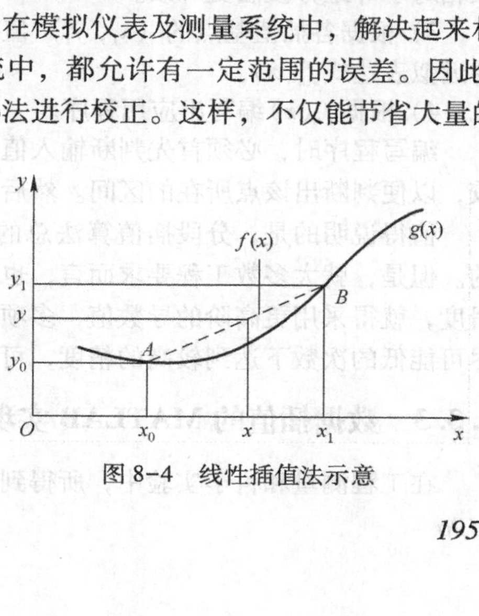

图8-4　线性插值法示意

根据插值条件，应满足

$$\begin{cases} y_0 = ax_0 + b \\ y_1 = ax_1 + b \end{cases} \tag{8-19}$$

解方程组（8-19），可求出直线方程的参数，得到直线方程的表达式为

$$f(x) = \frac{y_1 - y_0}{x_1 - x_0}(x - x_0) = k(x - x_0) + y_0 \tag{8-20}$$

由图 8-4 可以看出，插值点 x_0与 x_1之间的间距越小，则在这一区间内 $f(x)$与 $g(x)$之间的误差越小。利用式（8-19）可以编写程序，只需进行一次减法、一次乘法和一次加法运算即可。因此，在实际应用中，为了提高精度，经常采用几条直线来代替曲线，此方法称为分段插值算法。

8.3.2 分段插值算法

分段插值算法的基本思想是将被逼近的函数（或测量结果）根据其变化情况分成几段，为了提高精度及缩短运算时间，各段可根据精度要求采用不同的逼近公式。最常用的是线性插值和抛物线插值。分段插值的分段点的选取可按实际曲线的情况及精度的要求灵活决定。

分段插值算法程序设计步骤如下：

1）用实验法测量出传感器的输出变化曲线 $y=g(x)$（或各插值节点的值(x_i, y_i)，$i=0, 1, 2, \cdots, n$）。为使测量结果更接近实际值，要反复进行测量，以便求出一个比较精确的输入输出曲线。

2）将上述曲线进行分段，选取各插值基点。曲线分段的方法主要有两种，即等距分段法和非等距分段法。

① 等距分段法即沿 x 轴等距离地选取插值基点。这种方法的主要优点是 $x_{i+1}-x_i$为常数，能简化计算过程。但是，当函数的曲率和斜率变化比较大时，将会产生一定的误差，要想减小误差，必须把基点分得很细，这样，势必占用更多的内存，并使计算机的计算量加大。

② 非等距分段法的特点是函数基点的分段不是等距的，而是根据函数曲线形状的变化率的大小来修正插值间的距离，曲率变化大的，插值距离小一点。也可以使常用刻度范围插值距离小一点，而曲线比较平缓及非常用刻度区域距离取大一点。所以非等距插值基点的选取相对于等距分段法更麻烦。

3）根据各插值基点的（x_i，y_i）值，使用相应的插值公式，求出实际曲线 $g(x)$每一段的近似表达式$f_n(x)$。

4）根据$f_n(x)$编写出应用程序。

编写程序时，必须首先判断输入值 x 处于哪一段，即将 x 与各插值基点的数值 x_i进行比较，以便判断出该点所在的区间。然后，根据对应段的近似公式进行计算。

值得说明的是，分段插值算法总的来讲光滑度都不太高，这对于某些应用是存在缺陷的。但是，就大多数工程要求而言，也能基本满足需要。在这种局部化的方法中，要提高光滑度，就得采用更高阶的导数值，多项式的次数亦需相应增高。为了只用函数值本身，并在尽可能低的次数下达到较高的精度，可以采用样条插值法。

8.3.3 数据插值的 MATLAB 实现

在工程测量和科学实验中，所得到的数据通常都是离散的。如果要得到这些离散点以外

的其他点的数值，就需要根据这些已知数据进行插值。例如，测量得 n 个点的数据为 $(x_1, y_1), (x_2, y_2), \cdots, (x_n, y_n)$，这些数据点反映了一个函数关系 $y=f(x)$，然而并不知道$f(x)$的解析式。数值插值的任务就是根据上述条件构造一个函数 $y=g(x)$，使得在 $x_i(i=1,2,\cdots,n)$ 有 $g(x_i)=f(x_i)$且在两个相邻的采样点$(x_i, x_{i+1})(i=l,2,\cdots,n-1)$之间，$g(x)$光滑过渡。如果被插值函数$f(x)$是光滑的，并且采样点足够密，一般在采样区间内，$f(x)$与 $g(x)$比较接近。插值函数 $g(x)$一般由线性函数、多项式、样条函数或这些函数的分段函数充当。

根据被插值函数的自变量个数，插值问题分为一维插值、二维插值和多维插值等；根据是用分段直线、多项式或样条函数来作为插值函数，插值问题又分为线性插值、多项式插值和样条插值等。MATLAB 提供了一维、二维、N 维数据插值函数 interp1、interp2 和 interpn，以及 3 次样条插值函数 spline 等。下面重点介绍一维数据插值和二维数据插值。

1. 一维数据插值

如果被插值函数是一个单变量函数，则数值插值问题称为一维插值。一维插值采用的方法有线性方法、最近方法、3 次多项式和 3 次样条插值。在 MATLAB 中，实现这些插值的函数是 interp1，其调用格式为

```
Y1 =interp1(X,Y,X1,'method')
```

函数根据 X、Y 的值，计算函数在 X1 处的值。X、Y 是两个等长的已知向量，分别描述采样点和样本值，X1 是一个向量或标量，描述欲插值的点，Y1 是一个与 X1 等长的插值结果。method 是插值方法，允许的取值有以下几种：

1）'linear'：线性插值。线性插值是默认的插值方法。它是把与插值点靠近的两个数据点用直线连接，然后在直线上选取对应插值点的数据。

2）'nearest'：最近点插值。根据已知插值点与已知数据点的远近程度进行插值。插值点优先选择较近的数据点进行插值操作。

3）'cubic'：3 次多项式插值。根据已知数据求出一个 3 次多项式，然后根据该多项式进行插值。

4）'spline'：3 次样条插值。所谓 3 次样条插值，是指在每个分段（子区间）内构造一个 3 次多项式，使其插值函数除满足插值条件外，还要求在各节点处具有光滑的条件。

注意：X1 的取值范围不能超出 X 的给定范围；否则，会给出"NaN"错误。

【例 8-1】用不同的插值方法计算 $\sin x$ 在 $\pi/2$ 点的值。

解：这是一个一维插值问题。程序如下：

```
X=0:0.2:pi;Y=sin(X);
interp1(X,Y,pi/2)
ans =

    0.9975
interp1(X,Y,pi/2,'nearest')
ans =

    0.9996
interp1(X,Y,pi/2,'linear')
```

```
ans =

    0.9975
interp1(X,Y,pi/2,'spline')
ans =

    1.0000
interp1(X,Y,pi/2,'cubic')
ans =

    0.9992
```

例 8-1 中，3 次样条和 3 次多项式的插值结果最好，最近点方法次之，线性方法最差，但不能认为什么情况下都是这样的。插值方法的好坏依赖于被插值函数，没有一种对所有函数都是最好的插值方法。

MATLAB 中有一个专门的 3 次样条插值函数 Y1 = spline(X,Y,X1)，其功能及使用方法与函数 Y1 = interp1(X,Y, X1,'spline')完全相同。

【例 8-2】 某观测站测得某日 6:00 至 18:00 之间每隔两小时的室内外温度（℃）见表 8-1，用 3 次样条插值分别求得该日室内外 6:30 至 17:30 之间每隔两小时各点的近似温度（℃）。

表 8-1 室内外温度观测值

时间 h/h	6	8	10	12	14	16	18
室内温度 t_1/℃	18.0	20.0	22.0	25.0	30.0	28.0	24.0
室外温度 t_2/℃	15.0	19.0	24.0	28.0	34.0	32.0	30.0

解：设时间变量 $\boldsymbol{h}$ 为一行向量，温度变量 $\boldsymbol{t}$ 为一个两列矩阵，其中第 1 列存放室内温度，第 2 列存放室外温度。程序如下：

```
h =6:2:18;
t=[18,20,22,25,30,28,24;15,19,24,28,34,32,30]';
XI =6.5:2:17.5
XI =

   6.5000    8.5000   10.5000   12.5000   14.5000   16.5000
YI=interp1(h,t,XI,'spline')
YI =

  18.5020   15.6553
  20.4986   20.3355
  22.5193   24.9089
  26.3775   29.6383
  30.2051   34.2568
  26.8178   30.9594
```

2. 二维数据插值

当函数依赖于两个自变量变化时，其采样点就应该是一个由这两个参数组成的平面区域，插值函数也是一个二维函数。对依赖于两个参数的函数进行插值的问题称为二维插值问题。同样，在 MATLAB 中，提供了解决二维插值问题的函数 interp2，其调用格式为

```
Z1=interp2(X,Y,Z,X1,Y1 ,'method')
```

其中，X、Y 是两个向量，分别描述两个参数的采样点；Z 是与参数采样点对应的函数值；X1、Y1 是两个向量或标量，描述欲插值的点；Z1 是根据相应的插值方法得到的插值结果；method 的取值与一维插值函数相同；X、Y、Z 也可以是矩阵形式。

同样，X1、Y1 的取值范围不能超出 X、Y 的给定范围；否则，会给出“NaN ”错误。

【例 8-3】 设 $z=x^2+y^2$，对 z 函数在[0,1]×[0,2]区域内进行插值。

解： 程序如下：

```
x=0:0.1:1;y=0:0.2:2;
[X,Y]=meshgrid(x,y);
Z=X.^2+Y.^2;
interp2(x,y,Z,0.5,0.5)
ans =

    0.5100
interp2(x,y,Z,[0.5 0.6],0.4)
ans =

    0.4100    0.5200
interp2(x,y,Z,[0.5 0.6],[0.4 0.5])
ans =

    0.4100    0.6200
interp2(x,y,Z,[0.5 0.6]',[0.4 0.5])
ans =

    0.4100    0.5200
    0.5100    0.6200
interp2(x,y,Z,[0.5 0.6]',[0.4 0.5],'spline')
ans =

    0.4100    0.5200
    0.5000    0.6100
```

【例 8-4】 某实验对一根长 10 m 的钢轨进行热源的温度传播测试。用 x 表示测量点 0:2.5:10（m），用 h 表示测量时间 0:30:60（s），用 T 表示测试所得各点的温度（℃），见表 8-2。

表 8-2 钢轨各点温度测量值

h/s \ T/℃ \ x/m	0	2.5	5	7.5	10
0	95	14	0	0	0
30	88	48	32	12	6
60	67	64	54	48	41

试用线性插值求出在 1 min 内每隔 20 s、钢轨每隔 1 m 处的温度 TI。

解：程序如下：

```
x=0:2.5:10;
h=[0:30:60]';
T=[95,14,0,0,0;88,48,32,12,6;67,64,54,48,41];
xi=[0:10];
hi=[0:20:60]';
TI=interp2(x,h,T,xi,hi)
TI =

  95.0000   62.6000   30.2000   11.2000   5.6000   0   0   0   0   0   0
  90.3333   68.8667   47.4000   33.6000   27.4667   21.3333   16.0000   10.6667   7.2000
5.6000   4.0000
  81.0000   69.9333   58.8667   50.5333   44.9333   39.3333   33.2000   27.0667   22.7333
20.2000   17.6667
  67.0000   65.8000   64.6000   62.0000   58.0000   54.0000   51.6000   49.2000   46.6000
43.8000   41.0000
```

图 8-5 是根据插值结果[xi,hi,TI]，用绘图函数 surf(xi,hi,TI)绘制的钢轨温度立体图。如果加密插值点，则绘制的立体图更理想。

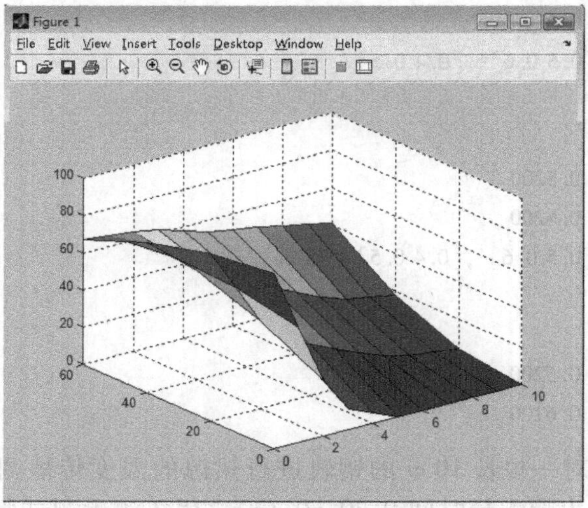

图 8-5 线性插值得到的钢轨温度立体图

8.4 越限报警处理

在计算机控制系统中，被测参数经上述数据处理后，参数送显示。但为了安全生产，对于一些重要的参数要判断是否超出了规定工艺参数的范围，如果超越了规定的数值，要进行报警处理，以便操作人员及时采取相应的措施。越限报警是工业控制过程常见而又实用的一种报警形式，它分为上限报警、下限报警和上下限报警。如果需要判断的报警参数是 x_n，该参数的上下限约束值分别为 x_{max} 和 x_{min}，则上下限报警的物理意义如下：

1）上限报警。若 $x_n>x_{max}$，则上限报警，否则执行原定操作。

2）下限报警。若 $x_n<x_{min}$，则下限报警，否则执行原定操作。

3）上下限报警。若 $x_n>x_{max}$，则上限报警，否则继续判断 $x_n<x_{min}$ 是否成立，若成立，则下限报警；否则继续执行原定操作。

根据上述规定，编写程序可以实现对被控参数、偏差、控制量等进行上下限报警。

本章小结

本章介绍了计算机控制系统中常用的四种数据处理技术，包括数字滤波技术、标度变换技术、插值算法及越限报警处理。今后学习控制系统和智能化仪器原理，需充分掌握这些数据处理技术。

在工业过程控制系统中，由于被控对象所处环境比较恶劣，常存在干扰，如环境温度、电场、磁场等，使采样值偏离真实值。噪声有两大类：周期性噪声和不规则噪声。周期性的噪声如 50 Hz 的工频干扰，而不规则的噪声为随机信号。对于各种随机出现的干扰信号，可以通过数字滤波的方法加以削弱或滤除，从而保证系统工作的可靠性。所谓数字滤波，就是通过一定的计算程序或判断程序减少干扰在有用信号中的比重。

标度变换有各种不同类型，它主要取决于被测参数测量传感器的类型，设计时应根据实际情况选择适当的标度变换方法。线性参数标度变换是最常用的标度变换，其前提条件是被测参数值与 A-D 转换结果为线性关系。但实际中有些传感器测得的数据与被测物理量之间不是线性关系，而是存在着由传感器测量方法所决定的函数关系，并且这些函数关系可以用解析式表示，一般而言，非线性参数的变化规律各不相同，故其标度变换公式也需根据各自的具体情况建立。

实际系统中，一些被测参数往往是非线性参数，常常不便于计算和处理，有时甚至很难找出明确的数学表达式，需要根据实际检测值或采用一些特殊的方法来确定其与自变量之间的函数值。

在计算机控制系统中，被测参数经上述数据处理后，参数送显示。但为了安全生产，对于一些重要的参数要判断是否超出了规定工艺参数的范围，如果超越了规定的数值，要进行报警处理，以便操作人员及时采取相应的措施。越限报警是工业控制过程常见而又实用的一种报警形式，它分为上限报警、下限报警和上下限报警。

本章介绍了利用 MATLAB 进行数据插值的处理。根据被插值函数的自变量个数，插值问题分为一维插值、二维插值和多维插值等；根据是用分段直线、多项式或样条函数来作为插值函数，插值问题又分为线性插值、多项式插值和样条插值等。MATLAB 提供了一维、二维、N 维数据插值函数 interp1、interp2 和 interpn，以及 3 次样条插值函数 spline 等。重点介绍了一维数据插值和二维数据插值。

习题

8-1　数字滤波与模拟滤波相比有哪些优点？常用的数字滤波技术有哪些？

8-2　编制一个能完成复合数字滤波的子程序，每个采样值为 12 位二进制数。

8-3　标度变换在工程上有什么意义？在什么情况下使用标度变换？说明热电偶测量、显示温度时，实现标度变换的过程。

8-4　某压力测量仪表的量程为 400~1200 Pa，采用 8 位 A-D 转换器，设某采样周期计算机中经采样及数字滤波后的数字量为 ABH，求此时的压力值。

8-5　某电阻炉温度变化范围为 0~1600℃，经温度变送器输出电压为 1~5 V，再经过 AD574 转换，AD574 输入电压范围为 0~5 V，计算当采样值为 D5H 时，电阻炉温度是多少？

8-6　某炉温度变化范围为 0~1500℃，要求分辨率为 3℃，温度变送器输出范围为 0~5 V。若 A-D 转换器的输入范围也为 0~5 V，则 A-D 转换器的位数应为多少位？若 A-D 不变，现在通过变送器零点迁移而将信号零点迁移到 600℃，此时系统对炉温的分辨率为多少？

第9章 控制系统的MATLAB/Simulink仿真

本章在前面介绍的 Simulink 交互式仿真环境知识的基础上，重点分析控制系统计算机仿真的 Simulink 实现。通过本章的学习，读者应该掌握以下内容：

- 对系统进行 Simulink 仿真的参数设置
- 利用 Simulink 的系统仿真模型进行仿真的方法
- 利用 Simulink 的动态结构图进行仿真的方法

9.1 Simulink 仿真的参数设置

第1章中已经熟悉了在 Simulink 环境下创建系统仿真模型的方法。进入模型窗口并建立系统模型后，要对给定系统设置相关的仿真参数后才能开始仿真运行。本节介绍各种仿真参数的设置方法。

9.1.1 系统模型的实时操作与仿真参数设置

1. 系统模型的实时操作

在 Simulink 环境下创建系统仿真模型后，该模型不仅在仿真前允许进行编辑和修改，而且在仿真过程中也允许进行一定程度的修改。在菜单操作方式下，可以对系统模型或框图进行如下的实时操作：

1）被仿真模块的参数允许有条件地进行实时修改。其条件是该参数的变化不改变模型的结构，包括模型几何结构、输入输出维数及状态空间维数。

2）离散模块的采样时间允许实时修改。

3）允许用浮空示波器（Floating Scope）实时观察任何一点或几点的动态波形。这里的浮空示波器是指在模型视窗里与系统模型没有任何可见连接线的示波器。

4）在进行一个系统仿真的过程中，允许同时打开另一个系统进行处理。

2. 仿真参数的设置方法

在系统仿真之前通常要对仿真算法、输出模式等各种仿真参数进行设置，这就是主菜单项 Simulation 下的 Simulation Parameters 菜单命令要完成的任务。打开一个仿真参数对话框后，在其中可以设置仿真参数，该对话框包含以下5个可以相互切换的选项卡。

1）Solver 解算器选项卡：用于设置仿真的起始时间与终止时间、仿真的步长大小与求解问题的算法等。

2）Workspace I/O 工作空间选项卡：用于管理对 MATLAB 工作空间的输入和输出操作。

3）Diagnostics 选项卡：用于设置在仿真过程中出现各类错误时的操作处理，包括系统的一致性检验、检测的范围、错误诊断的配置选项等内容。

4）Advanced 选项卡：用于设置一些高级的仿真属性，以便更好地控制仿真过程，如模块的简化、在仿真过程中使用逻辑信号等。

5）Real-Time Workshop 选项卡：用于设置一些实时工具中的参数，如允许用户选择目标语言模板、系统目标文件等。如果没有安装实时工具箱，将不出现该选项。

一般来说，对于比较简单的系统模型，可以使用系统的默认值而不用进行过多的参数设置。对复杂系统设置仿真参数是采用菜单方式进行仿真最主要的工作。

下面介绍两个主要选项卡的参数设置。

9.1.2 Solver 解算器选项卡的参数设置

在 Simulink 窗口主菜单中，执行菜单 Simulation 下的 Configuration Parameters 命令后，Simulink 会弹出仿真参数设置对话框标签之一——Solver 解算器选项卡。

Solver 选项卡参数设定是进行仿真工作前准备的必需步骤，要根据解决问题的要求来决定如何设定参数。最基本的参数设定包括仿真的起始时间与终止时间、仿真的步长大小与求解问题的算法等。

当选择算法是可变步长类型 Variable-step 时，Solver 选项卡如图 9-1 所示；当选择固定步长类型的算法 Fixed-step 时，Solver 选项卡如图 9-2 所示。

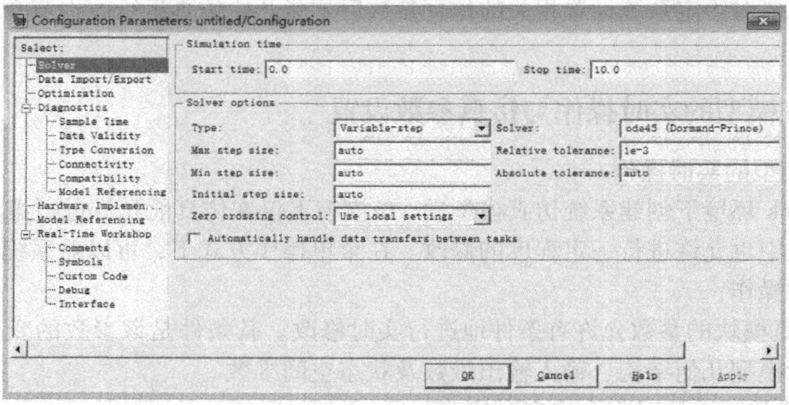

图 9-1　Solver 可变步长仿真参数设置窗口

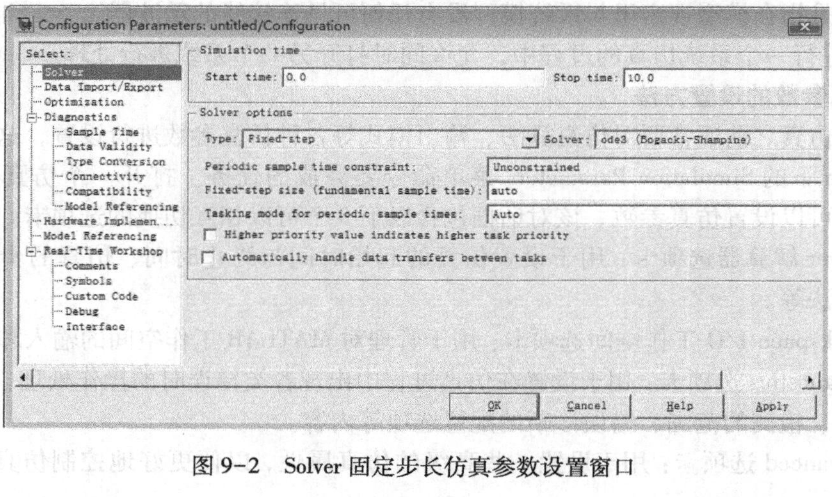

图 9-2　Solver 固定步长仿真参数设置窗口

Solver 解算器选项卡参数设定窗口中各选项的意义如下：

1）Simulation time——仿真时间设置。在 Start time 与 Stop time 旁的编辑框内分别输入仿真的起始时间与停止时间，单位是 s。系统实际运行时间与设置输入的时间不会一致，因为实际运行时间与计算机的性能、模型复杂程度、解题所选择的算法及步长、要解决问题的误差要求等诸多因素有关。

2）Solver options——算法选择操作。Type 栏的下拉式选择框中可选择可变步长（Variable-step）算法（见图 9-1）或者固定步长 Fixed-step 算法（见图 9-2）。

Variable-step 方式能够在仿真过程中自动修改步长的大小（Step Sizes）以满足容许误差设定与零交叉（Zero Crossing）检验的需求（设置零交叉检验可以提高仿真精度，但对仿真速度有所影响），有 ode45、ode23、ode113、ode15s、ode23s、ode23t、ode23tb、discrete 多种方法可供选择。一般系统设定 ode45 方法为默认解题算法，但是离散系统模型仿真时必须选用 discrete 算法。

Max step size 栏为设定解算器运算步长的时间上限，Initial step size 为设定的解算器第一步运算的时间，一般默认值为 auto。相对误差 Relative tolerance 的默认值为 1e-3，绝对误差 Absolute tolerance 的默认值为 auto。

Fixed-step 方式能够固定步长的大小不变，其显示内容与 Variable-step 不同。解题算法有 ode5、ode4、ode3、ode2、ode1、discrete 等几种供选择，一般采用 ode4 作为解题算法，它等效于 ode45。另外，ode3 等效于 ode23。固定步长方式只可以设定 Fixed-step size 为 auto。这种方式下虽然没有 Output options 的设定问题，却增加了一个选项 Mode 栏以选择模型的类型。该栏有三个选项：Multi Tasking（多任务）、Single Tasking（单一任务）与 auto（自动）。Multi Tasking 模型指其中有些模块具有不同的采样速率，并对模块之间采样速率的传递进行检测；Single Tasking 模型中各模块的采样速率相同，不检测采样速率的传递；auto 则根据模型中模块采样速率是否相同来决定采用前两者的哪一种。

3）Output options——输出选择。该栏的第一选项为 Refine output（细化输出），其 Refine factor（细化系数）最大值为 4，默认值为 1，数值越大则输出越平滑。

第二选项为 Produce additional output（产生附加输出），允许指定产生输出的 Output times（附加时间）。该项被选中后，在编辑框 Output times 中可以输入产生输出的附加时间。这种方式可改变仿真步长以使其与指定的附加输出时间相一致。

第三选项为 Produce specified output only（只产生特定的输出），只在指定的输出时间中产生仿真输出。这种方式可改变仿真步长以使其与产生输出的指定时间相一致。

4）选项卡右下部 4 个按钮的功能。

OK 按钮：用于参数设置完毕，可将窗口内的参数值应用于系统的仿真，并关闭对话框。

Cancel 按钮：用于立即撤销对参数的修改，恢复选项卡原来的参数设置，关闭对话框。

Help 按钮：用于打开并显示该模块使用方法说明的帮助文件。

Apply 按钮：用于修改参数后的确认，即表示将目前窗口改变的参数设定应用于系统的仿真，并保持对话框窗口的开启状态，以便进一步修改。

这 4 个按钮在其他许多界面里也都有出现，其功能与此描述相同。

9.1.3 Workspace I/O 工作空间选项卡参数设置

仿真控制参数 Configuration Parameters 的设定对话框选项卡之二为 Workspace I/O 工作空间选项卡，如图 9-3 所示。

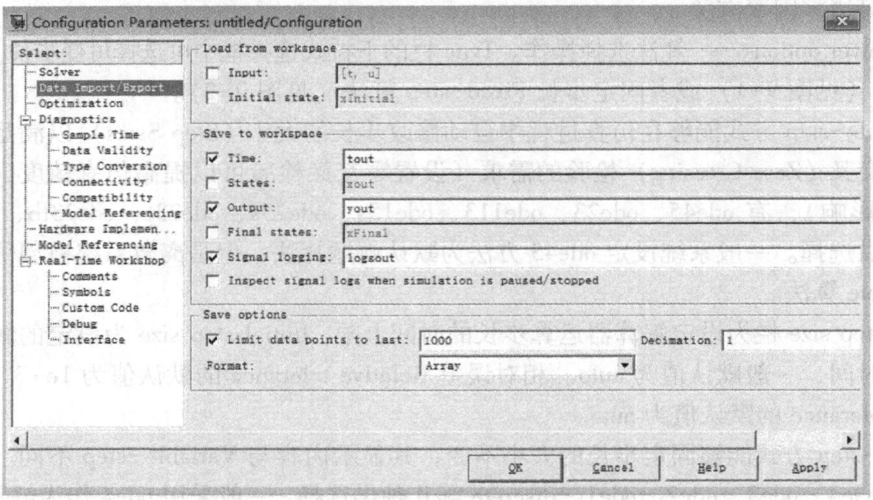

图 9-3 设定工作空间 Workspace 参数窗口

对该选项卡中的各类参数设置后，可以实现从当前工作空间输入数据、初始化状态模块（State）、把仿真结果保存到当前工作空间等功能。下面分别进行讨论。

1）Load from workspace——从当前工作空间输入数据。选择该栏可以从 MATLAB 工作空间获取数据输入到模型的输入模块（In1），这是 Simulink 的一个重要功能。具体操作方法：选中 Input 项，在其后编辑框里输入数据的变量名，变量名默认值为[t,u]，t 是一维时间列向量，u 是与 t 相同的二维列向量。如果输入模块有 n 个，则将 u 的第 1、2、…、n 列分别送往输入模块 In1、In2、…、Inn。

2）Initial state——初始化状态模块。选中该栏将迫使系统模型从 MATLAB 工作空间中获取全部模块所有状态变量的初始值，这就是初始化状态模块（State）。该栏后的编辑框里填写的含有初始值变量的个数应与状态模块数目一致。

3）Save to workspace——保存仿真结果到当前工作空间。此项功能可以将仿真结果保存到 MATLAB 当前工作空间，可以设定 Time、State、Output、Final state 诸项。

Time 项：模型把变量（Time）以指定的变量名（默认名为 tout）存储在 MATLAB 工作空间。

State 项：模型把状态变量以指定的变量名（默认名为 xout）存储在 MATLAB 工作空间。

Output 项：对应模型窗口中使用的输出模块 out1，需在 MATLAB 工作空间填入输出数据变量名（输出矩阵默认名为 yout），输出矩阵每一列对应于模型的多个输出模块 out，每一行对应于一个确定时刻的输出。

Final state 项：模型把状态变量的最终状态值以指定的名称存储在 MATLAB 工作空间。状态变量的最终状态值还可以被模型再次调用。

4）Save options——变量存储选项。该项须与 Save to workspace 选项配合使用。

Limit data points to last 项：选择框可以限定可存取的行数。

Decimation 项：可设置降频程度系数，降频系数的默认值为 1，表示每一个点都返回状态与输出值；若设定为 2，则会每隔断两个点返回状态与输出值，其结果会被保存起来。

Format 项：该栏的下拉式选择框中提供了三种保存数据的格式选择，即 Array（数组）、Structure（构架）和 Structure with time（带时间的构架）。

在 Workspace I/O 选项卡右下方的 4 个按钮，其操作功能与 Solver 解算器选项卡内的说明相同。

9.2 控制系统的 Simulink 仿真

9.2.1 利用 Simulink 系统仿真模型的仿真处理

1. 仿真的启动与停止

建立了控制系统的仿真结构图，并且设置完仿真参数之后，就可以对给定系统进行仿真实验了。

采用 Simulink 进行仿真时，有以下两种方法来启动与停止仿真：

1）在 Simulink 的模型窗口下，选择其窗口主菜单 Simulation 中的 Start 命令可以对系统进行仿真。仿真开始后，Start 变为 Pause，单击 Pause 可暂停仿真执行，单击 Stop 可停止仿真。

2）单击模型窗口下的 Start Simulation 按钮▶也可以对系统进行仿真。仿真开始后按钮▶变为 Pause Simulation 按钮，单击按钮可暂停仿真，单击 Stop 按钮■可停止仿真。

2. Simulink 仿真结果的观察与分析方法

控制系统仿真后的结果可以用 Simulink 提供的许多观察工具加以查看，还可以利用 Simulink 提供的分析工具对仿真结果进行分析。

Simulink 提供了以下几种仿真结果分析方法：

1）将仿真结果信号输入到输出模块 Scope 示波器、XY Graph 二维 X-Y 图形显示器与 Display 数字显示器中直接查看图形或者数据。

2）将仿真结果信号输入到 To Workspace 模块中，即保存到 MATLAB 工作空间里，再用绘图命令在 MATLAB 命令窗口里绘制出图形。

3）将仿真结果信号返回到 MATLAB 命令窗口里，再利用绘图命令绘制出图形。

3. 系统仿真处理的实例分析

1）使用示波器模块观察仿真输出。前面已经介绍过在 Simulink 库浏览器的 Sinks 输出模块库中，有 Scope、Floating Scope、XY Graph 和 Display 共 4 个模块，均可用来观察仿真输出的结果。

Scope：将信号显示在类似示波器的图标窗口内，可以放大、缩小窗口，也可以打印仿真结果的波形曲线。

Floating Scope：观察系统的各种信号的值。

XY Graph：绘制 X-Y 二维的曲线图形，两个坐标刻度范围可以设置。

Display：将仿真结果的信息数据以数字形式显示出来。

【例 9-1】某二阶线性系统如图 9-4 所示，采用 Simulink 建立系统模型并进行仿真，分别用三种类型的示波器观察该系统的阶跃响应。

解： 首先创建该系统的仿真模型，按照建立模型结构图的基本步骤完成模型创建后，将上述三种示波器模块放在控制系统模型结构图的输出端，如图 9-5 所示。按图 9-6 所示设置系统的仿真参数。

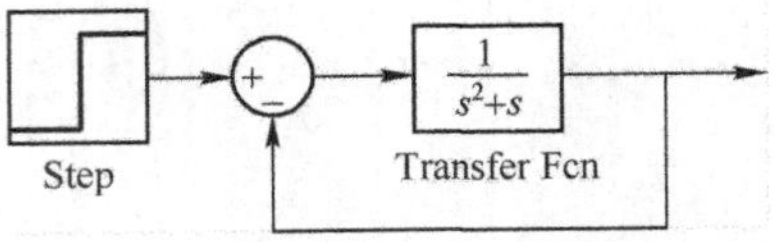

图 9-4　二阶线性系统模型

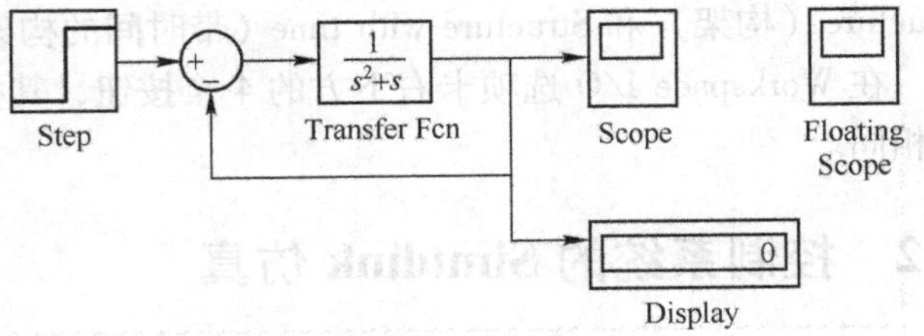

图 9-5　系统仿真结构图

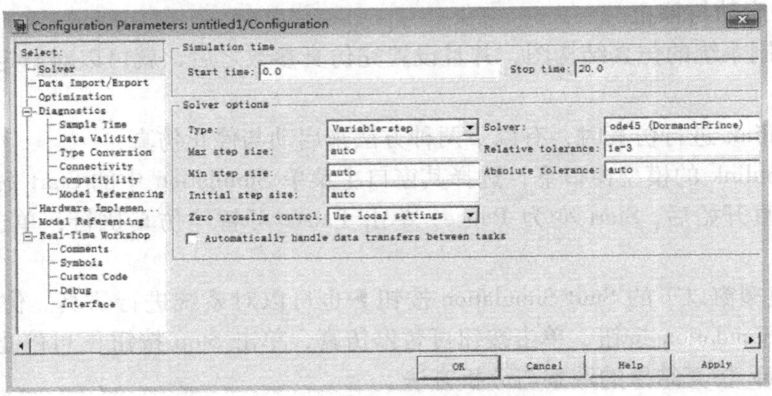

图 9-6　设置系统仿真参数

该系统的参数设置：Start time 为 0，Stop time 为 20，步长选择可变步长 Variable-step，其他设置为默认值。

单击模型窗口下的 Start Simulation 按钮▶，开始对系统进行仿真。待到仿真结束后，在 Display 中直接显示仿真结果数据，如图 9-7 所示。

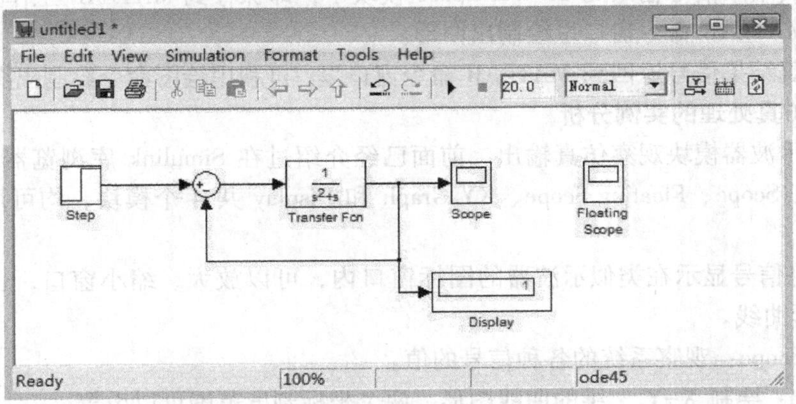

图 9-7　用三种示波器观察系统的阶跃响应曲线

双击 Scope 模块可以观察到系统的阶跃响应曲线，如图 9-8a 所示。可以看出图示曲线的坐标不适于观察系统的特性，需要进行坐标调整，单击按钮自动调整曲线的坐标。结果如图 9-8b 所示。

双击 Floating Scope 模块，打开浮空示波器，如图 9-9 所示，可以看到示波器中没有显示的曲线。单击 Signal selection（信号选择）按钮，进入信号选择对话框，如图 9-10 所示。对话框的左边是 Model hierarchy（模型层次），右边是 List contents 窗口，用于选择模型，选择了模型和模块后，单击【Close】按钮，重新仿真，各模块的输出曲线就可以显示在浮空示波器中，如图 9-11 所示。

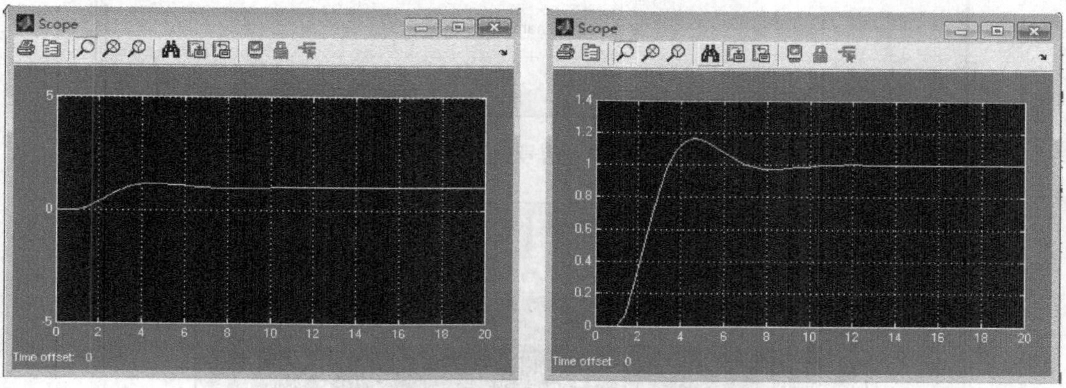

a)　　　　　　　　　　b)

图 9-8　用 Scope 观察系统阶跃响应曲线

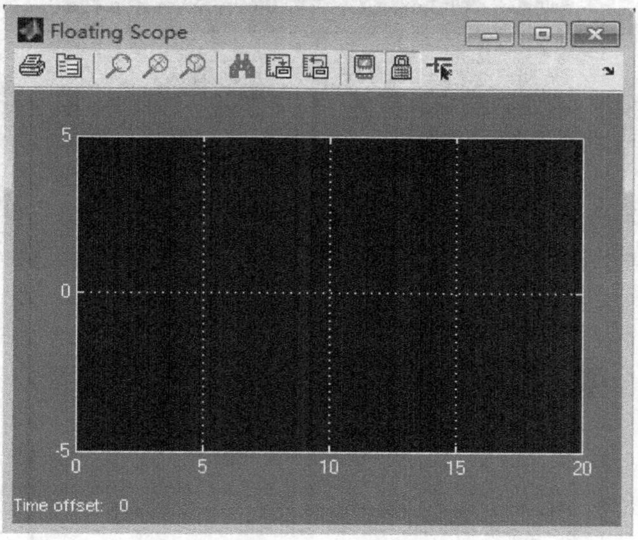

图 9-9　打开的浮空示波器

图 9-11 显示的曲线坐标取值不太合适，需要进行调整，将光标放在显示区域，单击鼠标右键，选择 Axes properties 命令，打开浮空示波器轴属性对话框，选择纵轴的最大值和最小值，如图 9-12 所示。

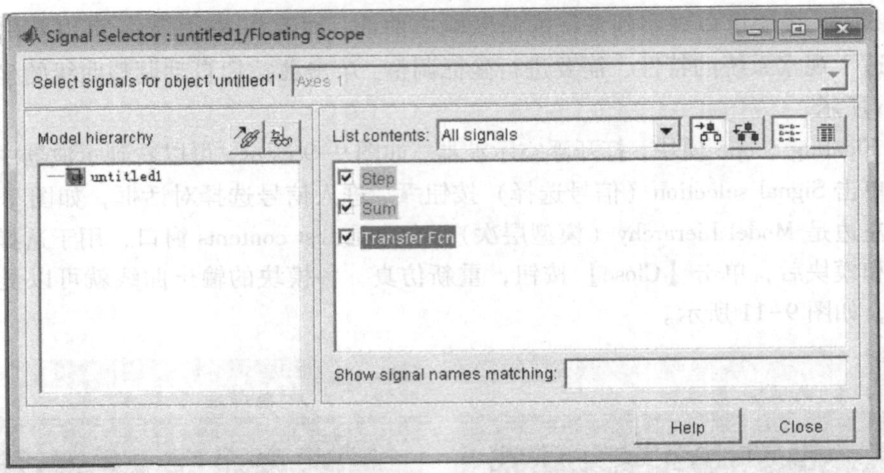

图 9-10　信号选择对话框

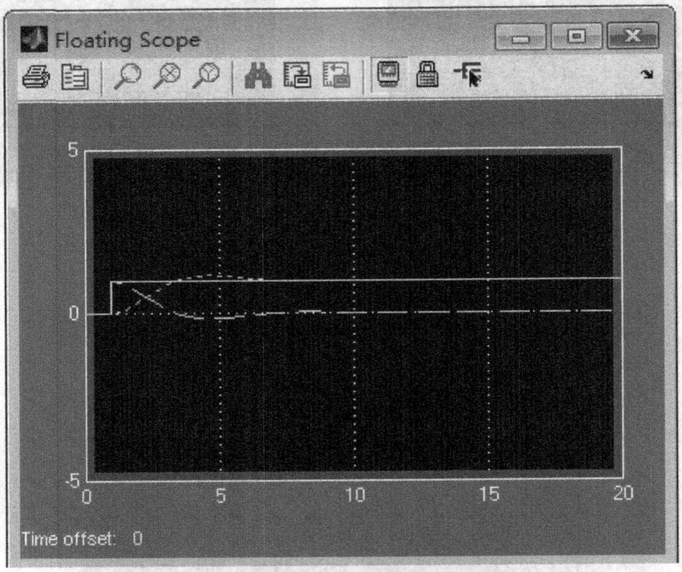

图 9-11　浮空示波器显示的曲线

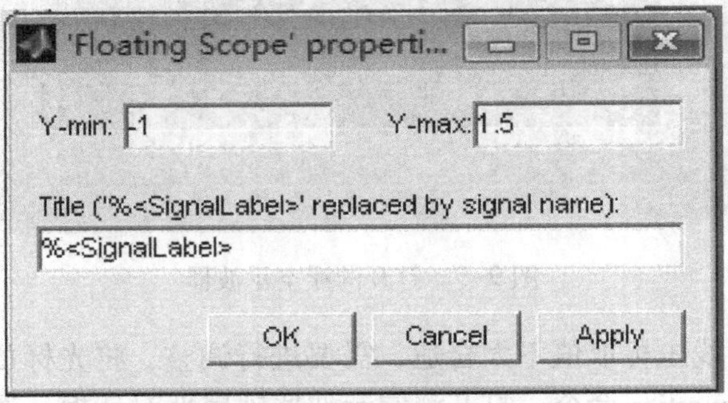

图 9-12　调整光标轴属性对话框

单击【OK】按钮，则示波器会自动地按照调整后的坐标轴来显示曲线，如图 9-13 所示。

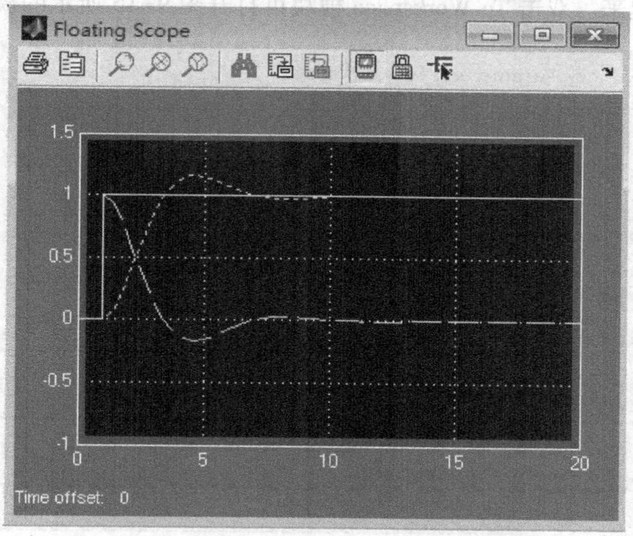

图 9-13 调整坐标轴后的曲线

2）使用 To Workspace 模块将仿真输出信息返回到 MATLAB 命令窗口。如果不用示波器直接观察仿真结果，可以将控制系统仿真结果输入 To Workspace（MATLAB 的工作空间）模块中。该方式通过工作空间 To Workspace，自动将数据输出到 MATLAB 命令窗口里，经变量保存后再用绘图命令在 MATLAB 命令窗口中绘制出图形。

【例 9-2】 利用 To Workspace 模块将例 9-1 中的输出数据传送到 MATLAB 命令窗口，并绘制系统的阶跃响应曲线。

解：在图 9-5 的基础上修改系统仿真模型图，将阶跃响应输出到 To Workspace 模块，如图 9-14 所示。

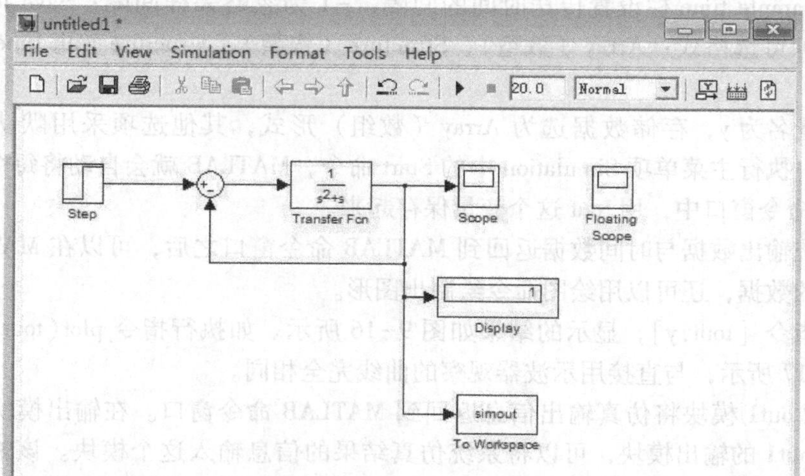

图 9-14 仿真模型图

系统开始仿真时，该模块会将信息、数据返回到 MATLAB 命令窗口中，并用一个名为 simout 的变量保存起来。双击 To Workspace 模块可打开图 9-15 所示的模块参数对话框。

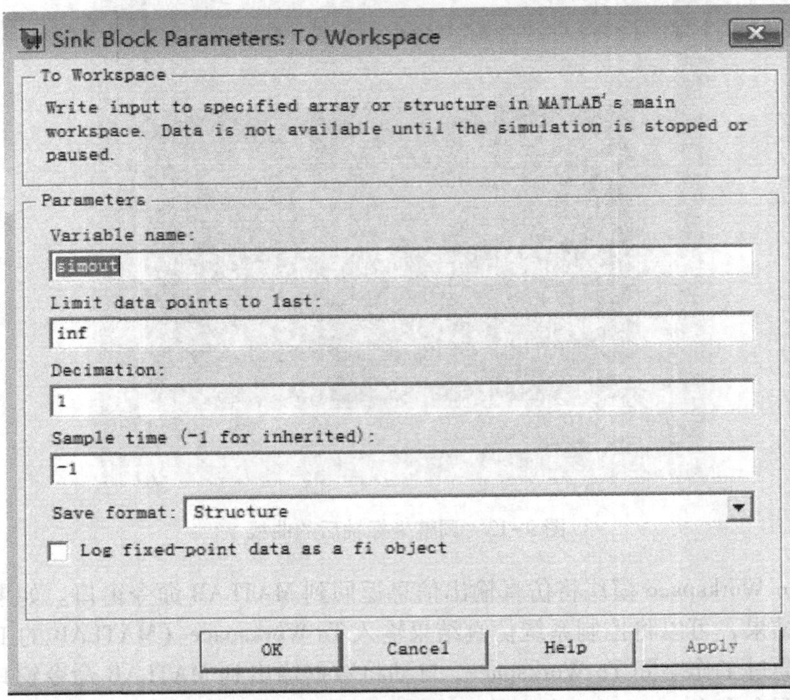

图 9-15　模块参数对话框

模块参数对话框中 Variable name 栏用来定义变量名；Limit data points to last 栏用来限定存储的最多数据点数，若送入数据过多则自动清除旧数据，若设为 inf 则保存全部数据；Decimation 栏设置传送数据的频度，1 为默认设置，表示每点都传送，n 为每隔（n-1）点传送一次；Sample time 栏设置传送时间的间隔，-1 为忽略采样间隔；Save format 栏为存储数据的三种可选格式：Array（数组）、Structure（构架）、Structure with time（带时间的构架）。

设置变量名为 y，存储数据选为 Array（数组）形式，其他选项采用默认状态，单击【OK】按钮。执行主菜单项 Simulation 中的 Start 命令，MATLAB 就会自动将每个时间数据存入 MATLAB 命令窗口中，用 tout 这个变量保存起来。

控制系统输出数据与时间数据返回到 MATLAB 命令窗口之后，可以在 MATLAB 命令窗口显示返回的数据，还可以用绘图命令绘制出图形。

如执行指令［tout,y］，显示的结果如图 9-16 所示。如执行指令 plot(tout,y)，显示的结果如图 9-17 所示，与直接用示波器观察的曲线完全相同。

3）使用 out1 模块将仿真输出信息返回到 MATLAB 命令窗口。在输出模块库 Sinks 中，有一个名为 out1 的输出模块，可以将系统仿真结果的信息输入这个模块。该输出模块会将数据返回到 MATLAB 命令窗口中，并自动用一个名为 yout 的变量保存起来。MATLAB 也会自动将每个时间数据存入 MATLAB 命令窗口中，用 tout 这个变量保存起来。

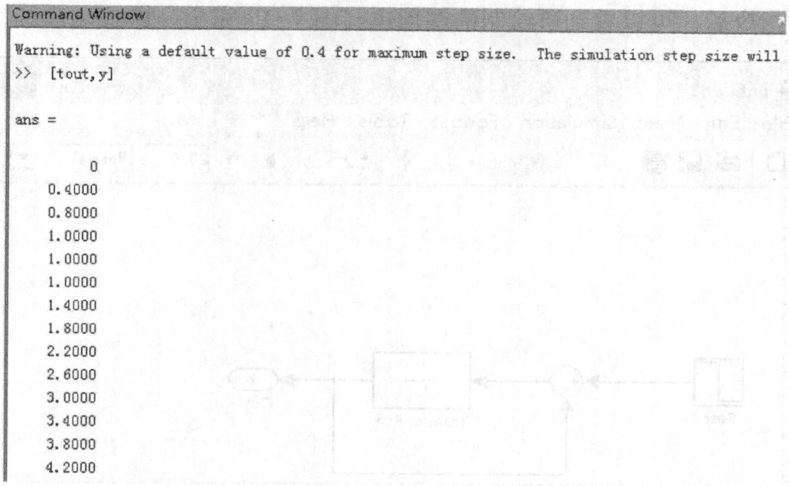

图 9-16　在 MATLAB 命令窗口显示返回的数据

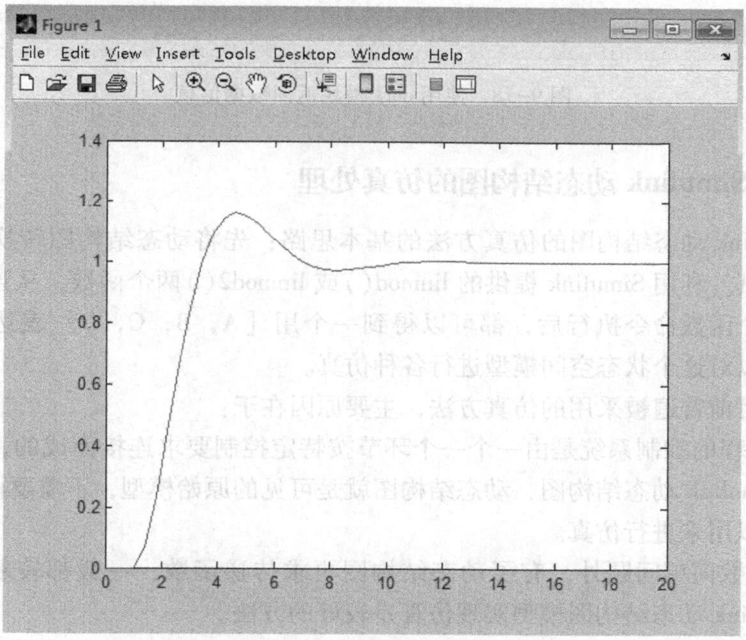

图 9-17　按返回值绘制的阶跃响应曲线

【例 9-3】 使用输出模块 out1 返回数据信息到 MATLAB 命令窗口中。

解： 将系统的输出接 out1 模块，如图 9-18 所示。

将控制系统输出数据与时间数据都返回到 MATLAB 命令窗口之后，也可以用绘图命令在 MATLAB 命令窗口里绘制出图形。

指令如下：

```
plot(tout,yout)
```

执行这个指令后，可以看到所绘制的图形也与图 9-17 完全一样。

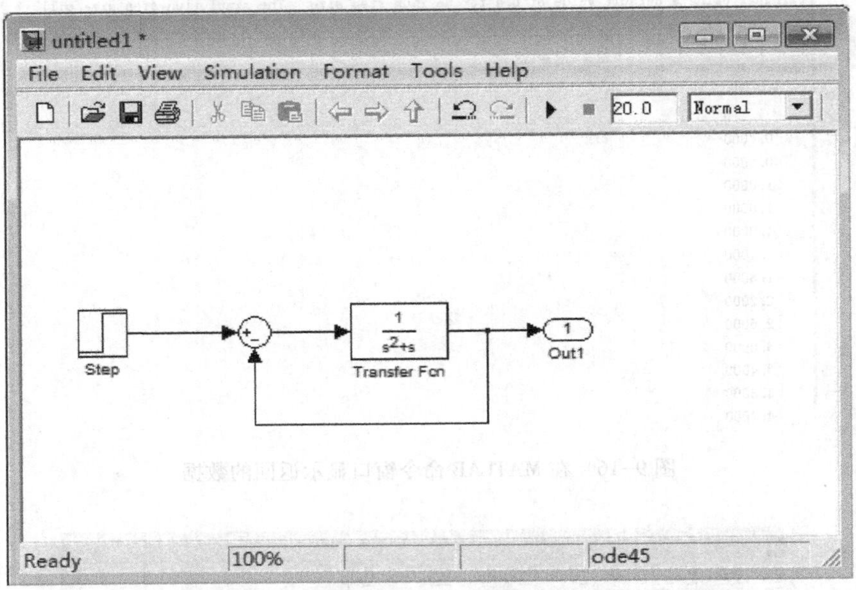

图 9-18　使用 out1 模块返回数据信息

9.2.2　利用 Simulink 动态结构图的仿真处理

利用 Simulink 动态结构图的仿真方法的基本思路：先将动态结构图转换为状态空间模型，然后再仿真。利用 Simulink 提供的 linmod( )或 linmod2( )两个函数，从连续系统中提取线性模型。两个函数命令执行后，都可以得到一个用［A，B，C，D］表达的状态空间模型。然后就可以对这个状态空间模型进行各种仿真。

该方法是目前普遍被采用的仿真方法，主要原因在于：

1）实际工程的控制系统是由一个一个环节按特定控制要求连接而成的，经抽象及近似处理后即得 Simulink 动态结构图，动态结构图就是可见的原始模型，不需要再费力费时做动态结构图就可以用来进行仿真。

2）除极少数简单问题外，有了动态结构图再求传递函数，一般都较复杂、麻烦。因此，通过 Simulink 动态结构图模型实现仿真是较好的方法。

1. 模型线性化

将非线性系统表示成一个线性系统时，首先涉及控制系统在工作过程中各状态物理量是否只在该平衡点附近产生微小变化；其次还会牵涉很多复杂的数学理论，如非线性特性在平衡点附近是否连续、可导以及求解偏微分方程等问题。而 MATLAB 恰好提供了特别的函数命令专门解决模型的线性化问题。

模型线性化包括连续系统与离散系统两类线性化模型。

1）连续系统的线性化模型。对于非线性系统有以下状态方程：

$$\begin{cases}\dot{\boldsymbol{x}}=f(\boldsymbol{x}(t),\boldsymbol{u},t)\\ \boldsymbol{y}=h(\boldsymbol{x}(t),\boldsymbol{u},t)\end{cases} \tag{9-1}$$

如果在某平衡工作点 x，输入 u 与时间 t 指定的条件下，将该系统表示为状态空间模型得

$$\begin{cases}\dot{x}=Ax+Bu\\ y=Cx+Du\end{cases} \tag{9-2}$$

式中 x——系统 n 维状态向量；

u——系统 r 维输入向量；

y——系统 m 维输出向量；

A——$n\times n$ 的状态矩阵，由控制对象的参数决定；

B——$n\times r$ 的控制矩阵；

C——$m\times n$ 的输出矩阵；

D——$m\times r$ 的直接传输矩阵。

可以用 Simulink 提供的 linmod 或 linmod2 函数命令将式（9-1）描述的非线性系统在某平衡工作点表示为近似的线性模型，即该函数命令执行后都可以得到一个用［A，B，C，D］表达的状态空间模型。其调用格式如下：

```
[A, B, C, D] =linmod('model name', x, u, para, xpert, upert)
[A, B, C, D] =linmod2('model name', x, u, para, apert, bpert, cpert, dpert)
```

其中：

- 'model name'为模型名称，是必不可少的，它是被仿真系统的动态结构图模型文件名。动态结构图模型文件名可以省略扩展名，不影响函数的使用，也不影响调用函数之程序的使用。
- x 和 u 分别为系统的工作点状态和输入信号，默认设置值为全零向量。
- para 为二元向量，para(2)指定时间点，默认设置值为 0。para(1)指定计算时所用的扰动值，在 linmod 中，默认设置值为 le-5；在 linmod2 中，默认设置值是 le-8。允许默认。
- xpert 和 upert 分别设置状态分量和输入分量的扰动值，允许默认。
- apert、bpert、cpert、dpert 用来设置系统状态与输入的综合扰动值。

需要指出，虽然 linmod2( )函数命令执行后的结果比 linmod( )的准确，但是它运行的时间较长。

2）离散系统的线性化模型。Simulink 提供的 dlinmod( )函数能够从离散、多频或混合系统中提取一个任何给定采样频率的近似线性模型。当采样时间 t_s 取为零时，就可得到近似的连续线性模型；否则，得到离散线性模型。该指令的一般调用格式是

```
[Ad, Bd, Cd, Dd] =dlinmod('mode/name', ts, x, u, para)
```

其中，第一、第二输入参数是必不可少的；t_s 是指定的采样时间。

在原系统稳定的前提下，若 t_s 是原系统所有采样周期的整数倍，或者 t_s 不小于原系统中最慢的采样周期，则由 dlinmod 所得线性模型在 t_s 采样点上与原系统有相同的频率响应和时间响应。输入参数 x、u 和 para 的解释同连续系统的线性化模型。

2. 利用线性模型进行仿真

已知系统的线性模型，可利用 MATLAB 提供的仿真函数对系统进行各种仿真。如利用

step(sys)或 step(A, B, C, D)函数自动绘制系统单位阶跃响应曲线；利用 bode(sys)或 bode(A, B, C, D)函数绘制系统对数幅频和相频特性曲线；利用 margin(sys)函数可求出系统频域性能指标，还可以把频域性能指标附在伯德图上。

【例 9-4】 双环调速的电流环系统动态模型如图 9-19 所示，试求其线性模型。

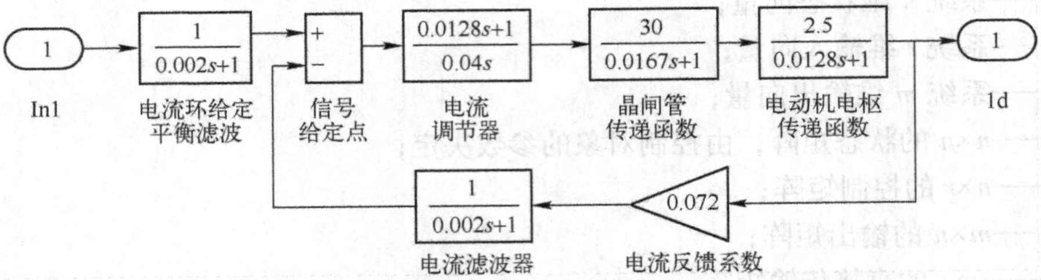

图 9-19 双环调速的电流环系统动态模型

解： 1）首先建立该系统的动态模型。依据系统模型的建立方法，在 Simulink 中建立图 9-19 所示的双环调速电流环系统动态模型。

2）求系统线性状态空间模型。在 MATLAB 命令窗口运行以下指令：

```
[A, B, C, D] = linmod('untitled1')          % untitled1 为系统动态模型
```

可得到线性系统的一个线性状态空间模型的（A，B，C，D）描述：

```
A =
   1.0e+003 *
   -0.0781        0          0          0     1.7964
         0   -0.5000         0          0          0
    0.0141        0    -0.5000          0          0
         0    0.5000   -0.5000          0          0
         0    0.1600   -0.1600     0.0250    -0.0599
B =
     0
     1
     0
     0
     0
C =
   195.3125       0          0          0          0
D =
     0
```

3）求系统传递函数模型。运行以下命令，即可得到闭环系统的传递函数并加以显示：

```
[num, den] = ss2tf(A,B,C,D);          %转换成传递函数模型
printsys(num,den,'s')                 %显示传递函数模型
```

命令执行后，所得的结果为

```
num/den =

   4.5475e-013 s^4 + 5.8208e-011 s^3 + 56137724.5509 s^2 + 32454622005.9881 s

   + 2192879865269.464
--------------------------------------------------------------------------------
----------

   s^5 + 1138.0052 s^4 + 392683.3832 s^3 + 43221369.7605 s^2 + 3506268712.5749 s

   + 157887350299.4013
```

【例 9-5】已知晶闸管-直流电动机单闭环调速系统的 Simulink 动态结构图如图 9-20 所示，试利用 Simulink 动态结构图绘制该系统的曲线，并与利用 Simulink 系统模型图仿真的结果进行比较。

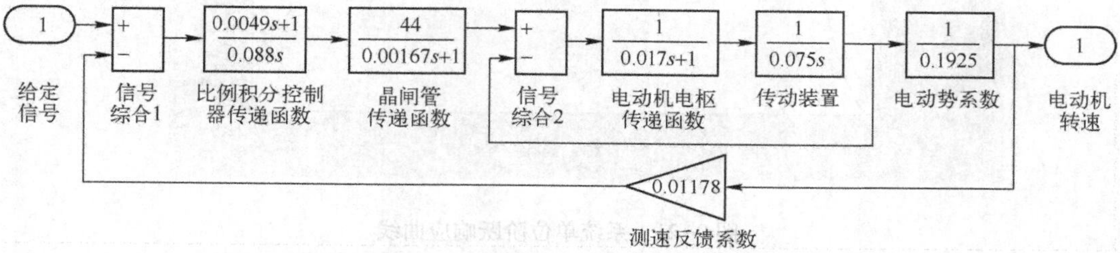

图 9-20　转速单闭环调速系统的 Simulink 动态结构图

解：1）利用 Simulink 动态结构图仿真。建立图 9-20 所示的 Simulink 动态结构图，并保存为 untitled2。根据题目要求，在 MATLAB 程序编辑窗口编写如下的程序并存盘：

```
[a,b,c,d]=linmod2('untitled1');
sys=ss(a,b,c,d);
figure(1)
step(sys)
figure(2)
impulse(sys)
```

在 MATLAB 命令窗口运行该程序可得到如下的仿真结果：图 9-21 为系统单位阶跃响应，图 9-22 为系统单位脉冲响应。

2）利用 Simulink 系统模型图仿真。建立如图 9-23 所示的系统模型图，双击 Step 模块，设置模块属性：跳变时间为 0；初始值为 0；终止值为 1；采样时间为 0。单击按钮 ▶ 开始仿真，双击 Scope 模块，可以看到图 9-24 所示的系统阶跃响应曲线。

由于在模块库中没有脉冲响应模块，因此不能采用 Simulink 系统模型图仿真系统的脉冲响应，这也体现了这种仿真方法的局限性。因此，在进行系统的时域分析时，如果要仿真阶跃响应、斜坡响应、正弦响应，即模块库中包含该输入信号模块，既可以采用 Simulink 系统模型图仿真，也可以采用 Simulink 动态结构图仿真；若要仿真脉冲响应，则只能采用动态结构图仿真。

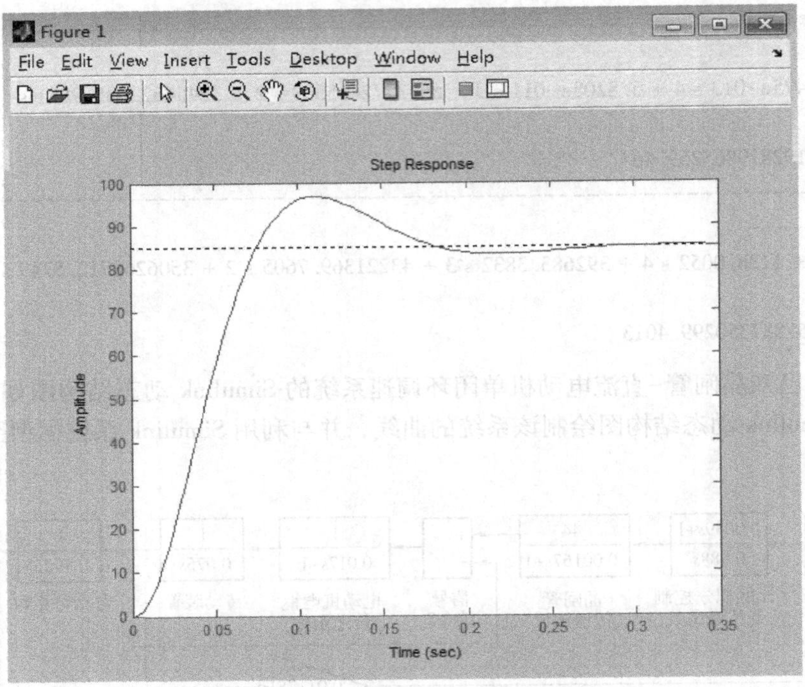

图 9-21　系统单位阶跃响应曲线

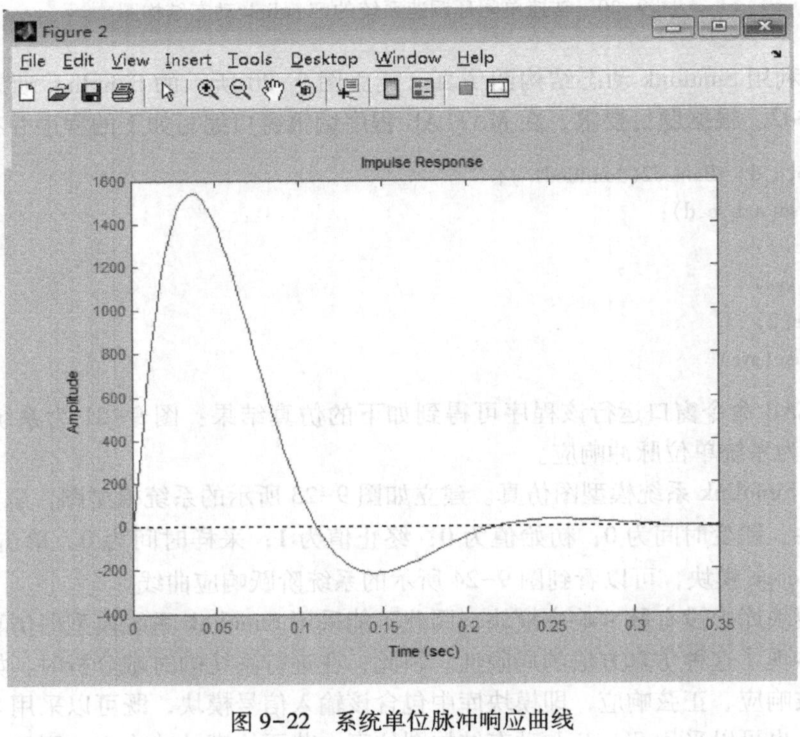

图 9-22　系统单位脉冲响应曲线

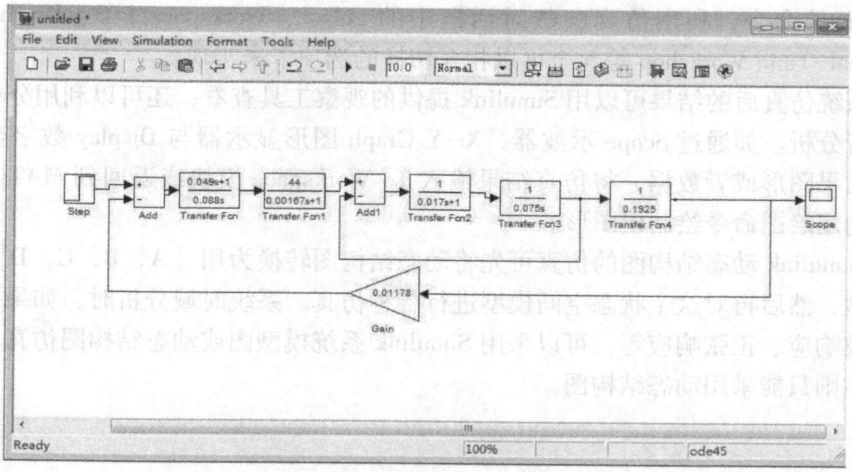

图 9-23　系统阶跃响应模型图

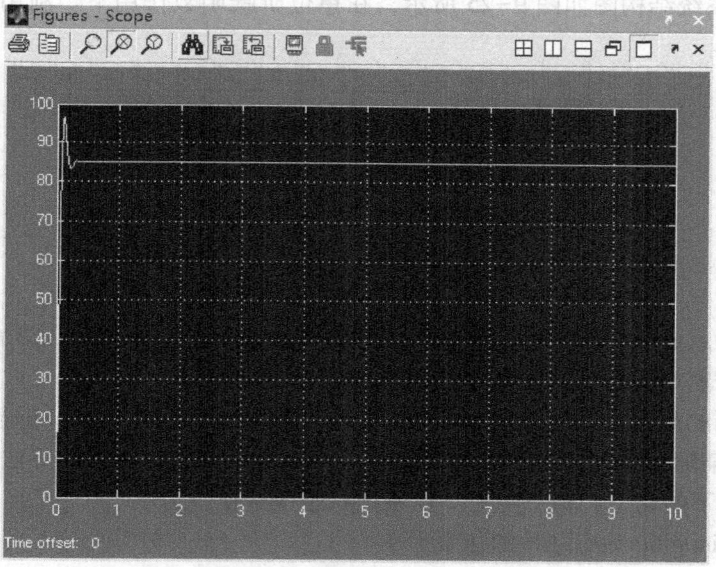

图 9-24　系统阶跃响应曲线

本章小结

Simulink 可直接利用 MATLAB 的诸多资源与功能，用户可在 Simulink 下完成系统建模和仿真、数据分析、过程自动化、优化参数等工作。

在 Simulink 环境下创建系统仿真模型后，在菜单操作方式下，可以对系统模型进行实时操作，如有条件地实时修改被仿真模块的参数、实时修改离散模块的采样时间、用浮空示波器实时观察任何一点或几点的动态波形、在进行一个系统仿真的过程中允许同时打开另一个系统进行处理等。

在系统仿真之前要对仿真算法、输出模式等各种仿真参数进行设置，可通过 Configuration

Parameters 菜单命令，利用仿真参数对话框中的 Solver、Workspace I/O、Diagnostics、Advanced、Real-Time Workshop 等 5 个可以相互切换的选项卡来实现。

控制系统仿真后的结果可以用 Simulink 提供的观察工具查看，还可以利用分析工具对仿真结果进行分析。如通过 Scope 示波器、X-Y Graph 图形显示器与 Display 数字显示器直接查看仿真结果图形或者数据，将仿真结果输入 To Workspace 模块或返回到 MATLAB 命令窗口里，再利用绘图命令绘制出图形。

利用 Simulink 动态结构图的仿真可先将动态结构图转换为用［A，B，C，D］表达的状态空间模型，然后再对这个状态空间模型进行各种仿真。系统时域分析时，如果要仿真阶跃响应、斜波响应、正弦响应等，可以采用 Simulink 系统模型图或动态结构图仿真；若要仿真脉冲响应，则只能采用动态结构图。

习题

9-1　已知系统结构图如图 9-25 所示，在单位阶跃函数作用下，利用 Simulink 仿真该系统的动态响应。

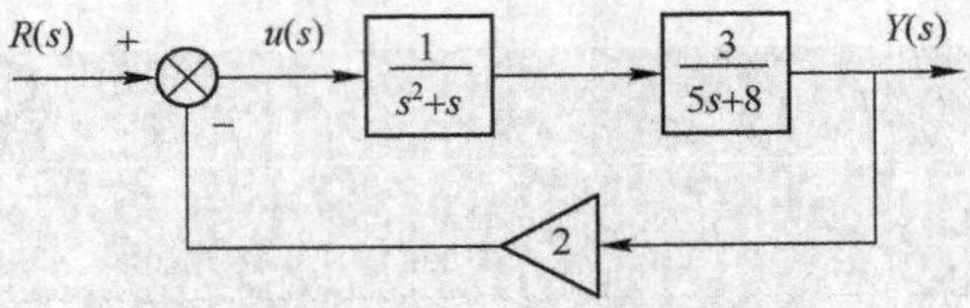

图 9-25　习题 9-1 图

（1）用各种示波器模块观察仿真输出，并将仿真结果返回到 MATLAB 命令窗口。

（2）在命令窗口输出仿真结果并绘制仿真曲线。

（3）将得到的仿真曲线与采用 Simulink 仿真的结果进行比较，并分析各自的特点。

9-2　已知某随动系统的动态结构图如图 9-26 所示。采用如下的方法仿真该系统在单位阶跃函数作用下的动态和稳态响应。设系统状态变量初值为零。

（1）利用 Simulink 动态结构图仿真。

（2）利用 Simulink 系统模型图仿真。

（3）比较两者的区别。

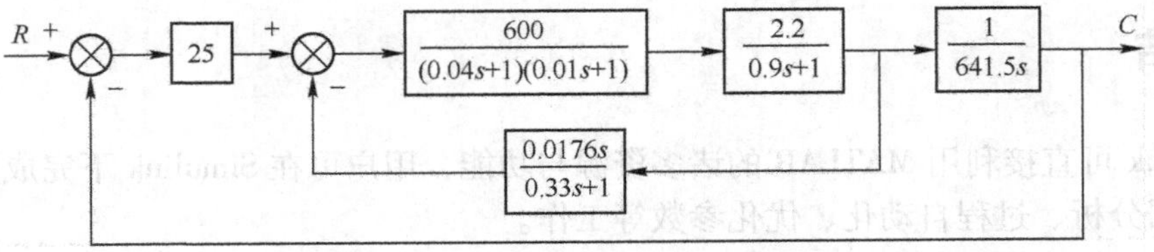

图 9-26　习题 9-2 图

9-3　已知带有弹簧的仪表伺服系统结构如图 9-27 所示，当输入单位阶跃函数时，利用 Simulink 系统仿真模型仿真系统的动态响应，图中 $s_1=1$。

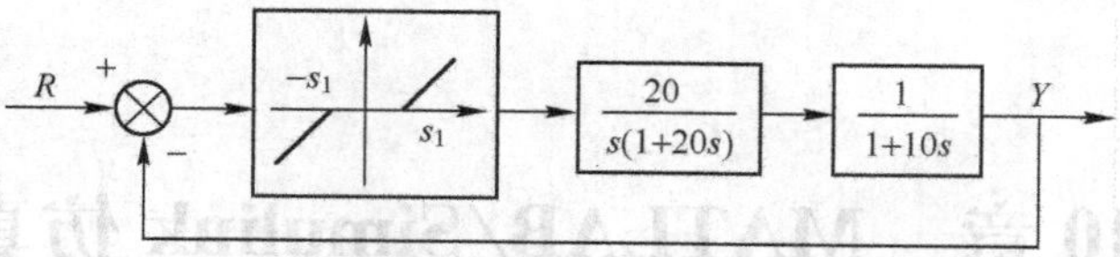

图 9-27　习题 9-3 图

9-4　已知直流电动机单闭环调速系统的 Simulink 动态结构图如图 9-28 所示。

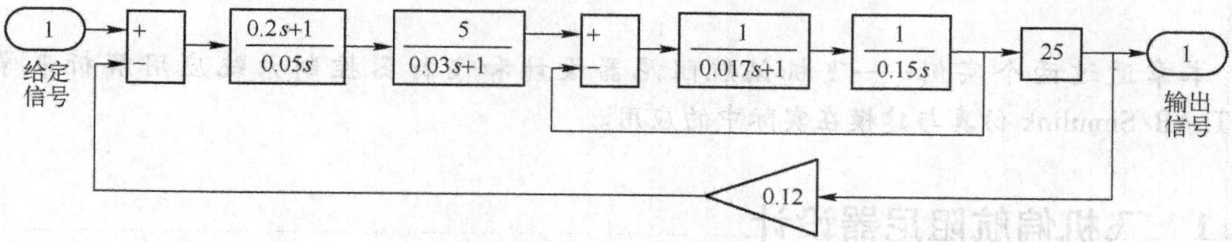

图 9-28　习题 9-4 图

（1）利用 Simulink 求出该系统的线性化模型。

（2）绘制该系统的单位阶跃响应曲线。

（3）绘制该系统的单位脉冲响应曲线。

（4）绘制该系统的伯德图，并计算出系统的频域性能指标，对系统性能进行评价。

第10章　MATLAB/Simulink 仿真与建模在实际中的应用

本章通过两个实例——飞机偏航阻尼器设计和飞行器控制系统应用解析来学习MATLAB/Simulink 仿真与建模在实际中的应用。

10.1　飞机偏航阻尼器设计

一般情况下，为了满足飞行品质要求，飞机的纵向运动和侧向运动都需要有能够连续工作的阻尼器，前者称为俯仰阻尼器（Pitch Damper），后者称为偏航阻尼器（Yaw Damper）。示例研究的目的是，通过对某型飞机偏航阻尼器的设计过程的介绍，说明运用 MATLAB 的经典控制系统设计工具进行系统设计的方法。

10.1.1　数学模型及 MATLAB 描述

巡航状态下，某型飞机侧向运动的状态空间模型为

$$\begin{bmatrix}\dot{x}_1(t)\\ \dot{x}_2(t)\\ \dot{x}_3(t)\\ \dot{x}_4(t)\end{bmatrix}=\begin{bmatrix}a_{11} & a_{12} & a_{13} & a_{14}\\ a_{21} & a_{22} & a_{23} & a_{24}\\ a_{31} & a_{32} & a_{33} & a_{34}\\ a_{41} & a_{42} & a_{43} & a_{44}\end{bmatrix}\begin{bmatrix}x_1(t)\\ x_2(t)\\ x_3(t)\\ x_4(t)\end{bmatrix}+\begin{bmatrix}b_{11} & b_{12}\\ b_{21} & b_{22}\\ b_{31} & b_{32}\\ b_{41} & b_{42}\end{bmatrix}\begin{bmatrix}u_1(t)\\ u_2(t)\end{bmatrix}$$

$$\begin{bmatrix}y_1(t)\\ y_2(t)\end{bmatrix}=\begin{bmatrix}c_{11} & c_{12} & c_{13} & c_{14}\\ c_{21} & c_{22} & c_{23} & c_{24}\end{bmatrix}\begin{bmatrix}x_1(t)\\ x_2(t)\\ x_3(t)\\ x_4(t)\end{bmatrix}$$

式中，状态变量分别如下：

$x_1(t)$为侧滑角（单位为 rad）；$x_2(t)$为偏航角速度（单位为 rad/s）；$x_3(t)$为滚转角速度（单位为 rad/s）及 $x_4(t)$为倾斜角（单位为 rad）。

输入变量及输出变量分别如下：

$u_1(t)$为方向舵（Rudder）偏角（单位为 rad）；$u_2(t)$为副翼（Aileron）偏角（单位为 rad）；$y_1(t)$为偏航角速度（单位为 rad/s）；$y_2(t)$为倾斜角（单位为 rad）。已知飞机巡航飞行时的速度为 0.8 马赫（1 马赫约为 1225 km/h），高度为 40000 ft（1 ft=0.3048 m），此时模型参数为

$$A=\begin{bmatrix}-0.0558 & -0.9968 & 0.0802 & 0.0415\\ 0.5980 & -0.1150 & -0.0318 & 0.0000\\ -3.0500 & 0.3880 & -0.4650 & 0.0000\\ 0.0000 & 0.0805 & 1.0000 & 0.0000\end{bmatrix}$$

$$B=\begin{bmatrix}0.00729 & 0.00000\\ -0.47500 & 0.00775\\ 0.15300 & 0.14300\\ 0.00000 & 0.00000\end{bmatrix}$$

$$C=\begin{bmatrix}0 & 1 & 0 & 0\\ 0 & 0 & 0 & 1\end{bmatrix}$$

$$D=\begin{bmatrix}0 & 0\\ 0 & 0\end{bmatrix}$$

首先输入飞机状态空间模型参数如下：

```
A=[-0.0558   -0.09968   0.0802   0.0415;
    0.5980   -0.1150   -0.0318   0.0000;
   -3.0500    0.3880   -0.4650   0.0000;
    0.0000    0.0805    1.0000   0.0000];
B=[0.00729   0.00000;-0.47500   0.00775;
   0.15300   0.14300;0.00000   0.00000];
C=[0  1  0  0;0  0  0  1];
D=[0  0;0  0];
```

然后，定义系统的状态变量、输入变量及输出变量，并建立状态空间模型。其输入代码如下：

```
%定义状态变量名称。其中,beta 为侧滑角,yaw 为偏航角速度
%roll 为滚转角速度,phi 为倾斜角
    states={'beta''yaw''roll''phi'};
%定义输入变量名称。其中,rudder 为方向舵偏角,aileron 为副翼偏角
    inputs={'rudder''aileron'};
%定义输出变量名称。其中,yaw rate 为偏航角速度,bank angle 为倾斜角
outputs={'yaw rate''bank angle'};
sys=ss(A,B,C,D,'statename',states,'inputname',inputs,'outputname',outputs)
```

运行程序输出结果如下：

```
a =

             beta        yaw       roll       phi
   beta   -0.0558   -0.09968    0.0802    0.0415
   yaw      0.598     -0.115   -0.0318         0
   roll     -3.05      0.388    -0.465         0
   phi          0     0.0805         1         0


b =
```

```
            rudder    aileron
   beta      0.00729        0
   yaw      -0.475     0.00775
   roll      0.153      0.143
   phi          0          0

c =
                 beta     yaw    roll    phi
   yaw rate        0       1      0       0
   bank angle      0       0      0       1

d =
                rudder     aileron
   yaw rate        0          0
   bank angle      0          0

Continuous-time model.
```

10.1.2 校正前系统性能分析

根据前述系统的状态空间模型，首先分析系统性能。

1. 计算开环特征值

在 MATLAB 命令窗口中输入：

```
damp(sys)          %计算开环特征值
```

输出结果为

```
   Eigenvalue                        Damping        Freq. (rad/s)

   -2.21e-002                        1.00e+000      2.21e-002
   -5.01e-001                        1.00e+000      5.01e-001
   -5.63e-002 + 5.74e-001i           9.77e-002      5.77e-001
   -5.63e-002 - 5.74e-001i           9.77e-002      5.77e-001
```

绘制零极点图。在 MATLAB 命令窗口中输入：

```
pzmap(sys)
```

运行后结果如图 10-1 所示。由图可见，此模型含有接近虚轴的一对共轭极点，它们对应飞机的“荷兰滚(Dutch Roll)”模态，此时系统具有较小阻尼，控制系统设计的目的是提高系统的阻尼比，改善荷兰滚模态的阻尼特性。

2. 求取系统的单位脉冲响应

在 MATLAB 命令窗口中输入：

```
impulse(sys)
```

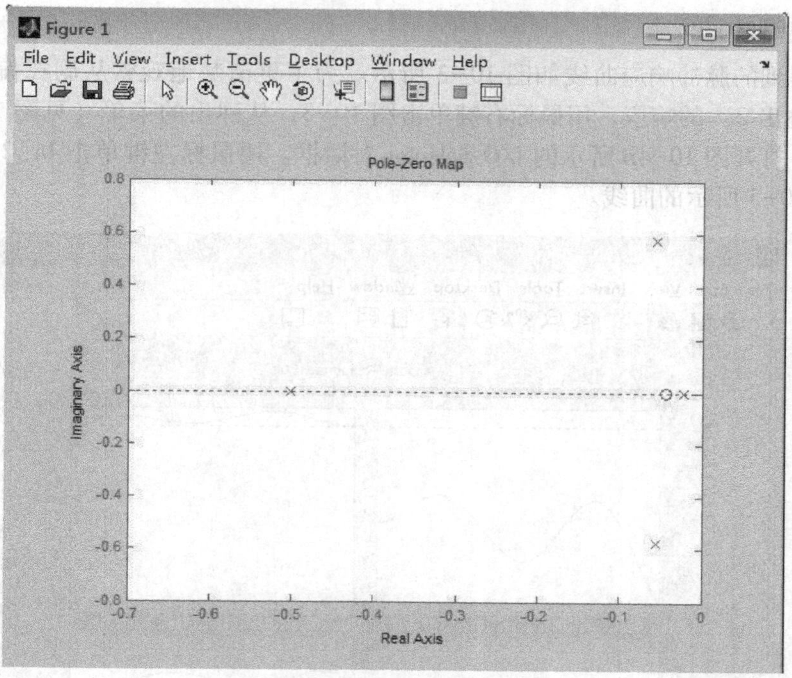

图 10-1　系统的零极图

运行后得到的单位脉冲响应曲线如图 10-2 所示。由图可知，系统过渡过程振荡剧烈，飞机确实存在很小的阻尼。图中响应时间较长，而乘客及飞行员关心的只是飞机在最初几秒钟而不是最初几分钟的行为。所以，应再绘制飞机在最初 20 s 以内的单位脉冲响应曲线。在 MATLAB 命令窗口中输入：

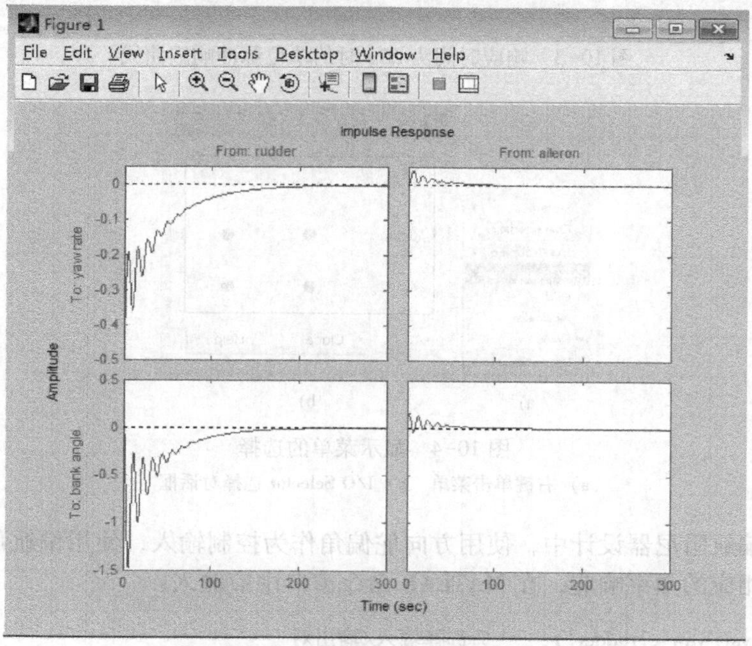

图 10-2　单位脉冲响应曲线

```
impulse(sys,20)
```

运行后得到的脉冲响应曲线如图 10-3 所示。为了更清楚地观察从副翼偏角（输入 2）到倾斜角（输出 2）的响应，用鼠标右键单击图 10-3，从弹出的菜单（见图 10-4a 中选择 I/O Selector，打开图 10-4b 所示的 I/O Selector 对话框。用鼠标左键单击 In(2)、Out(2)选项，得到图 10-5 所示的曲线。

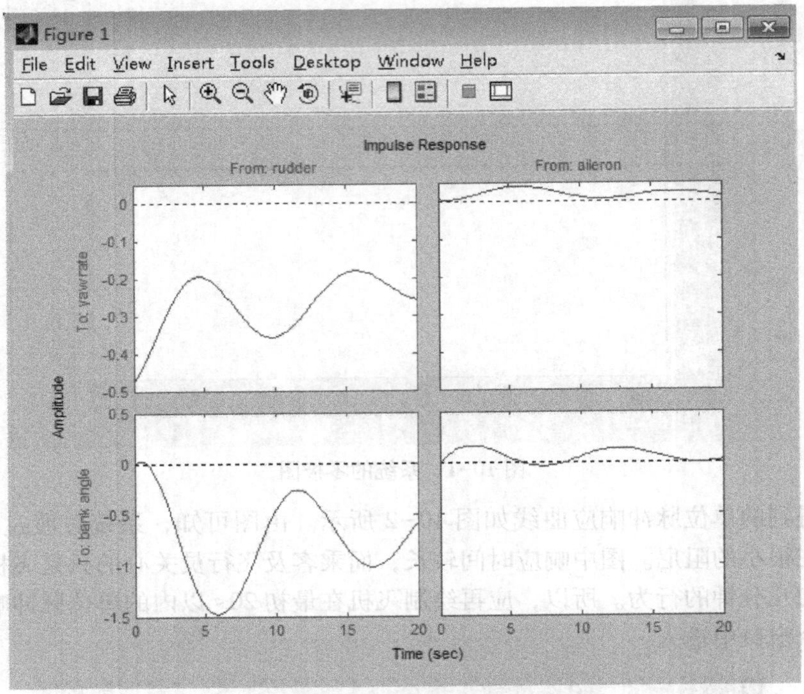

图 10-3　响应时间为 20 s 时的单位脉冲响应曲线

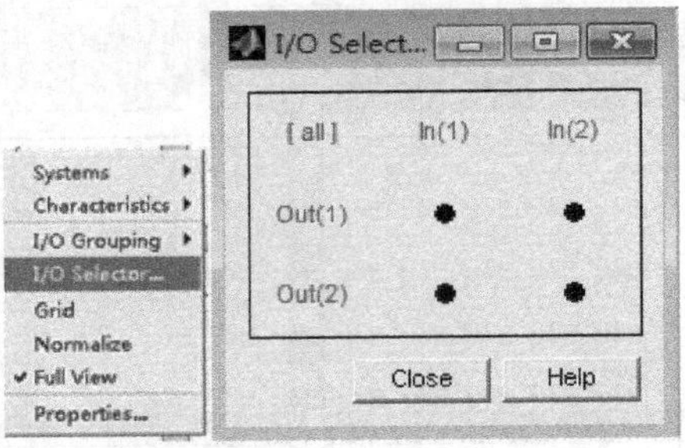

a)　　b)

图 10-4　显示菜单的选择

a）右键单击菜单　b）I/O Selector 选择对话框

在典型的偏航阻尼器设计中，使用方向舵偏角作为控制输入，使用偏航角速度作为传感输出，为得到相应的频率响应，在 MATLAB 命令窗口中应输入：

```
sys1=sys('yaw','rudder');      %选择输入/输出对
bode(sys1)
```

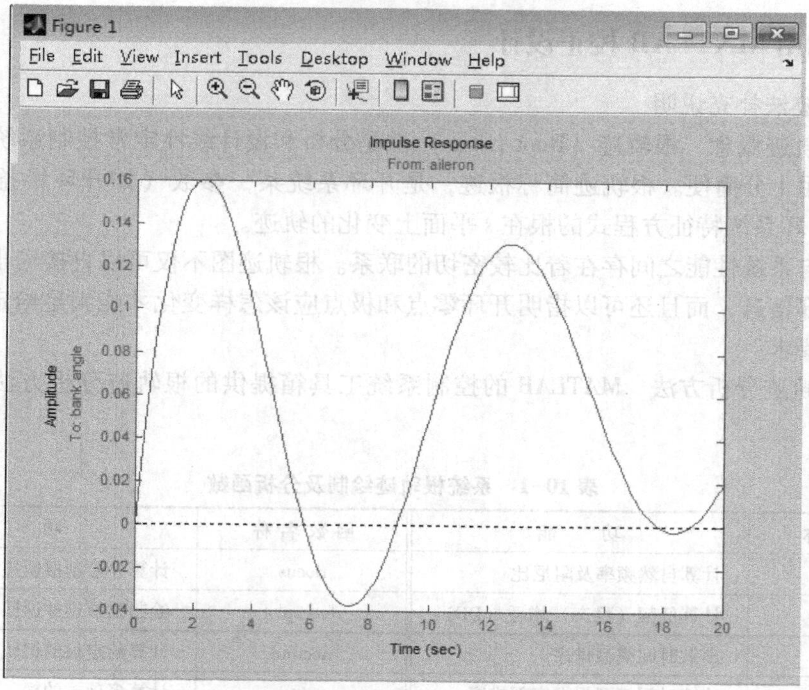

图 10-5　副翼偏角至倾斜角的单位脉冲响应

运行后得到的伯德图如图 10-6 所示。由图可知，方向舵的变化对小阻尼的荷兰滚模态（接近 $\omega=1\,\mathrm{rad/s}$）具有明显的影响。

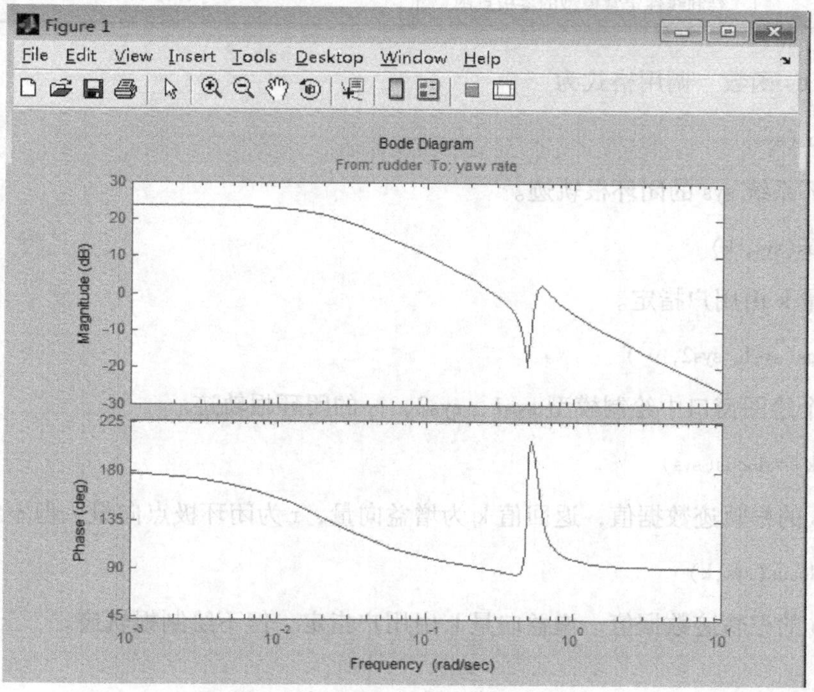

图 10-6　伯德图

10.1.3 利用 MATLAB 校正设计

1. 根轨迹法补充说明

（1）根轨迹概念　根轨迹（Root Locus）法是分析和设计线性定常控制系统的一种图解方法，其使用十分简便。根轨迹简称根迹，是开环系统某一参数（如开环增益）由 0 变化至+∞时，闭环系统特征方程式的根在 s 平面上变化的轨迹。

根轨迹与系统性能之间存在着比较密切的联系。根轨迹图不仅可以直接给出闭环系统时间响应的全部信息，而且还可以指明开环零点和极点应该怎样变化才能满足给定的闭环系统的性能指标要求。

（2）根轨迹分析方法　MATLAB 的控制系统工具箱提供的根轨迹分析方法的相关函数见表 10-1。

表 10-1　系统根轨迹绘制及分析函数

函数名称	功　能	函数名称	功　能
damp	计算自然频率及阻尼比	rlocus	计算并绘制根轨迹
dcgain	计算低频（稳态）增益（DC）	rlocusplot	绘制根轨迹并返回句柄
dsort	离散时间模型排序	rlocfind	计算给定根的根轨迹增益
esort	连续时间模型根据实部排序	roots	计算多项式的根
pole eig	计算线性定常模型的极点	sgrid	在连续系统的根轨迹或零极点图中绘制等阻尼比线或等自然频率线
zero	计算线性定常模型的零点	zgrid	在离散系统的根轨迹或零极点图中绘制等阻尼比线或等自然频率线
pzmap	绘制线性定常模型的零极点图		

（3）rlocus 函数　调用格式为

```
rlocus(sys)
```

绘制开环系统 sys 的闭环根轨迹。

```
rlocus(sys, k)
```

增益向量 k 由用户指定。

```
rlocus(sys1, sys2, …)
```

在同一个绘图窗口中绘制模型 sys1，sys2，…的闭环根轨迹。

```
[r,k] = rlocus(sys)
```

计算 sys 的根轨迹数据值，返回值 k 为增益向量，r 为闭环极点向量，但不绘制根轨迹。

```
r = rlocus(sys,k)
```

计算 sys 的根轨迹数据值，增益向量 k 由用户指定，但不绘制根轨迹。

注意：

① 系统 sys 可为图 10-7 所示负反馈形式中的一种。

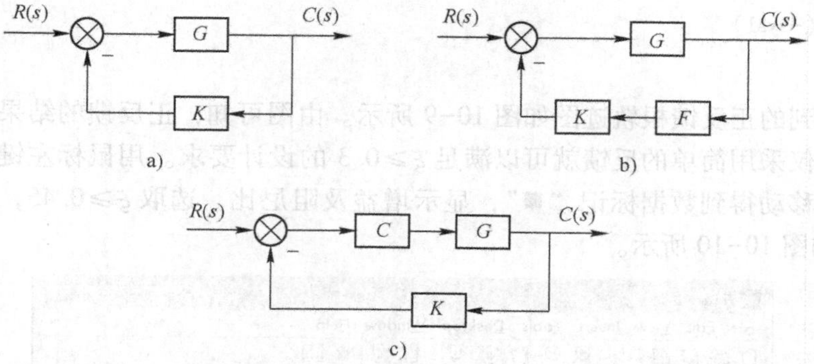

图 10-7　三种反馈形式示意图

a) $sys=G$　b) $sys=FG$　c) $sys=GC$

② 默认情况下，绘制根轨迹时的反馈增益 K 由 MATLAB 根据数学模型自动确定，也可以由用户指定。

③ 此函数同时适用于连续时间系统和离散时间系统。

2. 根轨迹法设计

如前所述，一种合理的设计目标是确保自然频率 $\omega_n<1$ rad/s 时，阻尼比 $\xi\geq0.3$。最简单的校正是改变校正装置的增益，首先应用根轨迹法确定合适的增益值。

在 MATLAB 命令窗口中输入：

```
rlocus(sys1)      %绘制由方向舵至偏航通道的根轨迹图
```

运行后得到的曲线（见图 10-8）为负反馈的根轨迹图。由图可知，采用负反馈连接会使系统立即变得不稳定。为确保系统稳定，应使用正反馈连接。此时在 MATLAB 命令窗口中输入：

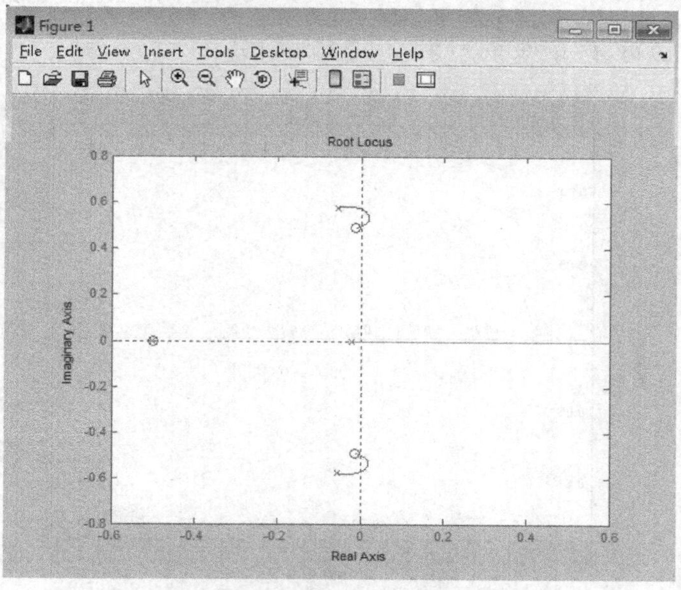

图 10-8　负反馈时的根轨迹曲线

```
rlocus(-sys1)
sgrid
```

运行后得到的正反馈根轨迹图如图 10-9 所示。由图可知，正反馈的结果比负反馈要好得多。这样，仅采用简单的反馈就可以满足 $\xi \geqslant 0.3$ 的设计要求。用鼠标左键单击图形上部的曲线，然后移动得到数据标记“■”，显示增益及阻尼比。选取 $\xi \geqslant 0.45$，此时系统增益约为 2.53，如图 10-10 所示。

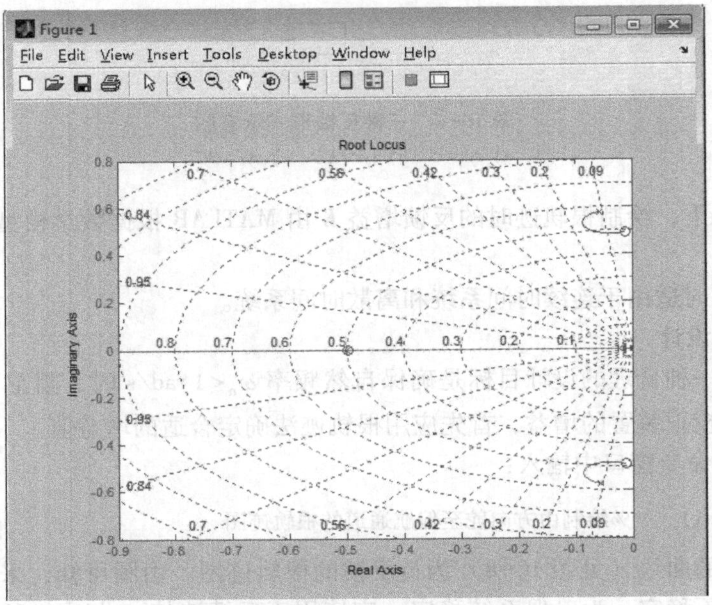

图 10-9　正反馈时的根轨迹曲线

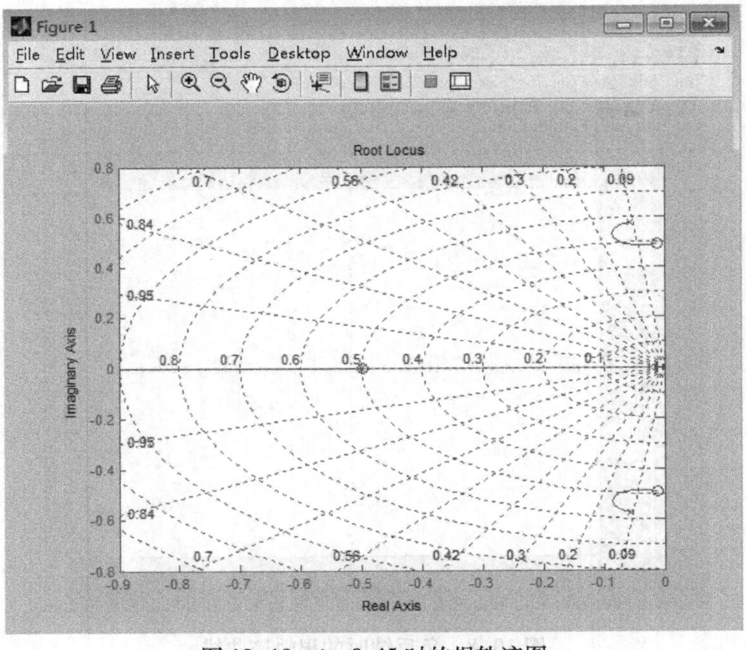

图 10-10　$\xi \geqslant 0.45$ 时的根轨迹图

接着，构成单输入单输出闭环反馈回路，在 MATLAB 命令窗口中输入：

```
K=2.53;
cl1=feedback(sys1,-K);
```

运行后得到负反馈系统 cl1。由下述 MATLAB 命令求取系统响应时间为 20 s 的单位脉冲响应，并将其与前述的开环系统单位脉冲响应比较：

```
impulse(sys1,cl1,'o-',20)
```

运行后得到图 10-11 所示闭环系统的单位脉冲响应曲线。由图可知，与开环系统单位脉冲响应相比，闭环响应速度快并且没有产生很大的振荡。

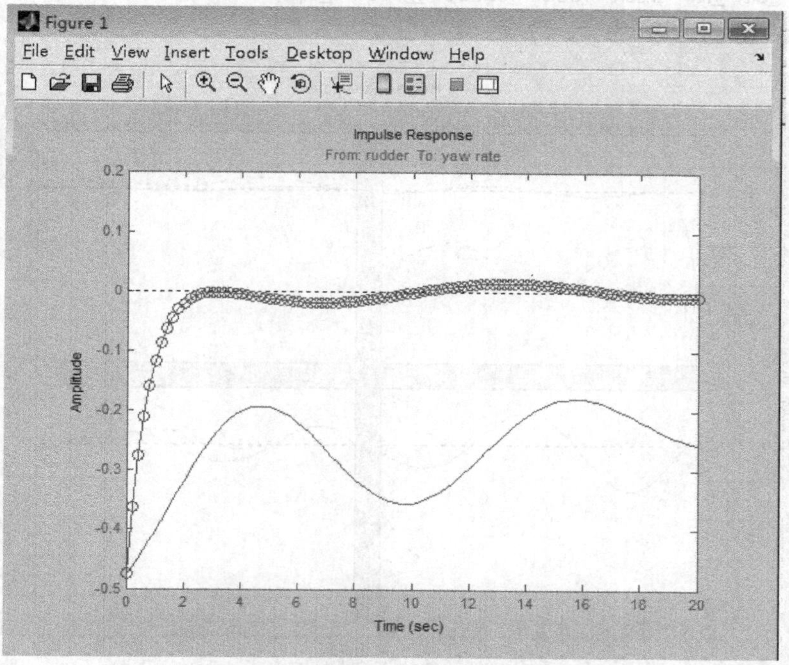

图 10-11　响应时间为 20 s 时的单位脉冲响应曲线

将全部多输入多输出模型构成闭合回路，分析在副翼输入信号作用下的响应。将系统由输入 1 连至输出 1，构成反馈回路。在 MATLAB 命令窗口中输入：

```
cloop=feedback(sys,-K,1,1);
damp(cloop)   % 得到闭环极点
```

运行结果为

Eigenvalue	Damping	Freq. (rad/s)
-5.10e-002 + 4.85e-001i	1.05e-001	4.88e-001
-5.10e-002 - 4.85e-001i	1.05e-001	4.88e-001
-4.96e-001	1.00e+000	4.96e-001
-1.24e+000	1.00e+000	1.24e+000

接着，绘制多输入多输出模型的脉冲响应曲线。在 MATLAB 命令窗口中输入：

```
impulse(sys,':',cloop,20)
```

运行后得到的脉冲响应曲线如图 10-12 所示。由图可知，偏航角速度响应具有很好的阻尼比，但是从副翼（输入 2）到倾斜角（输出 2）通道可见，副翼变化时，系统不再像常规飞机那样连续偏转，而呈现过稳定的螺旋模态。螺旋模态是一种典型的非常慢的模态，它允许飞机滚转和偏转而无须恒定的副翼输入。本设计消除了飞机的螺旋模态，使得它具有很高的频率。

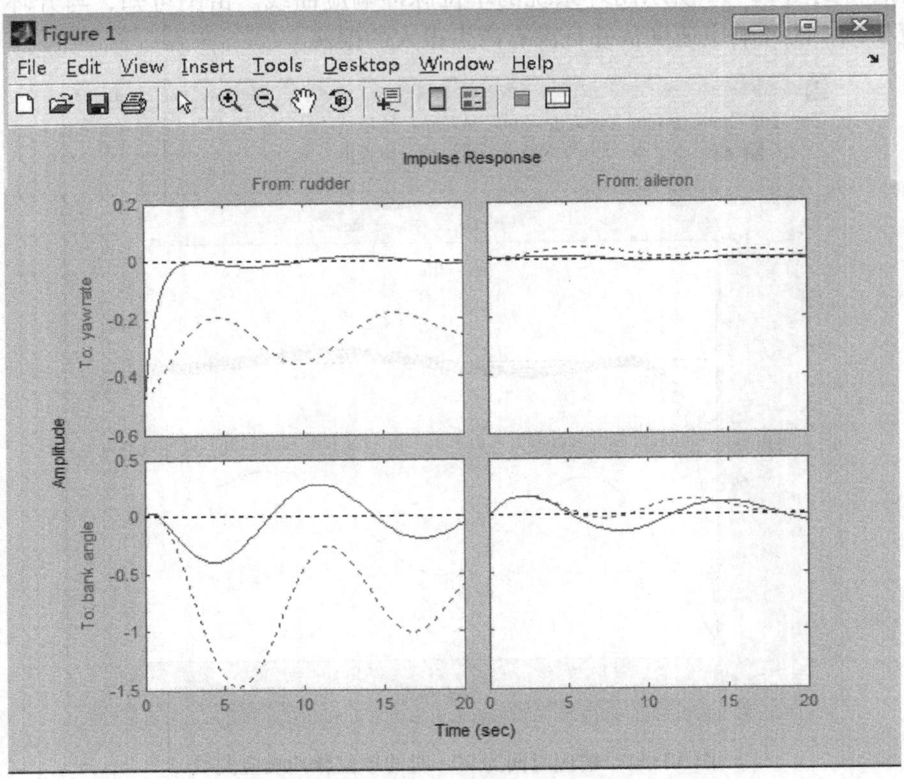

图 10-12　响应时间为 20 s 的闭环单位脉冲响应曲线

3. 下洗滤波器设计

当形成闭环时，要确保螺旋模态不能进一步移动到左半平面。飞机控制设计者解决此问题的一种方法是使用如下的下洗滤波器（Washout Filter）：

$$G_c(s)=\frac{s}{s+\alpha}$$

通过在原点处设置 1 个零点的方式，下洗滤波器将螺旋模态的极点限制在原点附近。本例中，时间常数为 5 s 时，选择 $\alpha=0.2$。首先确定滤波器的固定部分，在 MATLAB 命令窗口中输入：

```
Gc=zpk(0,-0.2,1)
```

运行结果为

```
Zero/pole/gain:
    s
-------
(s+0.2)
```

然后将此滤波器与设计模型 sys1 以串联形式连接，得到开环模型。在 MATLAB 命令窗口中输入：

```
oloop=Gc * sys1;
```

接下来绘制此开环模型的另外一个根轨迹图并加入网格线。在 MATLAB 命令窗口中输入：

```
rlocus(-oloop);
sgrid
```

运行后得到开环模型的根轨迹曲线如图 10-13a 所示。

采用与前述相同的设计方法，在根轨迹图的上部分支中，确定阻尼比约为 $\xi=0.3$，此时增益约为 1.72，得到此时的开环根轨迹曲线如图 10-13b 所示。

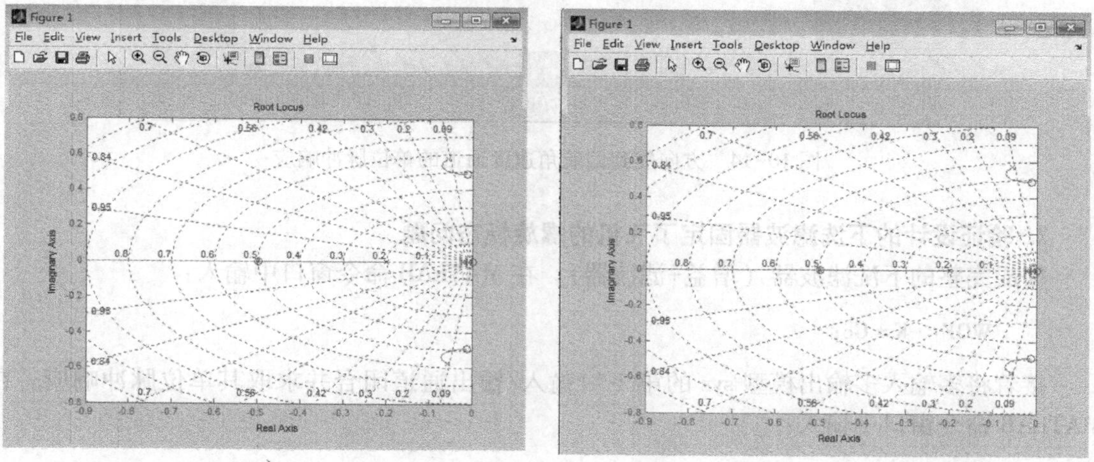

a)　　　　　　　　b)

图 10-13　根轨迹曲线

a）开环模型的根轨迹曲线　b）$\xi=0.3$ 的根轨迹曲线

10.1.4　校正后系统性能分析

1. 观察从方向舵到偏航角速度通道的闭环脉冲响应

首先构成闭环回路，在 MATLAB 命令窗口中输入：

```
K=1.72;
```

```
Cl1 = feedback(oloop,-K);
impulse(cl1,20)
```

运行后得到单位脉冲响应曲线如图 10-14 所示，由图可知，此时的响应良好，但阻尼比小于前面的设计。

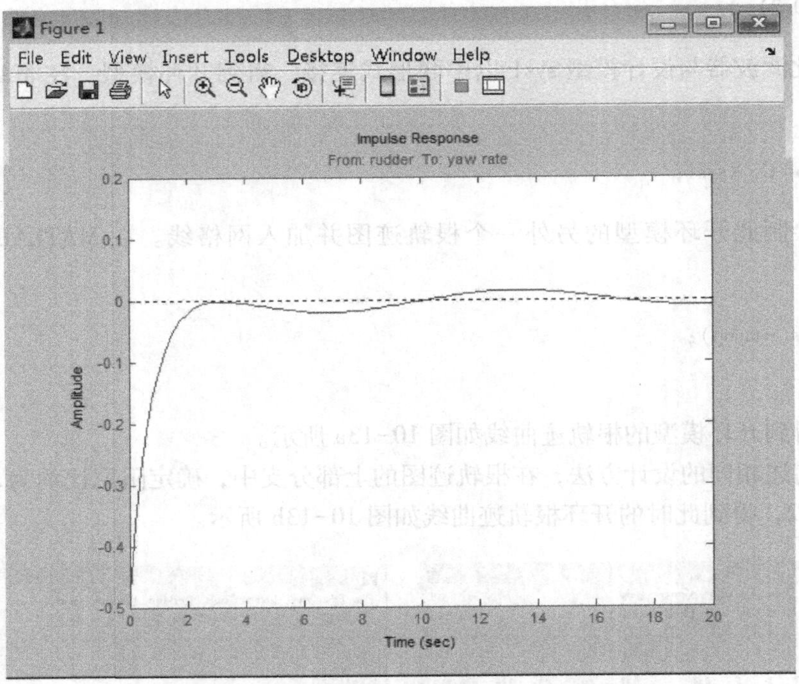

图 10-14　方向舵到偏航角速度通道的单位脉冲响应

2. 验证设计的下洗滤波器固定了飞机的螺旋模态问题

构成完整的下洗滤波器（增益+滤波器）。在 MATLAB 命令窗口中输入：

```
WOF = -K * Gc;
```

接着将多输入多输出模型 sys 的第 1 对输入/输出通道闭合并求取其单位脉冲响应。在 MATLAB 命令窗口中输入：

```
cloop = feedback(sys,WOF,1,1);   %系统的开环响应以点线表示,系统的闭环响应以实线表示
impulse(sys,':',cloop,20)
```

运行后得到的单位脉冲响应如图 10-15 所示，由图可知，相对于副翼（输入 2）脉冲输入的倾斜角（输出 2）响应在较短时间内具有所期望的几乎不变的特性。为了更清楚地观察系统的响应，在图 10-15（从左往右第二个图）选择（2，2）输入/输出对，得到的单位脉冲响应曲线如图 10-16 所示。

尽管并没有完全符合阻尼比要求，但是这里的设计已经充分增加了系统的阻尼比，并使得飞行员能够正常驾驶飞机。

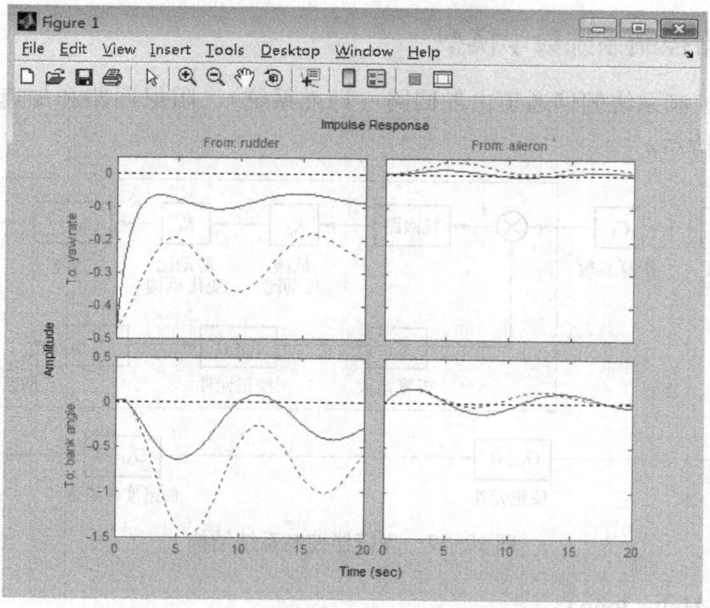

图 10-15　第 1 对输入/输出通道的脉冲响应

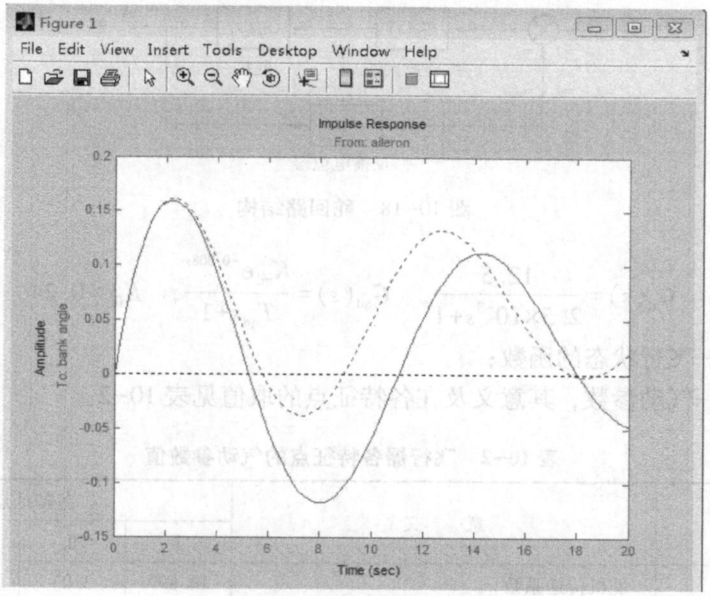

图 10-16　副翼到倾斜角的脉冲响应

10.2　飞行器控制系统设计

飞行器控制系统的主要功能是控制和稳定飞行器在空中的飞行。飞行器控制系统是一个复杂系统，对其进行综合解析既是飞行器设计的重要内容，也是一项十分复杂的工作。本节介绍应用 MATLAB/Simulink 进行飞行器控制系统综合与分析的方法。

10.2.1 飞行器控制系统数学模型

某型飞行器控制系统俯仰通道由舵回路（即舵系统）、阻尼回路和加速度回路组成，其结构如图 10-17 所示。

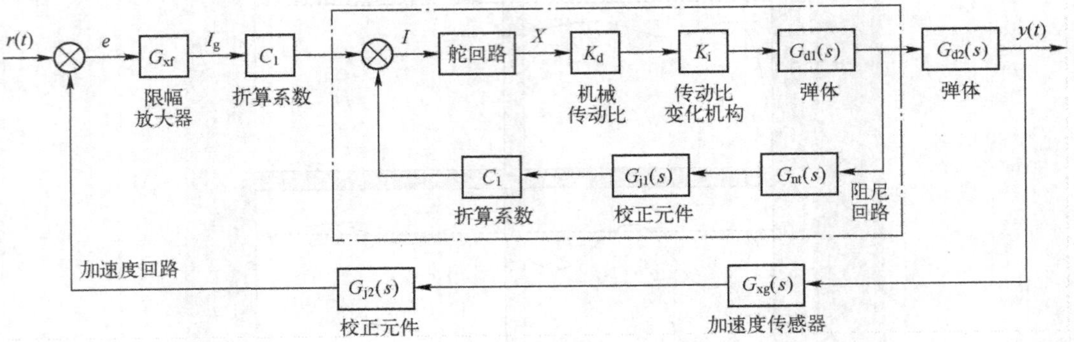

图 10-17 飞行器控制系统结构

1. 舵回路（Helm loop）

舵回路结构如图 10-18 所示。图中各元件（或装置）的传递函数分别为

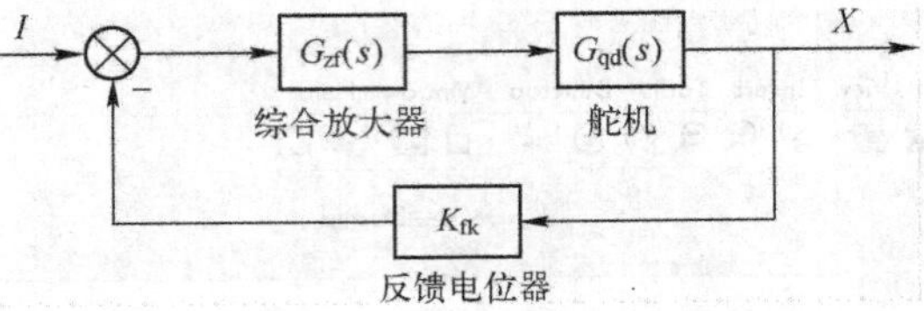

图 10-18 舵回路结构

$$G_{zf}(s)=\frac{12.5}{2.5\times10^{-3}s+1},\quad G_{qd}(s)=\frac{K_{qd}e^{-0.008s}}{T_{qd}s+1},\quad K_{fk}=0.24$$

式中 $G_{qd}(s)$——飞行状态的函数；

K_{qd}和 T_{qd}——气动参数，其意义及在各特征点的取值见表 10-2。

表 10-2 飞行器各特征点的气动参数值

参数	意义	各特征点的值			
		Ⅰ	Ⅱ	Ⅲ	Ⅳ
K_{qd}/(mm/mA)	舵机传递系数	10.899	3.05	4.291	5.563
T_{qd}/s	舵机时间常数	0.585	0.215	0.312	0.357
V_d/(m/s)	飞行速度	193.9	174.7	208.1	293.8
K_M/(1/s)	弹体纵向传递函数	0.1215	0.2853	0.3886	0.2633
T_M/s	纵向时间常数	0.3001	0.1943	0.159	0.1602
ξ_M	弹体纵向阻尼比	0.0645	0.1012	0.1106	0.101
T_d/s	弹体纵向气动时间常数	5.2692	2.0476	1.6024	2.2114
K_i	传动比变化机构传递函数	1	0.9422	0.6066	0.508

说明：特征点又称计算点（或典型弹道点），是进行飞行器控制系统动态分析或初步设计时所选择的特殊气动点。

2. 阻尼回路（Damp loop）

阻尼回路各元件（或装置）的传递函数分别为

$$G_{d1}=\frac{K_M(T_d s+1)}{T_m^2 s^2+2\xi_M T_M s+1}$$

$$G_{nt}(s)=\frac{0.56}{(14\times10^{-3})^2 s^2+2\times0.45\times14\times10^{-3}s+1}$$

$$G_2=2,\ K_d=0.8$$

式中　G_{d1}——飞行状态的函数，气动参数 K_M、T_M 与 ξ_M 的意义及在各特征点的取值见表 10-2 所示。

此外，阻尼回路中的 K_i 也为飞行器气动参数，它在各特征点的取值见表 10-2 所示。

3. 加速度回路

加速度回路各元件（或装置）的传递函数分别为

$$G_{d2}=\frac{V_d}{57.3gT_d s+1}$$

$$G_{xg}(s)=\frac{3.25}{(5.5\times10^{-3})^2 s^2+2\times0.45\times5.5\times10^{-3}s+1}$$

$$G_{j2}=\frac{0.171}{0.01s+1},\quad G_1=4$$

式中　G_{d2}——飞行状态的函数，气动参数 V_d 与 T_d 的意义及在各特征点的取值见表 10-2。

4. 限幅放大器

限幅放大器是一个非线性装置，其输入/输出静态特性为饱和非线性，如图 10-19 所示。图中，$K_{xf}=2.2$；$U_{xf}=1.3781$。

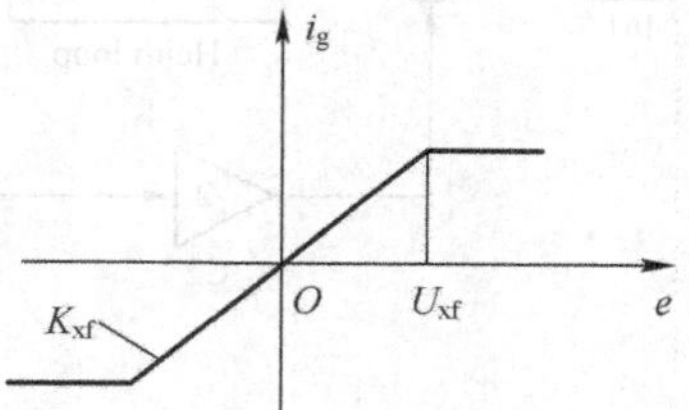

图 10-19　限幅放大器的静态特性

10.2.2　飞行器控制系统解析

在进行飞行器控制系统的初步设计时，通常以系数“冻结”法为基础，首先进行控制系统的静态设计，然后进行动态设计。静态设计的主要任务是计算系统的静态开环传递系数，并确定校正装置的传递系数。动态设计主要是根据给定的性能指标要求，设计合适的校正装置，保证系统具有足够的稳定裕度和满意的动态品质。

本示例不涉及静态设计内容，而着重于飞行器控制系统的动态设计及性能分析。具体要求如下：

已知，通过性能分析及静态设计，确定阻尼回路校正装置传递函数的形式为

$$G_{j1}(s)=\frac{K_j(T_j^2 s^2+2\xi_j T_j s+1)}{(T_{j1}s+1)(T_{j2}s+1)}$$

式中　K_j、ξ_j 及 T_j、T_{j1}、T_{j2}——传递系数、阻尼比及时间常数，且 $K_j=0.113$。

要求以特征点Ⅲ为基准，对校正装置参数进行优化设计。即应用 MATLAB 的 SRO 软件

包，确定使系统单位阶跃响应满足下述性能指标的校正装置参数 ξ_j 及 T_j、T_{j1}、T_{j2}：

1）上升时间 $t_r \leqslant 0.25\ s$（单位阶跃响应从零第一次上升到终值所需的时间）。

2）调节时间 $t_s \leqslant 0.5\ s$（误差范围为±5%）。

3）超调量 $\sigma\% \leqslant 20\%$。

给定这些参数的初始值为

$$\xi_j = 0.5,\quad T_j = 1,\quad T_{j1} = 0.1,\quad T_{j2} = 2$$

在对校正装置参数进行优化设计的基础上，应用 MATLAB 分析系统的频域性能。

10.2.3 装置优化的 MATLAB/Simulink 设计

1. 构建 Simulink 模型

根据图 10-17、图 10-18、图 10-19 及图中各环节（或装置）的传递函数，构建出飞行器控制系统的 Simulink 模型如图 10-20a～e 所示，模型名为 xiu8_exp l. mdl。

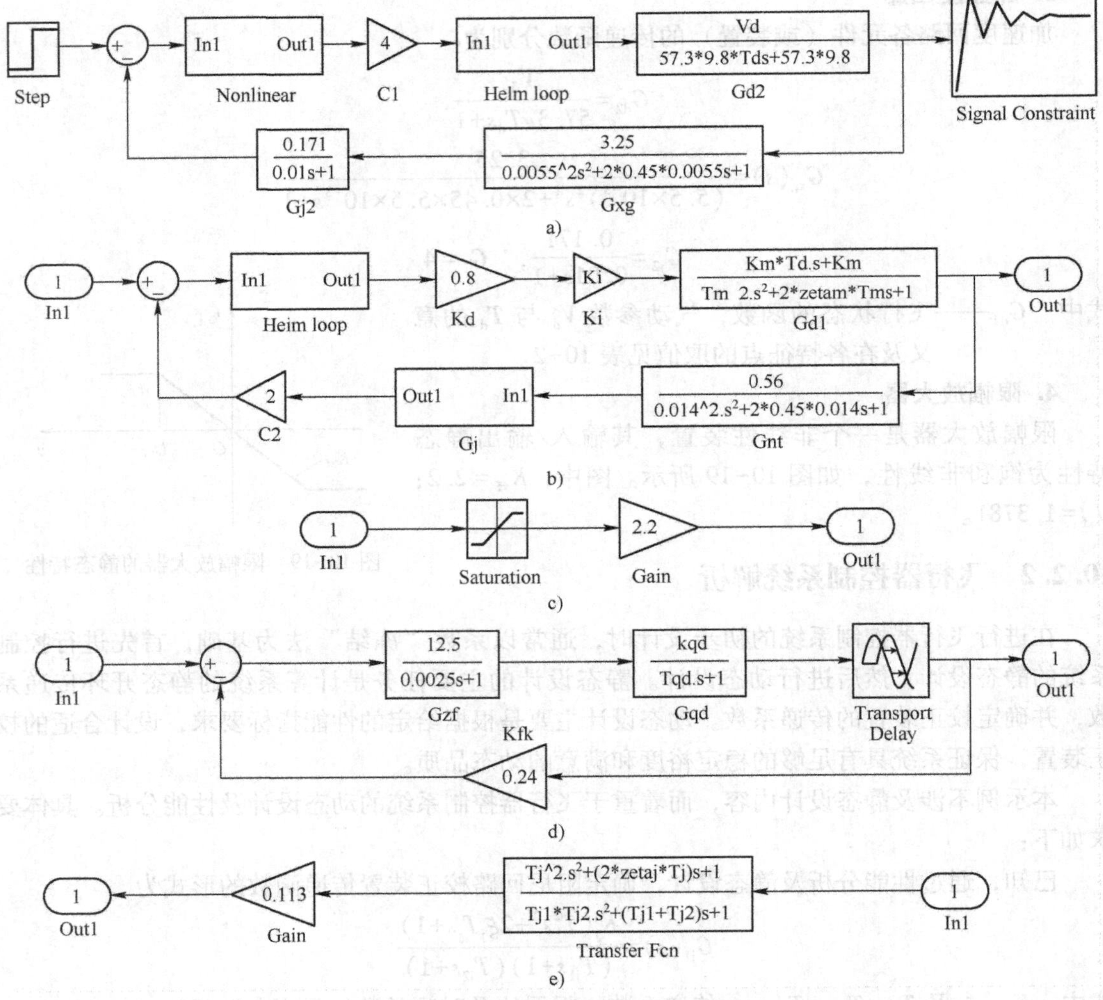

图 10-20 飞行器控制系统的 Simulink 模型

2. 用于初始条件设置及气动参数赋值的 M 文件

由于本示例模型复杂，初始条件及可变参数（指特征点气动参数）较多，故采用 M 文件形式处理。为此，分别建立五个 M 文件，并确保它们在当前路径中。这些 M 文件如下：

设置校正装置参数初始值的 M 文件命名为 exp_8_1. m，其代码如下：

```
zetaj = 0. 5; Tj = 1;
Tj1 = 0. 1; Tj2 = 2;
```

为第Ⅰ特征点气动参数赋值的 M 文件命名为 exp_8_2. m，其代码如下：

```
Km = 0. 1215; Tm = 0. 3001;
zetam = 0. 0645; Vd = 193. 9;
Td = 5. 2692; Ki = 1;
Kqd = 10. 899; Tqd = 0. 585;
```

为第Ⅱ特征点气动参数赋值的 M 文件命名为 exp_8_3. m，其代码如下：

```
Km = 0. 2853; Tm = 0. 1943;
zetam = 0. 1012; Vd = 174. 7;
Td = 2. 0476; Ki = 0. 9422;
Kqd = 3. 05; Tqd = 0. 215;
```

为第Ⅲ特征点气动参数赋值的 M 文件命名为 exp_8_4. m，其代码如下：

```
Km = 0. 3886; Tm = 0. 159;
zetam = 0. 1106; Vd = 208. 1;
Td = 1. 6024; Ki = 0. 6066;
Kqd = 4. 291; Tqd = 0. 312;
```

为第Ⅳ特征点气动参数赋值的 M 文件命名为 exp_8_5. m，其代码如下：

```
Km = 0. 2633; Tm = 0. 1602;
zetam = 0. 101; Vd = 293. 8;
Td = 2. 2114; Ki = 0. 508;
Kqd = 5. 563; Tqd = 0. 357;
```

3. 校正装置参数优化设计

优化时间设置为 5 s，其余优化参数及仿真参数均采用默认设置。由于优化设计以特征点Ⅲ为基准，故首先运行 exp_8_4. m 程序，即在 MATLAB 命令窗口输入：

```
exp_8_4
```

运行后即为特征点Ⅲ气动参数赋值。

再运行 exp_8_1. m 文件：

```
exp_8_1
```

运行后即为校正装置整定参数设置了初始值。

此后就可以进行校正装置的参数优化。

双击 Signal Constraint 模块窗口，打开图 10-21 所示的 Signal Constraint 模块窗口。单击 Signal Constraint 模块窗口 Goals 菜单下的 Desired Response 选项，打开期望响应设置窗口，如图 10-22 所示。

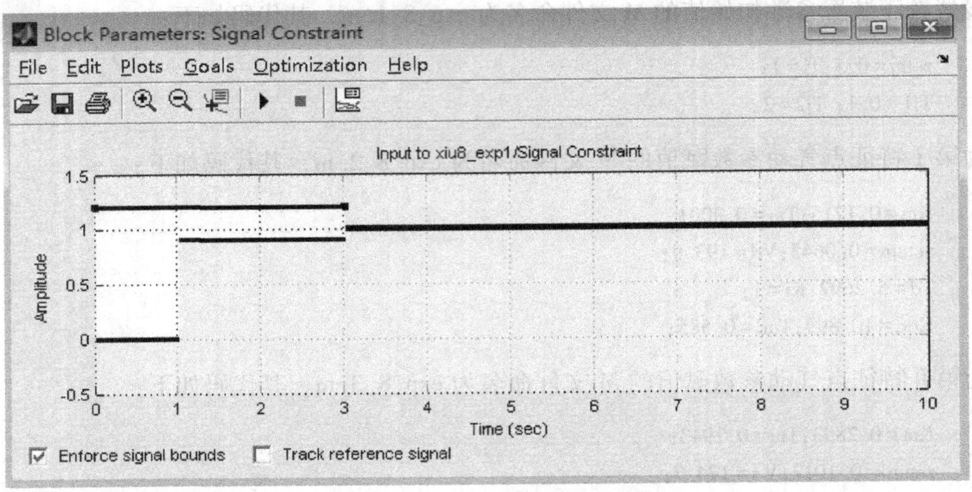

图 10-21　Signal Constraint 模块窗口

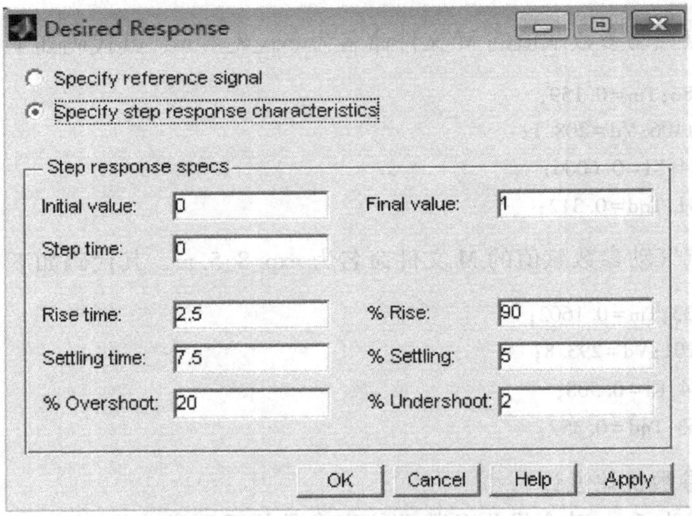

图 10-22　期望响应设置窗口

单击 Signal Constraint 模块窗口的 Optimization 菜单下的 Tuned Parameters 选项，打开整定对话框窗口，如图 10-23 所示。用鼠标单击图 10-23 左下方的【Add…】按钮，弹出图 10-24 所示的添加参数窗口，该窗口列出了已在工作空间中定义了的所有 Simulink 模型变量。同时选中图 10-24 中的 zetaj、Tj、Tj1、Tj2 变量，再用鼠标左键单击【OK】按钮，即可将它们添加到整定参数对话框窗口（见图 10-23）中。与此同时，此窗口还将显示这些参数的当前值。

在完成了上述的参数设置后，即可进行 PID 控制器参数的最优化计算。单击 Signal Constraint 模块窗口上的按钮▶或单击 Signal Constraint 模块窗口的 Optimization 菜单下的 Start，开始最优化计算。

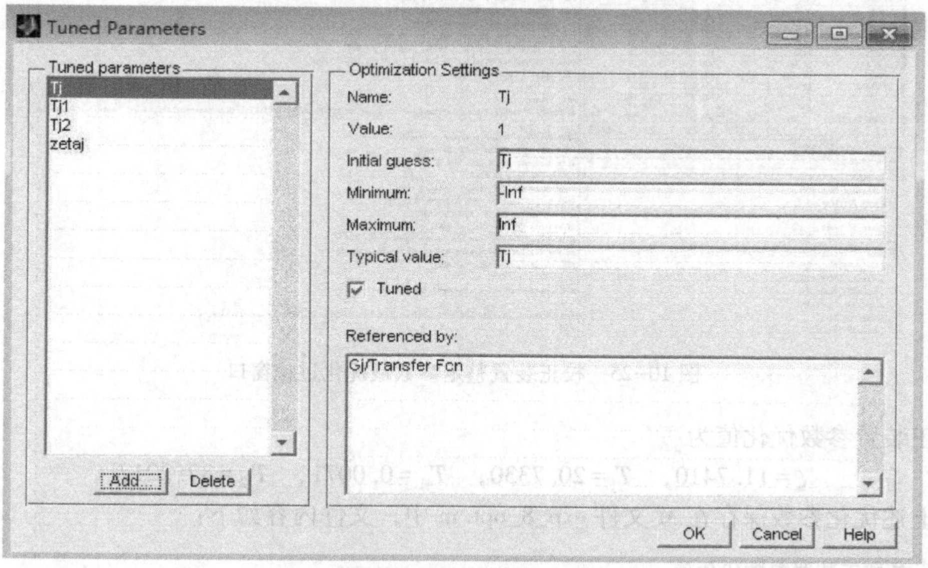

图 10-23　整定参数选择显示

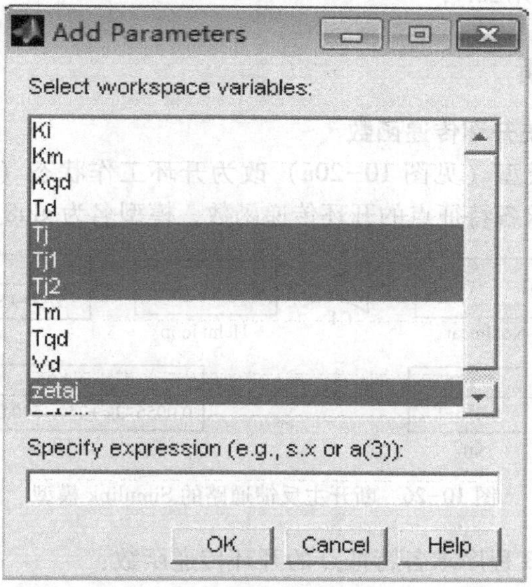

图 10-24　添加参数窗口

校正装置整定在优化时会自动将约束边界数据和整定参数信息转换为约束优化问题，并使用优化工具箱或遗传算法与直接搜索工具箱中的函数来求解，通过调节整定参数以满足阶跃响应信号约束。在优化计算开始时，还会同时打开图 10-25 所示的校正装置整定参数最优化过程窗口，每次迭代结果及最优优化计算结果都会在该窗口显示出来。

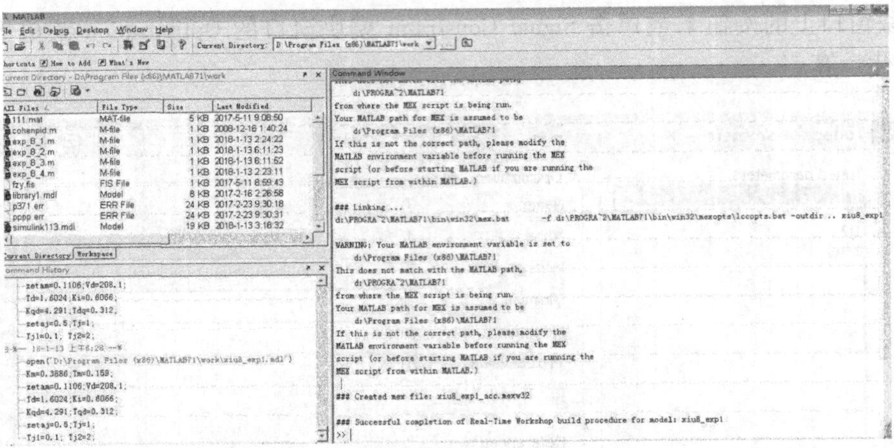

图 10-25　校正装置整定参数最优化过程窗口

校正装置参数优化值为

$$\xi=11.7410,\quad T_{\mathrm{j}}=20.7330,\quad T_{\mathrm{j1}}=0.0071,\quad T_{\mathrm{j2}}=37.2217$$

将上述优化参数保存在 M 文件 exp_8_opt. m 中，文件内容如下：

```
%校正装置参数优化值
zetaj = 11.7410;Tj = 20.7330;
Tj1 = 0.0071;Tj2 = 37.2217;
```

10.2.4　频域性能分析

1. 求各特征点的系统开环传递函数

将系统的 Simulink 模型（见图 10-20a）改为开环工作状态（即将主反馈通路断开），如图 10-26 所示，用来求各特征点的开环传递函数，模型名为 xiu8_exp2. mdl。

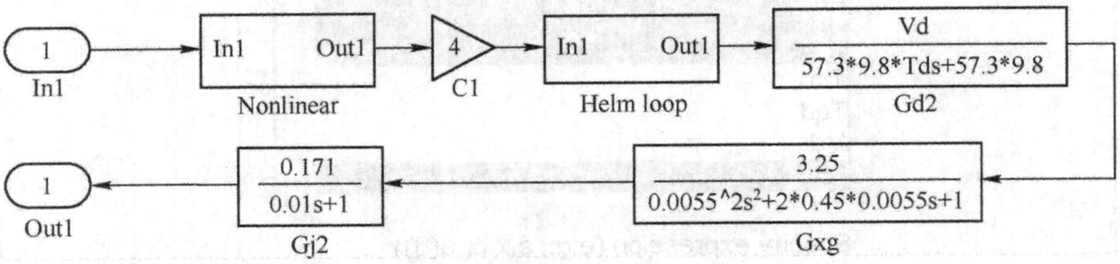

图 10-26　断开主反馈通路的 Simulink 模型

编写如下的 MATLAB 程序求各特征点的开环传递函数：

```
open_system('xiu8_exp1')
exp_8_1;  %为阻尼回路的校正装置参数赋最优值
exp_8_2;  %为特征点 I 的气动参数赋值
[num1,den1]=linmod('xiu8_exp1');% 线性化特征点 I 的开环系数
Gk1=tf(num1,den1);                    % 线性化特征点 I 的开环传递函数
exp_8_3;
[num2,den2]=linmod('xiu8_exp1');
```

```
Gk2=tf(num2,den2);                  % 线性化特征点Ⅱ的开环传递函数
exp_8_4;
[num3,den3]=linmod('xiu8_exp1');
Gk3=tf(num3,den3);                  % 线性化特征点Ⅲ的开环传递函数
exp_8_5;
[num4,den4]=linmod('xiu8_exp1');
Gk4=tf(num4,den4);                  % 线性化特征点Ⅳ的开环传递函数
```

程序运行后，求出对应四个特征点的开环传递函数分别为 Gkl、Gk2、Gk3 和 Gk4。

2. 求各特征点的系统开环频域指标

系统开环频域指标包括幅值裕度 h、相位裕度 γ、穿越频率 ω_x 及截止频率 ω_c。

在 MATLAB 命令窗口中输入：

```
[Gm1,Pm1,Wx1,Wc1]=margin(Gk1)
```

运行结果如下：

```
Gm1 =
  828.6927

Pm1 =
  59.2642

Wx1 =
  117.6705

Wc1 =
  3.7896
Gmm1=20*log10(Gm1)
```

运行结果如下：

```
Gmm1 =
  58.3679
[Gm2,Pm2,Wx2,Wc2]=margin(Gk2)
```

运行结果如下：

```
Gm2 =
    358.1065

Pm2 =
  55.2314

Wx2 =
  117.8365
```

```
Wc2 =
  4.9631
Gmm2=20*log10(Gm2)
```

运行结果如下：

```
Gmm2 =
  51.0802
[Gm3,Pm3,Wx3,Wc3]=margin(Gk3)
```

运行结果如下：

```
Gm3 =
    235.4711

Pm3 =
  59.3687

Wx3 =
  117.9117

Wc3 =
  5.0127
Gmm3=20*log10(Gm3)
```

运行结果如下：

```
Gmm3 =
  47.4388
[Gm4,Pm4,Wx4,Wc4]=margin(Gk4)
```

运行结果如下：

```
Gm4 =
    229.9189

Pm4 =
  60.2238

Wx4 =
  117.8164

Wc4 =
  5.2871
Gmm4=20*log10(Gm4)
```

运行结果如下：

```
Gmm4 =
   47.2315
```

根据运行结果，将对应四个特征点的系统开环频域指标列于表 10-3 中。显见，系统在四个特征点上都具有较大的稳定裕度。

表 10-3　飞行器控制系统频域性能指标

性能指标	单　位	特征点			
		Ⅰ	Ⅱ	Ⅲ	Ⅳ
幅值裕度 h	dB	58.3679	51.0802	47.4388	47.2315
相位裕度 γ	°（度）	59.2642	55.2314	59.3687	60.2238
穿越频率 ω_s	rad/s	117.6705	117.8365	117.9117	117.8164
截止频率 ω_c	rad/s	3.7896	4.9631	5.0127	5.2871

本章小结

本章介绍了利用 MATLAB/Simulink 进行仿真与建模的实例。第一个实例是飞机偏航阻尼器设计。首先建立了该系统的数学模型，对校正前系统进行了性能分析，并进行了校正设计，之后又对校正后系统进行了性能分析。第二个实例是飞行器控制系统。首先建立了飞行器控制系统的数学模型，然后对飞行器控制系统进行了解析，最后进行了校正装置优化设计并进行了频域性能的分析。

参考文献

[1] 杨立．计算机控制与仿真技术［M］．北京：中国水利水电出版社，2007.
[2] 翟天嵩．计算机控制技术与系统仿真［M］．北京：清华大学出版社，2012.
[3] 汤楠，穆向阳．计算机控制技术［M］．西安：西安电子科技大学出版社，2009.
[4] 熊静琪．计算机控制技术［M］．北京：电子工业出版社，2003.
[5] 吴旭光，等．计算机仿真技术［M］．北京：化学工业出版社，2005.
[6] 肖诗松，等．计算机控制——基于 MATLAB 实现［M］．北京：清华大学出版社，2006.
[7] 于海生．计算机控制技术［M］．2 版．北京：机械工业出版社，2016.
[8] 于海生，等．微型计算机控制技术［M］．3 版．北京：清华大学出版社，2017.
[9] 顾德英．计算机控制技术［M］．3 版．北京：北京邮电大学出版社，2012.
[10] 李正军．计算机控制系统［M］．3 版．北京：机械工业出版社，2015.
[11] 刘国荣．计算机控制技术与应用［M］．北京：机械工业出版社，2008.
[12] 刘卫国．MATLAB 程序设计教程［M］．2 版．北京：中国水利水电出版社，2010.
[13] 张德丰．MATLAB/Simulink 建模与仿真［M］．北京：电子工业出版社，2009.
[14] 刘卫国．MATLAB 程序设计与应用［M］．2 版．北京：高等教育出版社，2006.
[15] 胡寿松．自动控制原理［M］．北京：国防工业出版社，1984.
[16] 黄忠霖．MATLAB 计算与仿真［M］．北京：国防工业出版社，2001.
[17] 王丹力，赵剡．MATLAB 控制系统设计仿真应用［M］．北京：中国电力出版社，2007.
[18] 俞光昀，等．计算机控制技术［M］．北京：电子工业出版社，2002.
[19] 王建华．计算机控制技术［M］．北京：高等教育出版社，2003.
[20] 孙亮．MATLAB 语言与控制系统仿真［M］．北京：北京工业大学出版社，2001.
[21] 盛褈华，等．计算机控制系统［M］．北京：清华大学出版社，2007.
[22] 石敬波，等．微型计算机控制技术［M］．北京：电子工业出版社，2013.
[23] 郝成，等．计算机控制技术［M］．北京：电子工业出版社，2011.
[24] 张燕红，等．计算机控制技术［M］．南京：东南大学出版社，2014.